2015 中国室内设计年鉴

CHINA INTERIOR DESIGN ANNUAL

本书编写委员会 编

上/下册

中 国 林 业 出 版 社
China Forestry Publishing House

目录 CONTENTS

酒店 Hotel

办公 Office

餐饮 Restaurant

购物 Retail

公共 Public

Hotel
酒店空间

深圳同酒店
HUI HOTEL SHENZHEN

麦芽精品客栈
MALT INN

成都温江费尔顿凯莱大酒店
CHENGDU FELTON GLORIA GRAND HOTEL

海之韵-保利银滩海王星度假酒店
Sea Charm-Poly Silver Beach Neptune Hotel

潍坊万达铂尔曼酒店
Pullman Weifang Wanda Hotel

深圳雅兰酒店
Airland Hotel Shenzhen

杭州西溪宾馆
Hangzhou Xixi Hotel

无锡艾迪花园精品酒店
Wuxi Addie Garden Boutique Hotel

南昆山十字水生态度假村·竹别墅
The Crosswaters Ecolodge & Spa Bamboo Villa

中信泰富朱家角锦江酒店
CITIC PACIFIC ZHUJIAJIAO JIN JIANG HOTEL

深圳回酒店
HUI HOTEL SHENZHEN

项目名称_深圳回酒店 / **主案设计**_杨邦胜 / **参与设计**_杨邦胜、赖广绍 / **项目地点**_广东省深圳市 / **项目面积**_8800 平方米 / **投资金额**_6000 万元 / **主要材料**_多乐士涂料、名木坊、西顿照明等

A 项目定位 Design Proposition

据数据表明，小而精的设计酒店将成为未来高端消费群体住宿体验的首选。如何升级奢华，将文化和个性融合其中，决定了酒店的成败！酒店设计师必须打破传统的设计模式，找到酒店的精准定位，让文化和自然回归，这样才能提升酒店设计品位并有效控制投入成本。而回酒店就是这样一次尝试，运用最简洁纯粹的设计手法，将中国东方文化的文化内涵，通过意境的营造传达。拉起中国当代高端奢华精品酒店的标杆。

B 环境风格 Creativity & Aesthetics

区别于五星级酒店的高档奢华，回酒店更注重文化的提炼与营造，以及人在空间体验的舒适感。所以将旧厂房进行改造时，酒店客房与公共空间都有足够宽敞的使用面积，同时将原本破旧的外立面改造成几何体块凸窗，形成错落有致的动感组合，成为当地亮丽的风景。

C 空间布局 Space Planning

回酒店的中餐定名为“粤色”，意在挖掘最广东的新概念中餐，天花使用木梁结构处理，极具岭南建筑特色，而中华宝贵的文化遗产——算盘被设计师巧妙的运用在设计当中，通过创意组合取代传统中式屏风，分隔了空间又让空间有了疏密有致的关联。在酒店顶层，设计师特意将中国古代民居的传统院落搬进酒店，打造了一个下沉式内庭院，营造出一个都市的静谧之地。

D 设计选材 Materials & Cost Effectiveness

酒店整体设计以新东方文化元素为主，并通过中西组合的家具、陈设以及中国当代艺术品的巧妙装饰，呈现出静谧自然的中国东方美学气质。空间中一步一景，鲜活翠绿的墙面绿植、精心挑选的黑松、低调简单的哑光石材、波光粼粼的顶楼水面、质朴自然的木面材料……将自然界神秘悠远的天地灵气带到酒店空间中，让人仿若置身旷阔林间。

E 使用效果 Fidelity to Client

艺术的本质是生活，回酒店是现代时尚的全新定义！位于深圳最繁华的商业圈，回酒店将旧厂房进行改造，变身为一个轻松自然、神秘高雅的精品酒店，而边上的中心公园更是为酒店提供了免费的自然景观。酒店总投资只用了五星级酒店不到三分之一的比率，但却让它成为与该地段最与众不同的酒店，未来的市场不容小觑。

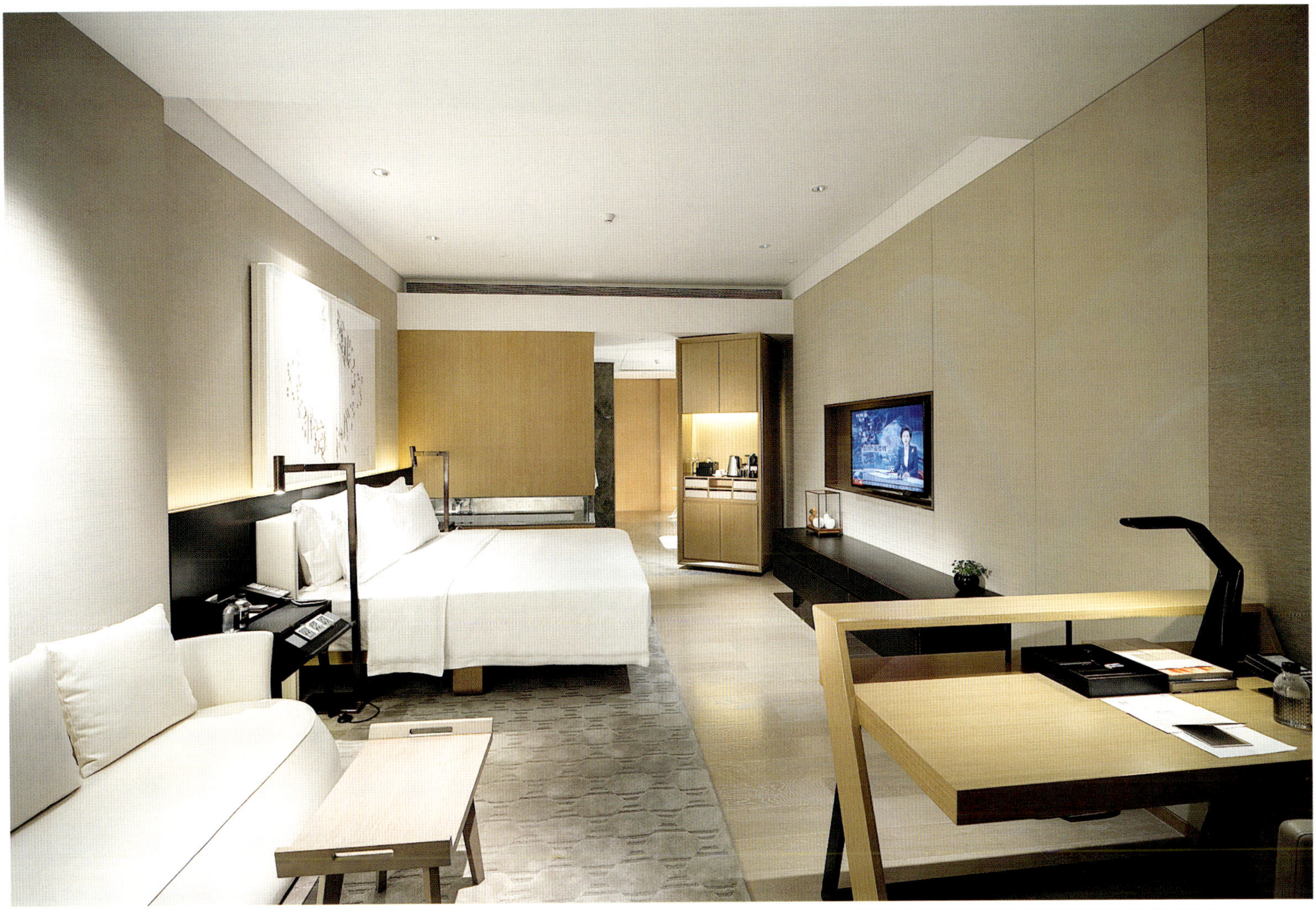

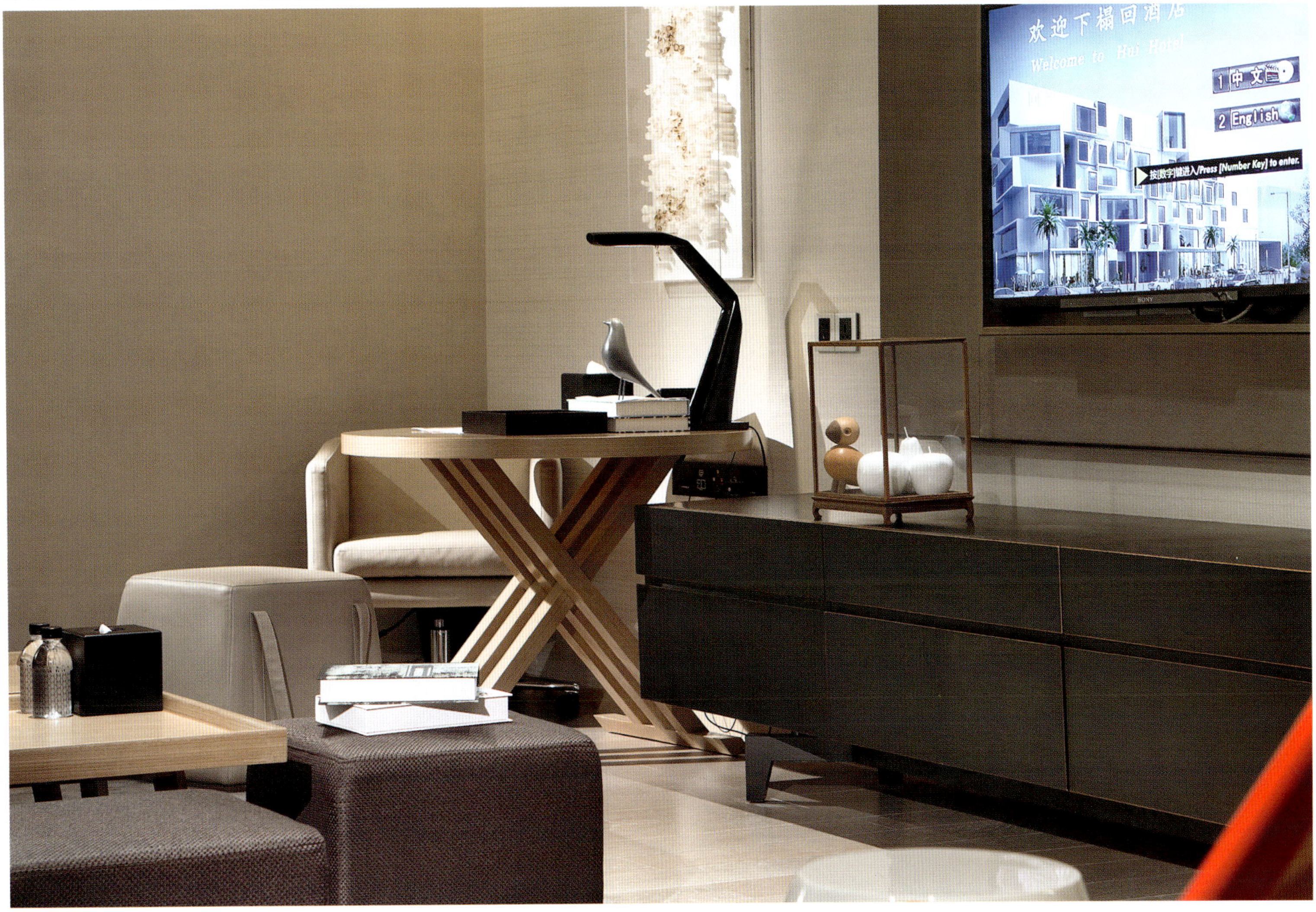
欢迎下榻回酒店
Welcome to Hui Hotel
1 中文
2 English
按[数字]键进入/Press [Number Key] to enter.

麦芽精品客栈

MALTINN

项目名称＿麦芽精品客栈 / **主案设计**＿杨钧 / **项目地点**＿浙江省杭州市 / **项目面积**＿240 平方米 / **投资金额**＿160 万元 / **主要材料**＿定制地砖、必美地板、科勒洁具、进口布艺、墙布等

A 项目定位 Design Proposition

“四季流转，麦芽陪伴”是该酒店的宣传语，摩登度假是设计者对于酒店的期许。不论身处何地，总能想到有这样一处小院以一种安静的姿态，等待你的到来。

B 环境风格 Creativity & Aesthetics

运用大胆色调，让现代变得温润而新鲜，让宁静不失浓郁和激情。多彩、对比、超现实是主题的关键。区别于周围以禅式为主题酒店。

C 空间布局 Space Planning

区别于常规酒店模式，最大利用空间，小而不乏精致，小而不缺变幻，小而功能齐全。媲美于五星酒店。

D 设计选材 Materials & Cost Effectiveness

在楼梯护墙的选择上采用纸板，不仅保护墙面，又可以让旅客可以留下一场旅途故事。公共空间墙面采用腻子和黄沙结合，节省预算又能达到效果。

E 使用效果 Fidelity to Client

精彩满意。

8980
280 630 1830 840 280 340 1410 650 280 484 870 806 280
榻榻米
卫生间
大床房
吧台
咖啡区
公卫
咖啡区
9230
7190
280
1200
280
2400
280
1950
140
3900
280
280 4240 280 1080 1720 1100 280
8980

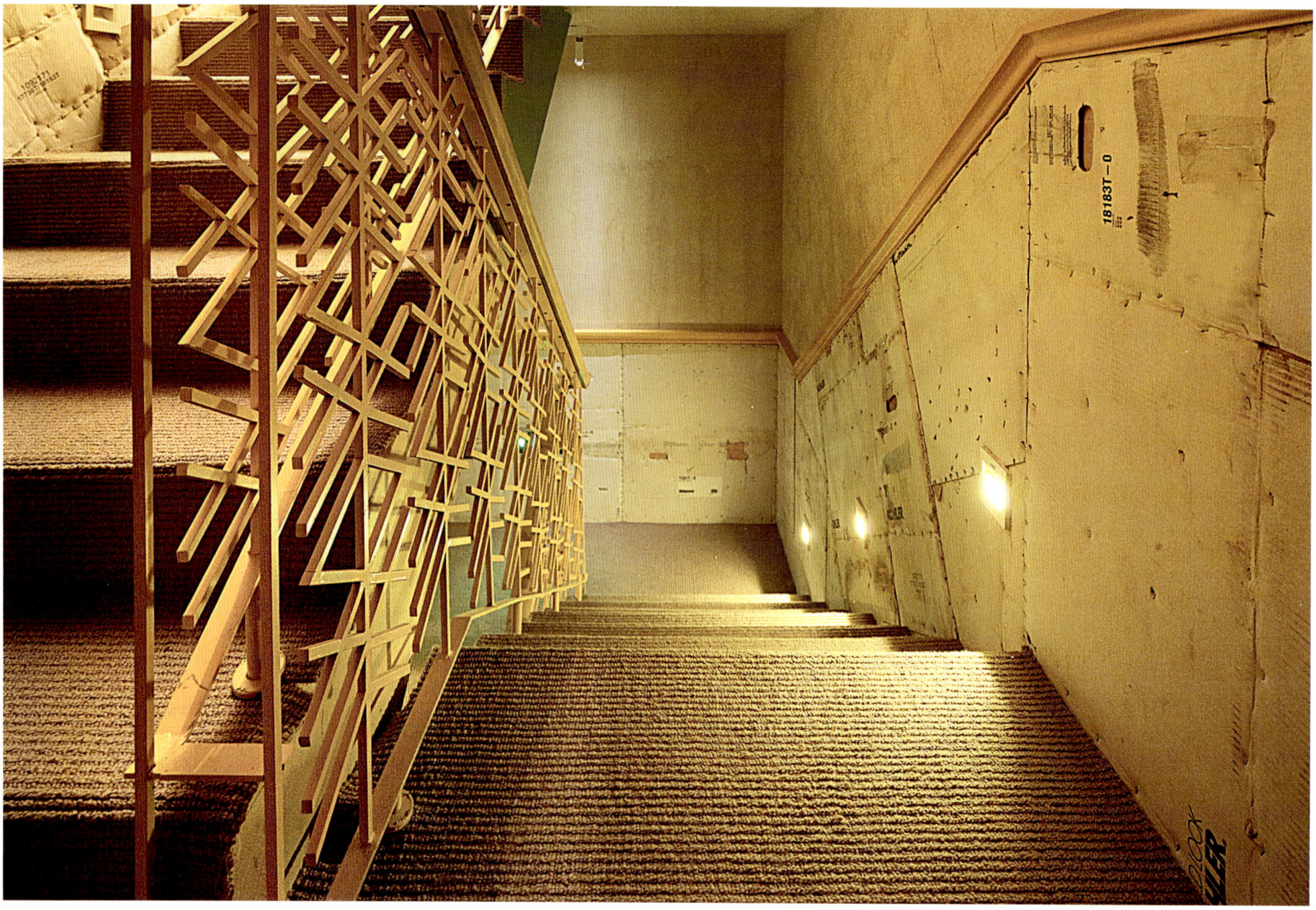

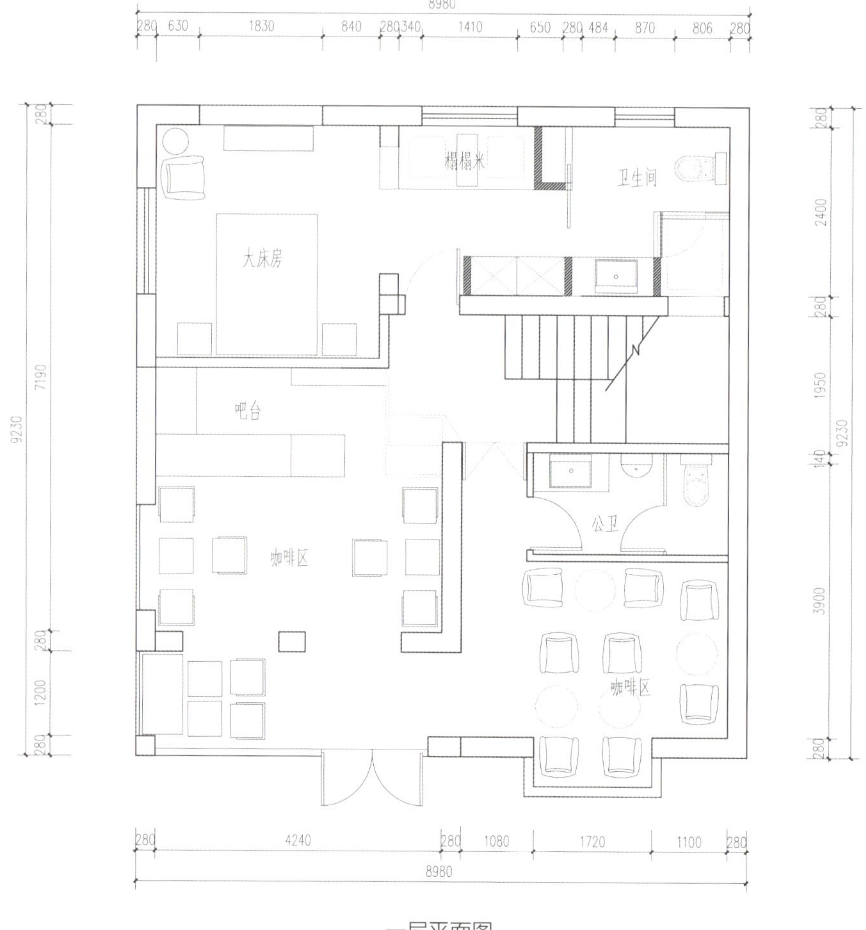

一层平面图

成都温江费尔顿凯莱大酒店

CHENGDU FELTON GLORIA GRAND HOTEL

项目名称 _ 成都温江费尔顿凯莱大酒店 / **主案设计** _ 刘波 / **项目地点** _ 四川 成都市 / **项目面积** _ 16033 平方米

A 项目定位 Design Proposition

成都温江费尔顿凯莱酒店——"繁华中寻得一处私人领域，在对东方文化不经意的欣赏中，使浮躁、疲倦的身心得到净化。" 成都温江费尔顿凯莱酒店由著名的酒店设计顾问公司 – PLD 刘波酒店设计顾问有限公司承担酒店室内设计。项目位于成都温江光华大道西侧江安河围绕的江心岛上，占地约16000平方米，与城区商业中心及花博会主题馆相邻，紧靠城市公园。此项目用地地势平整，并有天然温泉泉眼，与江安河相伴，地理位置优越，城市配套措施齐全。

B 环境风格 Creativity & Aesthetics

整体建筑以"花卉，风帆"为主题，同时充分考虑现代、文化与科技，把客观的"境"与主观的"意"有机结合，体现优良的建筑艺术与文化特性，使酒店成为温江地区标志性建筑之一。

C 空间布局 Space Planning

酒店空间设计从整体的功能布局到室内的细节装饰，通过中式元素的现代手法运用，体现商务酒店的沉稳和丰富的文化内蕴。对于高质量生活要求者酒店不仅满足短暂栖息的功能，同时在劳顿的旅途中找到能带给他们与众不同的感受，以享用优美、独特的环境为快，而且体现一种新生活的方式。以往被标准化的细节都会被重新设计，并赋予新的个性和情感。

D 设计选材 Materials & Cost Effectiveness

在室内的装修上，遵循星级酒店的标准的同时，充分深入研究酒店目标客户群体的消费要求、消费心理及消费习惯，大胆创新、精细设计，营造出格调高贵、温馨舒适、品位高雅的星级酒店。在室内色彩上，运用和谐统一的温润色系，棕色、金色、暖黄，点缀以沉重的亮蓝、深红，并搭配以空间布局中的软装配置及装饰应用，和谐融洽的突出了酒店舒适、优雅的整体氛围。在界面处理手法上整体统一，既延伸空间同时又将材质的天然质感表现出来，注重大空间大块面小细节的设计，不仅是空间视觉效果具有强烈的张力，而且满足商业空间需求，营造轻松舒适的环境氛。

E 使用效果 Fidelity to Client

很好。

大堂吧(可容76人)
大堂吧操作間
辦公室
男衛
女衛
休息區
服務總臺
行李房
禮賓部
過廊
酒店大堂
商店
大堂副理
水景
扶手
次入口
由園林設計公司出圖
空調機房
商店
名車展廳

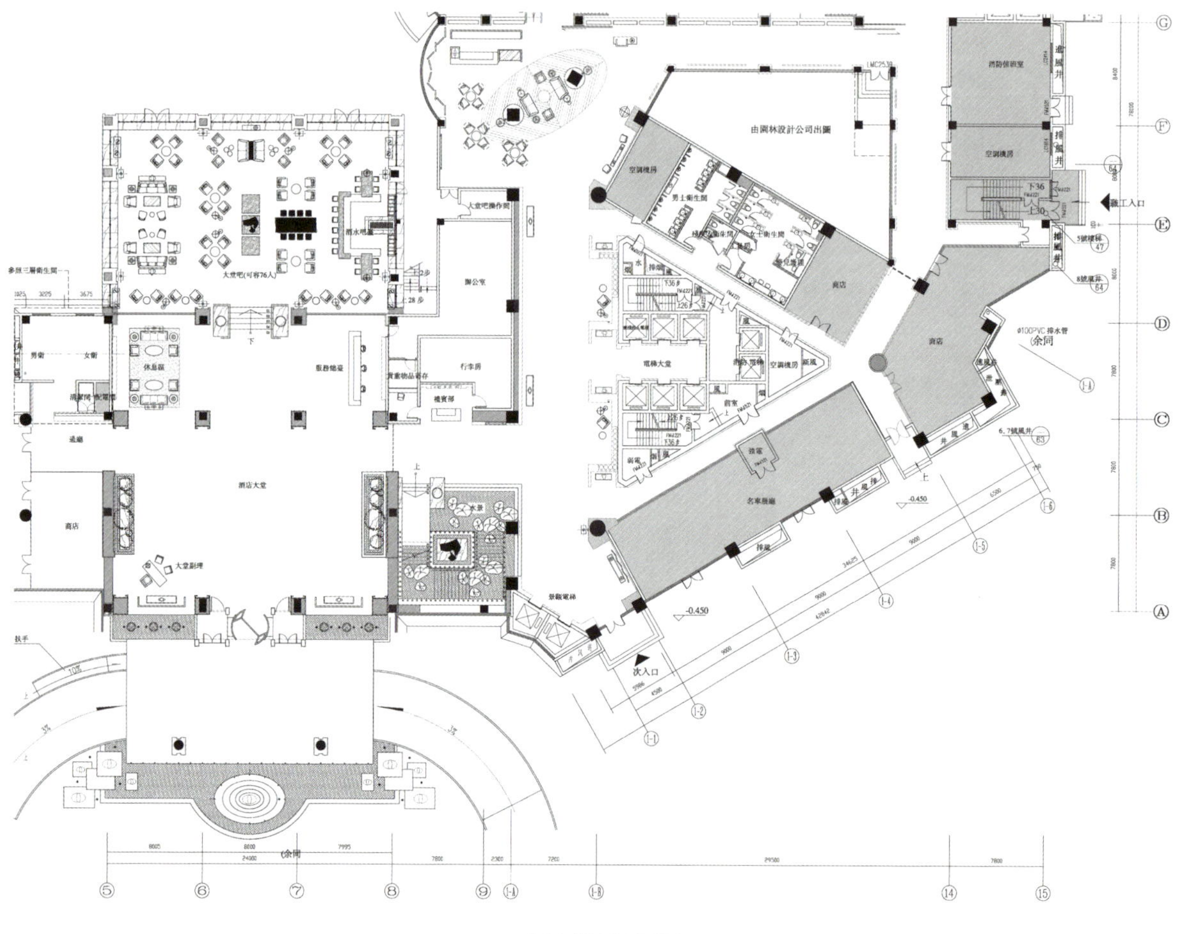

一层大堂吧平面图

海之韵－保利银滩海王星度假酒店

SEA CHARM-POLY SILVER BEACH NEPTUNE HOTEL

项目名称 _ 海之韵 - 保利银滩海王星度假酒店 / **主案设计** _ 何永明 / **参与设计** _ 道胜设计团队 / **项目地点** _ 广东省阳江市 / **项目面积** _2280 平方米 / **投资金额** _570 万元

A 项目定位 Design Proposition

本项目位于阳江，旅游资源十分丰富，山海兼优。独特的自然景观，悠久的历史和多资多彩的地方风情，具有很大的开发潜力。其资源以自然风光为主，以规模大、数量多、质量好、景观美的优质滨海沙滩为代表。而近几年对于旅游地产的开发趋势越发热烈，在阳江也急需与旅游相配套的设施，此项目初期作为地产的接待中心运营，后期改造为度假酒店，不仅节省施工成本还可以加快投资回报，也能够为阳江的旅游业提供一个优质的设计酒店。

B 环境风格 Creativity & Aesthetics

本项目四周环海的条件让整个设计将海的元素以及灵魂延伸到整个室内空间。设计本身希望将自然风光尽可能多的引入室内，借由借景的手法让整个空间充满活力，一些水元素的应用让空间沉稳中带有一丝丝清凉，如沐浴在海风之中。如天花上的吊灯好似鱼儿吐出的一串串泡泡，在欢快的游来游去，为空间平添几分雅趣，也仿佛让你置身在宽阔的大海，得到身与心的放松。

C 空间布局 Space Planning

空间布局遵循着建筑的走向，顺势而为，对称的建筑布局沉稳大气，宽敞的大堂能够让到访者放松心情，贵宾区向两边延展，贵宾区平面布局采用中国传统园林以及日本枯山水的表现手法，将整个空间打造成度假休闲、高端有品质感的接待中心和度假酒店。

D 设计选材 Materials & Cost Effectiveness

整体空间色调沉稳，浅蓝色家具搭配硬装的暖灰色调，使整个空间氛围 舒适而宁静。生态木的质朴结合大理石的刚毅，使画面大气之余更显端重，在整个沉稳的气氛中处处流露自然的气息。略带中式韵味的家具与饰品，更突出空间的独特品味。

E 使用效果 Fidelity to Client

项目的完成度较高，很好的将设计理念表现出来，也得到了业主的肯定，在酒店运营方面，与同行业相比也十分出众，现已成为人气很高的一所度假酒店。

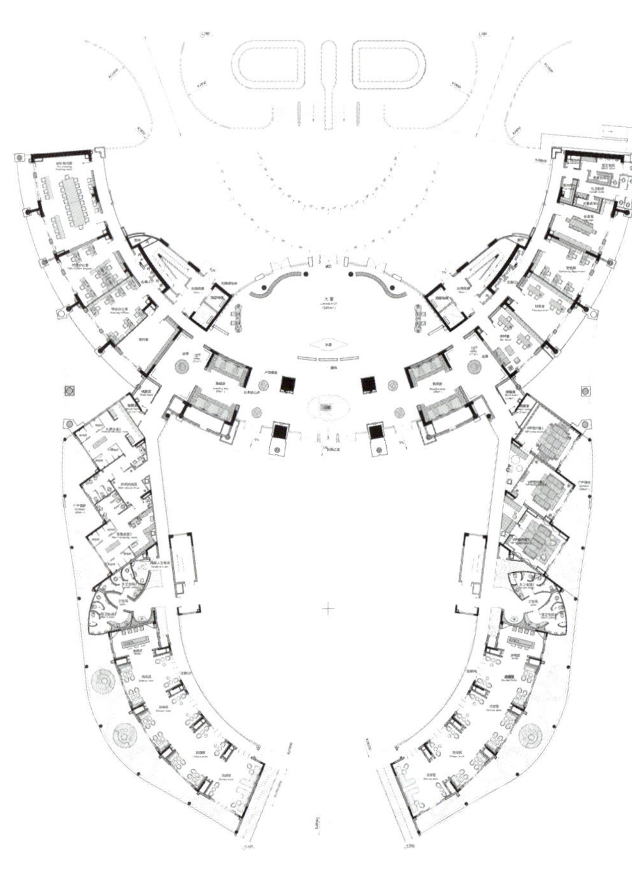

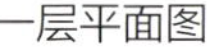

一层平面图

潍坊万达铂尔曼酒店
PULLMAN WEIFANG WANDA HOTEL

项目名称 _潍坊万达铂尔曼酒店 / **主案设计** _姜峰 / **项目地点** _山东省潍坊市 / **项目面积** _50000 平方米 / **投资金额** _40000 万元 / **主要材料** _贵州灰木纹、索菲特金、黑仑金、金萍影、灰影木、皮革、艺术墙纸

A 项目定位 Design Proposition

潍坊万达铂尔曼酒店坐落于潍坊市中心，将当地悠久而精彩的风筝文化融入酒店的魅力氛围。从酒店步行即可抵达周边多家百货公司、写字楼以及 IMAX 影院，令访客感受到潍坊的城市脉动。酒店交通便利，距离潍坊南苑机场约 20 分钟车程，驱车前往火车站仅需 15 分钟。

B 环境风格 Creativity & Aesthetics

J & A 为了让本案的宾客产生与当地文化紧密相连的亲切感，为了让潍坊铂尔曼酒店实现这一愿景，精心打造出一个拥有独特个性的酒店。让地域文化与铂尔曼精神兼收并蓄，水乳交融，遍布酒店的每一个空间。该酒店以风筝为设计主线 并以当地建筑画和市花等为副线作为点睛。设计中萃取风筝的主要特点，抽象解构成的点、线、面的形式，融合现代的设计表现手法和材质，风筝、建筑画、市花等与空间有着完美的结合，空间中元素各具特点，又恰到好处的相互映衬。整体设计将酒店文化提升到一个新的高度。

C 空间布局 Space Planning

大堂酒廊面积达 250 平方米，风格现代，是进行商务会议活动或小酌一杯的好去处。品珍中餐厅提供地道的潍坊菜肴和鲁菜。在鸢园特色餐厅客人能品尝到来自中国华南地区的正宗粤菜和客家菜。美食汇全日制餐厅提供汇聚各国佳肴的自助餐。行政酒廊位于酒店 20 层，在这里客人可以欣赏城市优美的天际线。行政酒廊还拥有配备高科技设备的会议室，并全天候提供多种小食和饮料。客人也可以在酒店健身中心放松身心，设施包括健身房、桑拿室和温水游泳池等。

D 设计选材 Materials & Cost Effectiveness

艺术源于生活而高于生活，潍坊铂尔曼酒店坐落于山东省潍坊市，“草长莺飞二月天，拂堤杨柳醉春烟。儿童散学归来早，忙趁东风放纸鸳”正是这种艺术的生活方式之一，潍坊又称潍都，鸢都，制作风筝历史悠久，工艺精湛，潍坊独特的季风气候，孕育了独特的风筝文化，成就了“风筝之都”在国际上的地位。

E 使用效果 Fidelity to Client

铂尔曼是雅高旗下高端酒店品牌之一，专为经验丰富、兼顾商务和休闲的国际旅行者而设计。铂尔曼酒店和度假酒店坐落于全球主要城市及主要的旅游目的地，无论是商务出差、城际之旅或度假休闲，铂尔曼均能满足客人的各类需求。

LOBBY LOUNGE

北
72000
12300
8800
8600
8600
8800
12100
11400
72500
大堂吧(73人)
大堂
全日餐厅(148人)
商务中心
电梯厅
VIP室
男卫生间
女卫生间
VIP包间1
VIP包间2

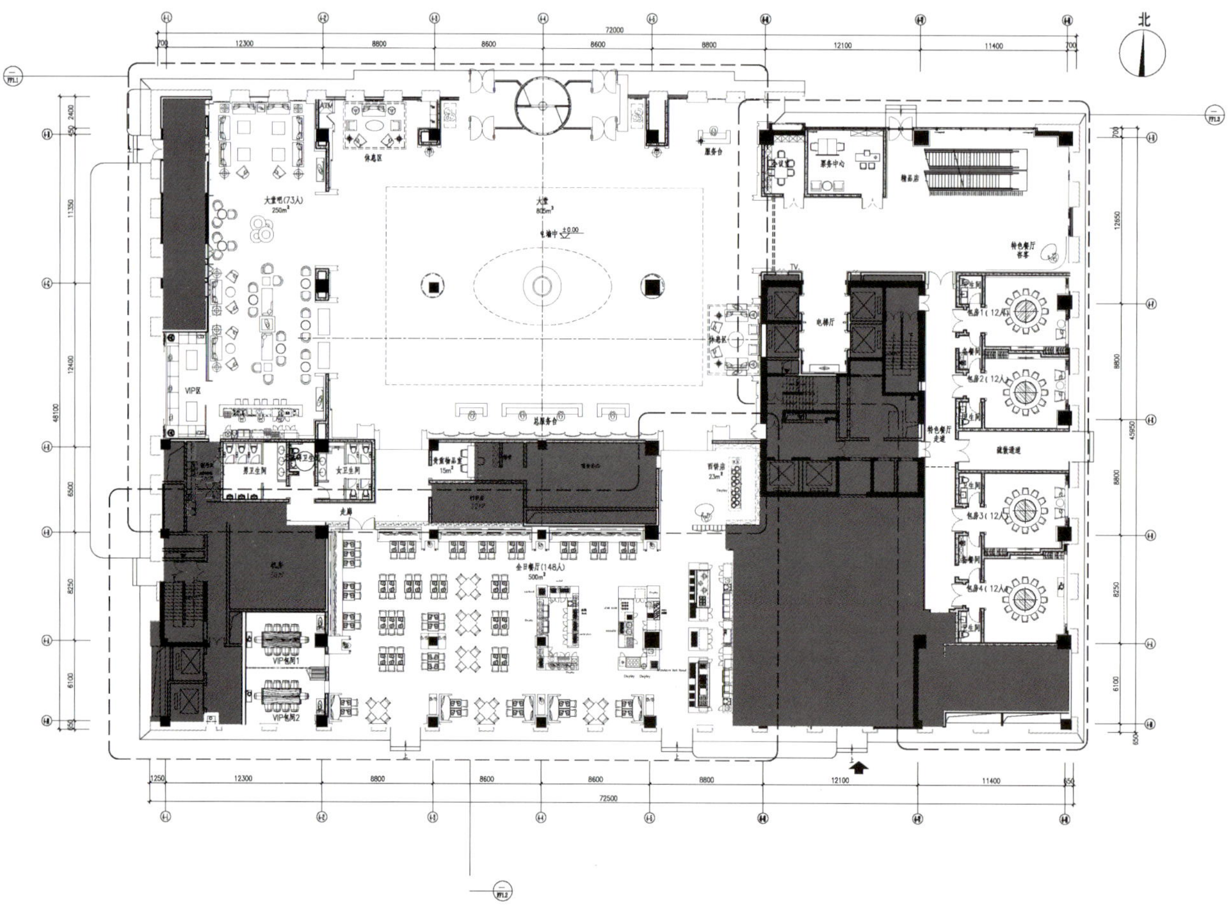

一层平面图

宴会厅 3
BALL ROOM

深圳雅兰酒店

Airland Hotel Shenzhen

项目名称 _ *深圳雅兰酒店* / **主案设计** _ *刘红蕾* / **参与设计** _ *杨宇新* / **项目地点** _ *广东省深圳市* / **项目面积** _ *21460 平方米* / **投资金额** _ *3400 万元* / **主要材料** _ *华枫木业、环球石材、道格拉斯*

A 项目定位 Design Proposition

位于深圳的东部黄金海岸大梅沙海滨，是集旅游、休闲、商务会议于一体的综合型度假酒店。通过简约、纯粹的空间营造置身自然之美的惬意，令客人得到放松、愉悦的难忘体验。

B 环境风格 Creativity & Aesthetics

由于是改造项目，整体的预算并不高。在此情况下，尽可能的利用现有建筑弧线型空间格局，摒弃原有的繁杂与狭隘，充分考虑引入室外的自然景观、通风和采光，保持中庭及四周公共区域一个开放的空间，我们的意图是能够在整个空间内衔接自然形成风格一体化的纯净、自然淳朴而浪漫的氛围。

C 空间布局 Space Planning

在盈白简洁的场域里，藉由木纹与光影，构筑大堂共享空间的主体线条。项目充分调动阳光与空间内部的颜色互动，使得空间内随着时间的推移变幻出不同的表情，窗外艳阳穿透白色纱帘，洒落在墙壁与地面之间，随着时序推演，不同倾角的光影线条，交错出大自然的抽象画作。

在中庭与西餐厅衔接处，创造出如竹林般的天然屏风，生动的犹如海洋生物般的灯具点亮了这片竹林，既能适当地遮挡过往人群的视线，又能将餐厅内优雅、轻松的氛围巧妙地流露出去。西餐厅的色彩组合汲取了大自然的造物灵感，让整个以“自然海洋”的主题风格更加形象化。

大堂中庭莹白、简洁的碗状“鸟巢”形式与波浪的建筑空间形态浑然一体，纯净而独特，带给中庭别样的视觉亮点

D 设计选材 Materials & Cost Effectiveness

色彩的过渡带动材质的变化，带有反射光泽的玻璃与粗糙的石材表面和天然亚麻材质形成对比；高光泽度的石材又与渐层木纹表面形成强烈反差，丰富了简约场域里的空间层次。半空中星星点点的灯光点缀了整个中庭，在波浪般的场景下，犹如各式各样的海洋生物在海洋中自由自在地畅游。

E 使用效果 Fidelity to Client

房价翻倍仍供不应求。

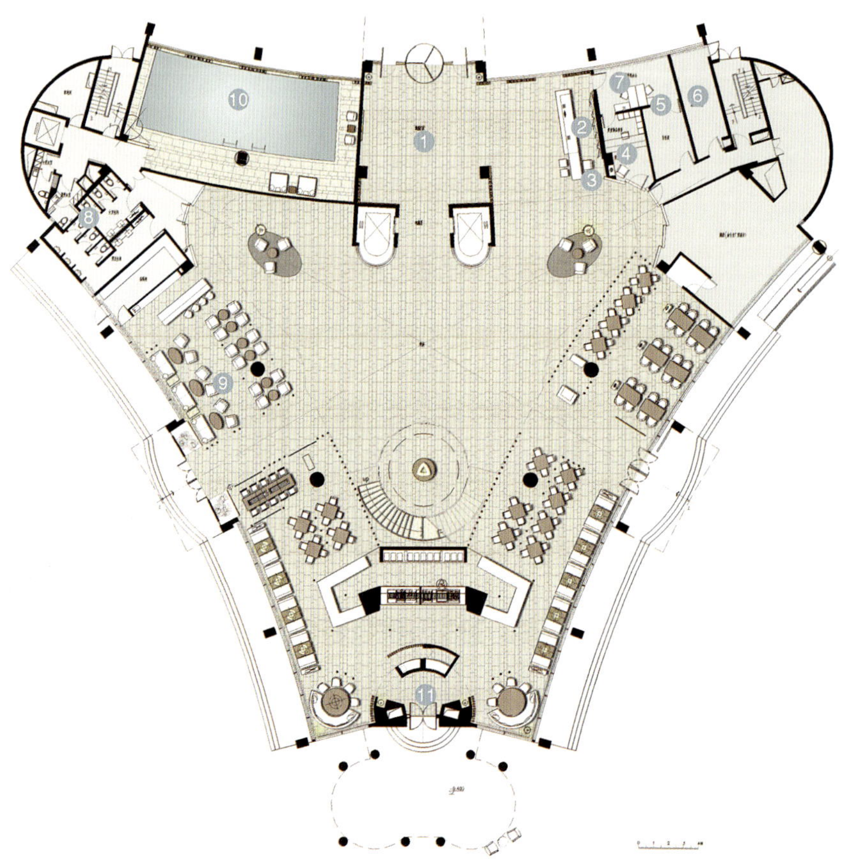

一层平面图

杭州西溪宾馆
HANGZHOU XIXI HOTEL

项目名称_杭州西溪宾馆室内设计 / **主案设计**_陈涛 / **参与设计**_黄珏、施锦飞、金武 / **项目地点**_浙江省杭州市 / **项目面积**_15000 平方米 / **投资金额**_9000 万元 / **主要材料**_环球、山花、新文行、科勒、太亿、亚伦格

A 项目定位 Design Proposition

本案位于杭州知名的西溪湿地景区，远离城市的喧嚣，融合自然的高档度假酒店。

B 环境风格 Creativity & Aesthetics

以西溪湿地独有的柿子园为设计灵感，提取柿子花为设计元素，公区的大堂、全日餐厅、会议区、中餐厅全部以春夏秋冬的概念进行设计，通过色彩，用材的搭配，建立各看见的独有个性。

C 空间布局 Space Planning

室内外空间相互渗透，借用天然景观作为室内设计的补充升华。

D 设计选材 Materials & Cost Effectiveness

选材崇尚自然、环保，从材料的本质及所展现的柔和色彩，均为入住者带来宁静舒适，亲近自然的度假体验。

E 使用效果 Fidelity to Client

自酒店投入营运至今，深受住店客人的青睐与好评，在当地众多高端品牌酒店群中，仍占据一席之地。

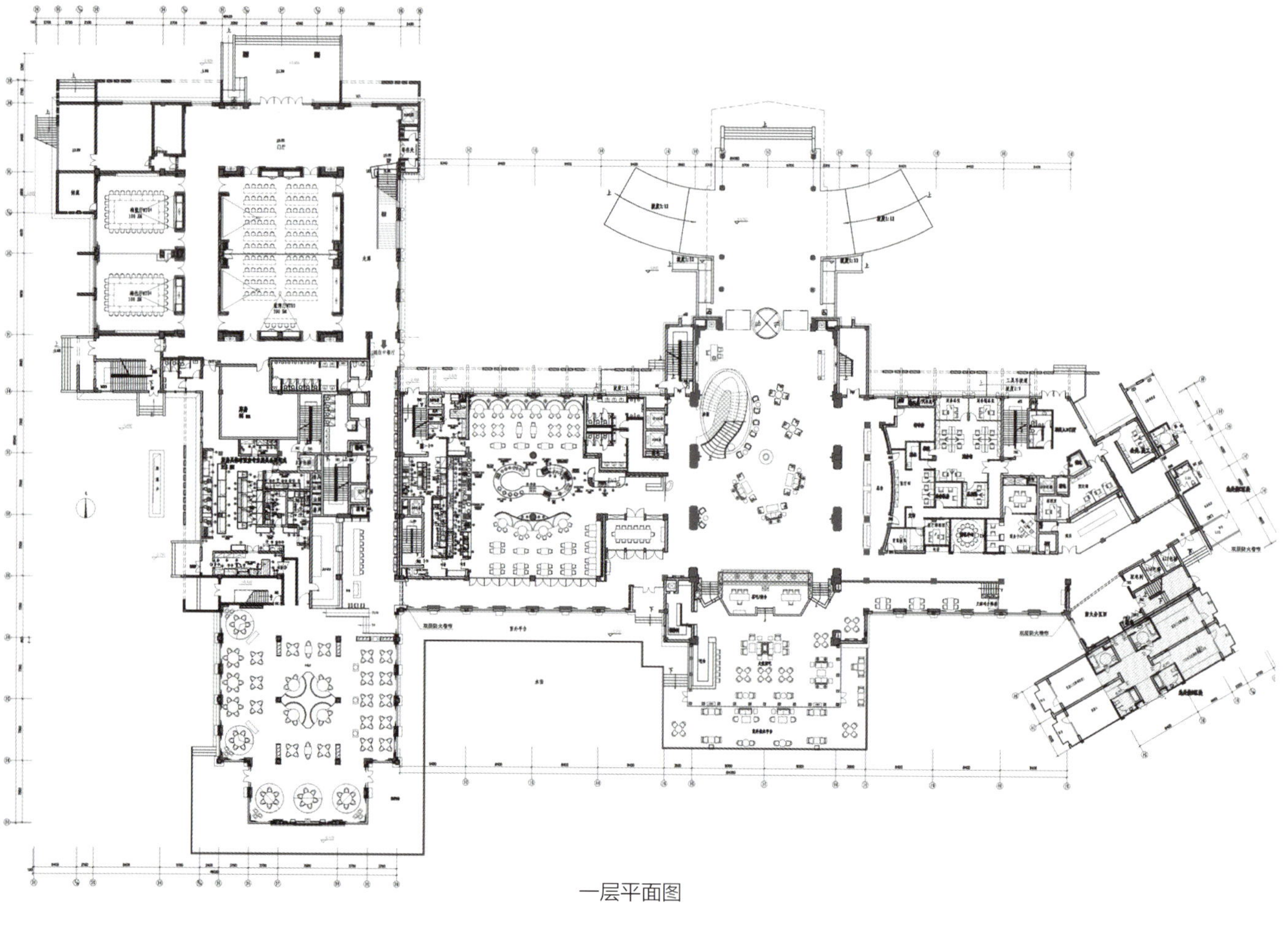

一层平面图

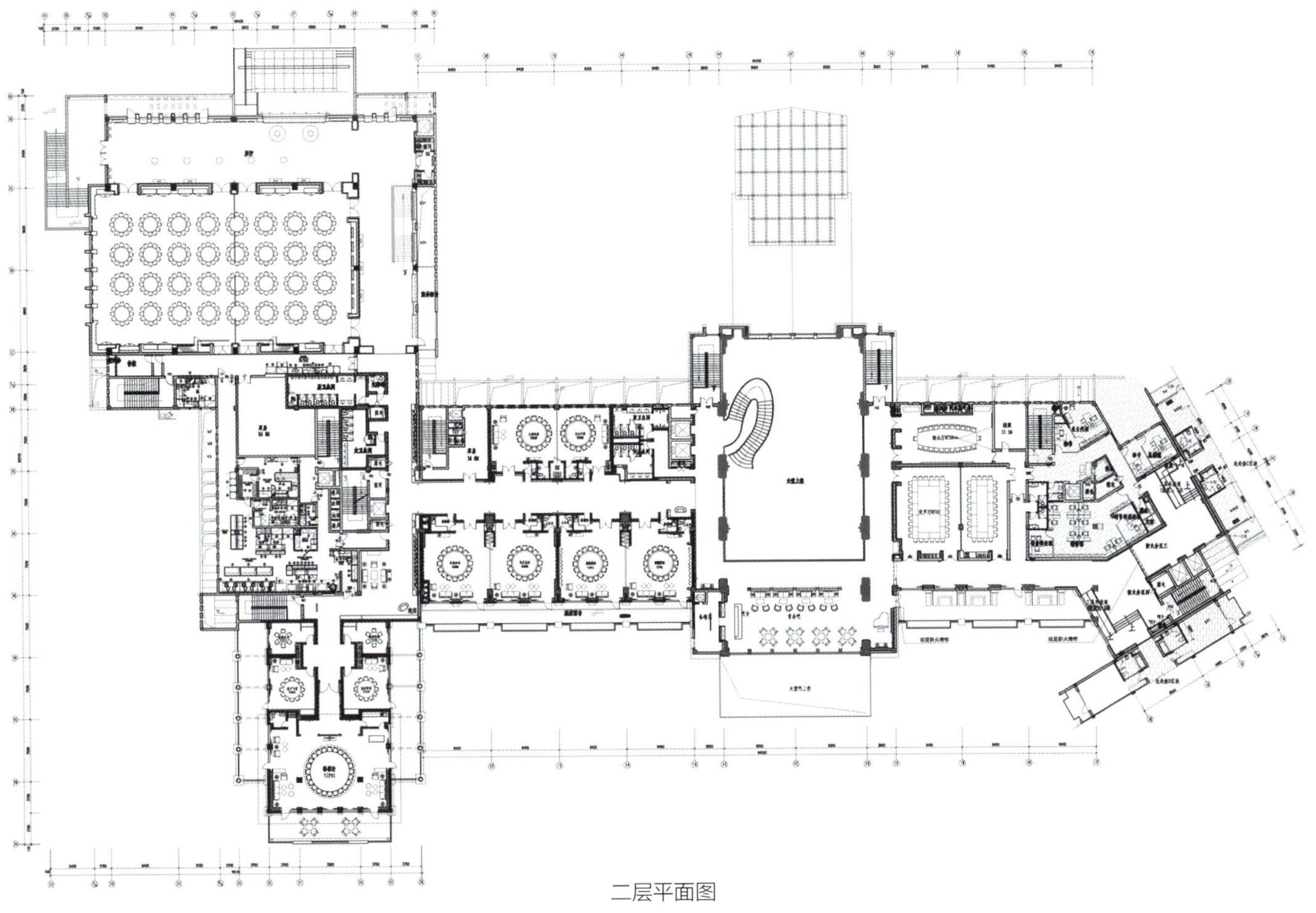

二层平面图

无锡艾迪花园精品酒店

Wuxi Addie Garden Boutique Hotel

项目名称_无锡艾迪花园精品酒店 / **主案设计**_吕邵苍 / **参与设计**_王剑 / **项目地点**_江苏省无锡市 / **项目面积**_16000 平方米 / **投资金额**_8000 万元 / **主要材料**_木材、天然石材、金属、玻璃

A 项目定位 Design Proposition

以“品牌，时尚，特色，科技”为主要设计思路，着重突出自然 艺术 独特 体验，将酒店定位于设计型精品酒店。

B 环境风格 Creativity & Aesthetics

通过独特的设计来冲击人们的感官，带来一种全新，奇异与美妙的体验。

C 空间布局 Space Planning

各种转折形功能“声锁”，动线多变，聚强烈体验感。

D 设计选材 Materials & Cost Effectiveness

镜面电视的大量给住店客人带来了全新的感官体验。

E 使用效果 Fidelity to Client

在当地引领了设计型酒店新风尚。

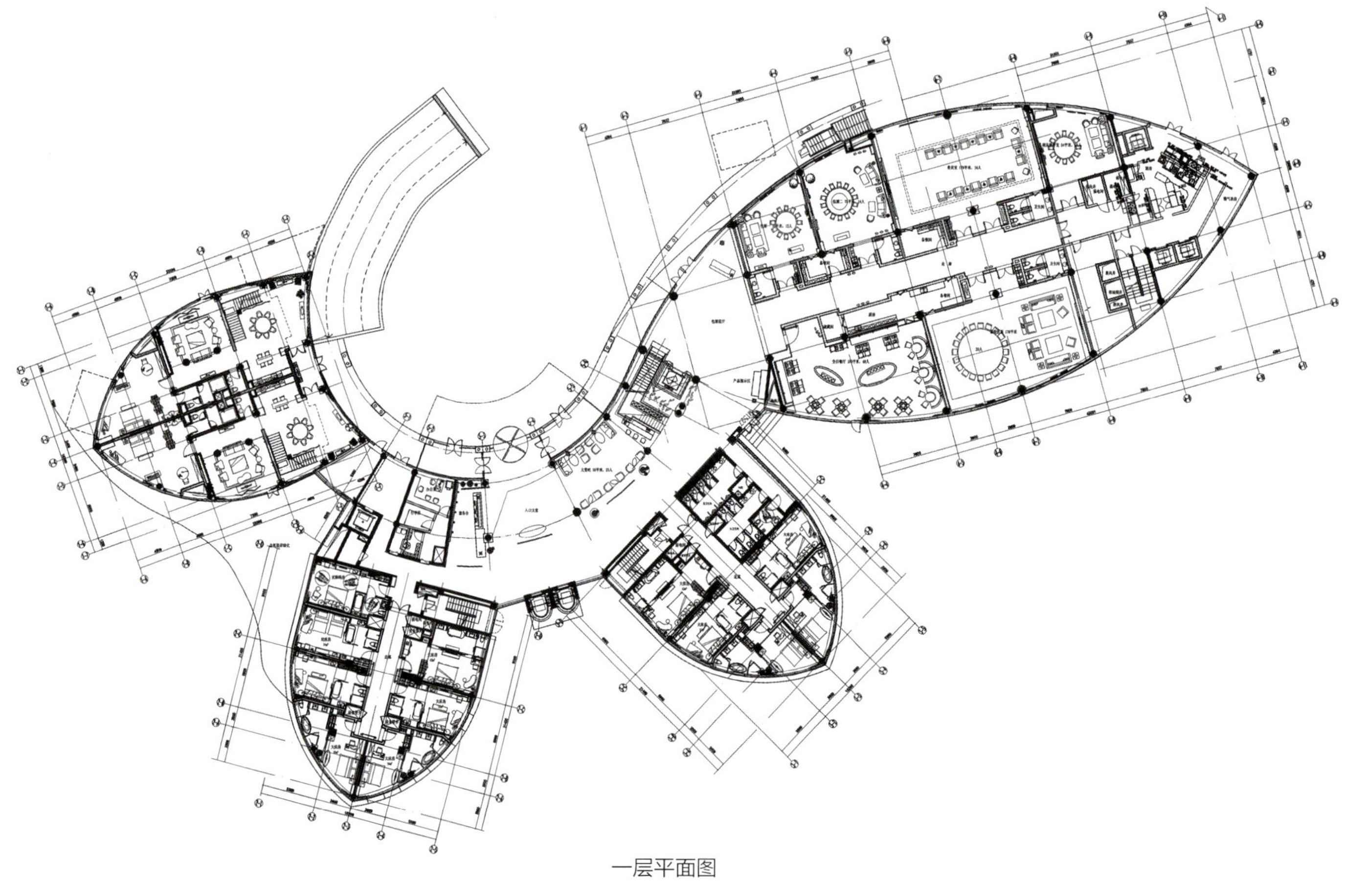

一层平面图

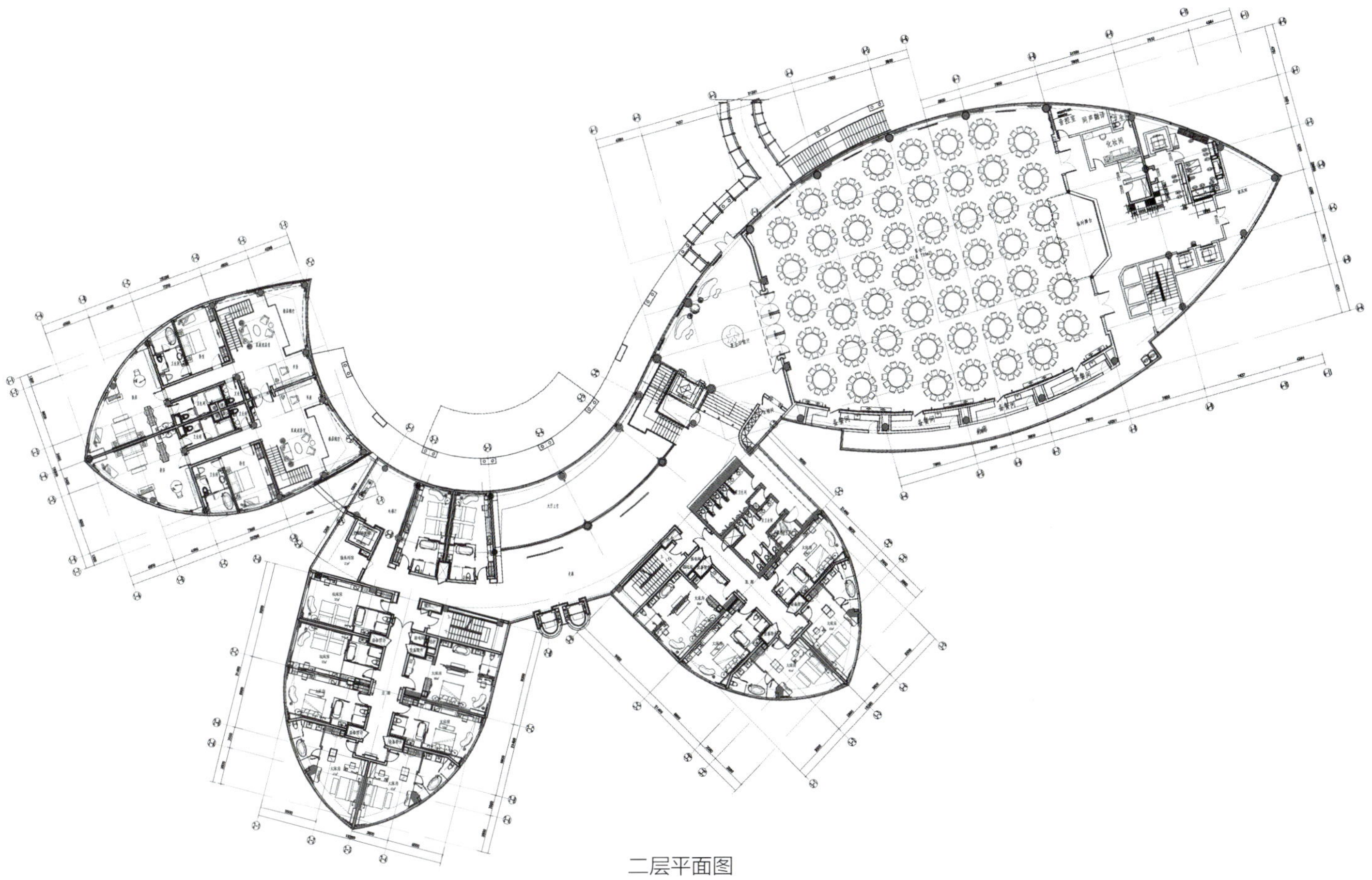

二层平面图

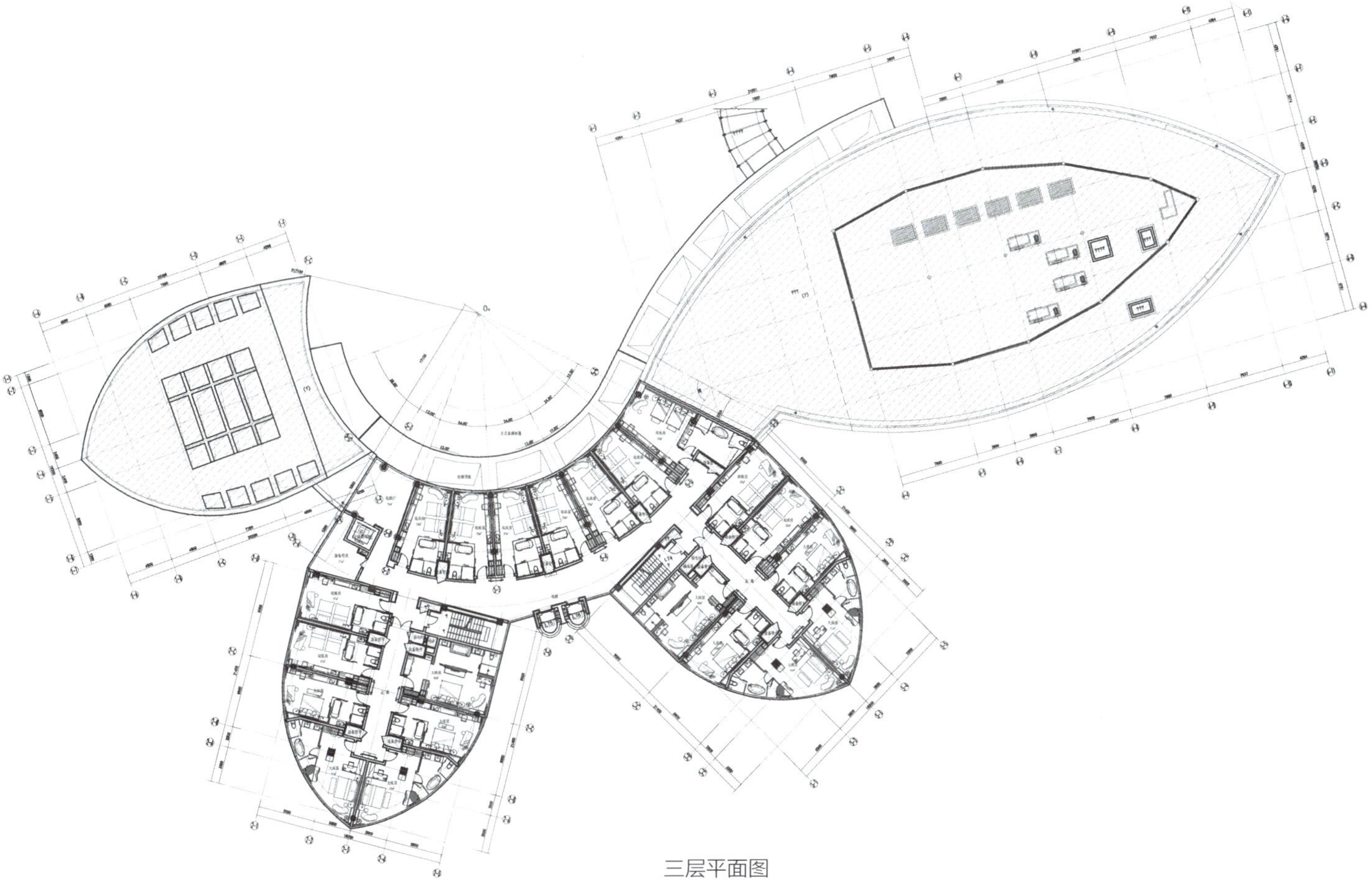

三层平面图

南昆山十字水生态度假村·竹别墅

THE CROSSWATERS ECOLODGE & SPA BAMBOO VILLA

项目名称 _ *南昆山十字水生态度假村·竹别墅* / **主案设计** _ *彭征* / **项目地点** _ *广东惠州市* / **项目面积** _ *1248 平方米* / **投资金额** _ *1200 万元* / **主要材料** _ *竹子、实木、大理石复合竹、乳胶漆、夯土墙*

A 项目定位 Design Proposition

一直以来，提供高级享受的度假村，往往与生态旅游的理念背道而驰；为了舒适、方便而过量浪费能源、制造大量废物、破坏环境，造成无法挽救的损失。然而，我们坚信：在生态度假村中，优质的旅游设施与维护环境，两者可以和谐并存，关键在于平衡。要取得平衡，必须由一开始便投入责任心、热忱和努力。

B 环境风格 Creativity & Aesthetics

十字水生态度假村是美国国家地理杂志推介的全球五十大生态度假村之一，也是国内生态旅游发展的模范，不仅做到生态环保，而且是高品位、舒适的度假胜地。

C 空间布局 Space Planning

本次设计范围包括：精品店和画廊、康体中心、总统别墅、套间、竹别墅及园林。

D 设计选材 Materials & Cost Effectiveness

环保材料。

E 使用效果 Fidelity to Client

很好。

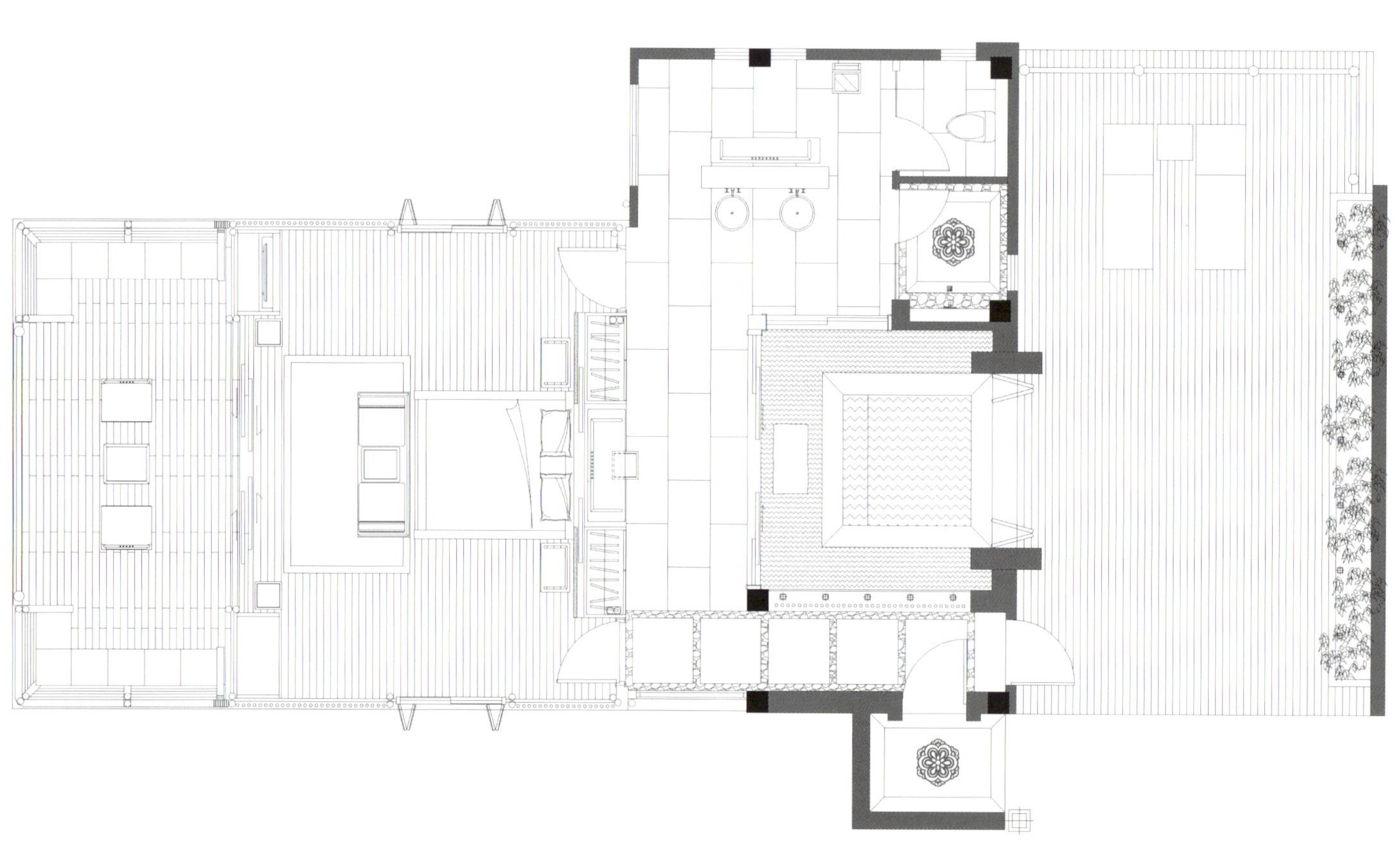

一层平面图

中信泰富朱家角锦江酒店

CITIC PACIFIC ZHUJIAJIAO JIN JIANG HOTEL

项目名称 _ *中信泰富朱家角锦江酒店* / **主案设计** _ *徐婕媛* / **参与设计** _ *曾芷君、陈向京、徐婕媛、谢云权、陈志和* / **项目地点** _ *上海黄浦区* / **项目面积** _*40430 平方米* / **投资金额** _*4000 万元* / **主要材料** _ *木纹石、青砖、铜、柚木*

A 项目定位 Design Proposition

中信泰富朱家角锦江酒店位处朱家角古镇，作为千年文脉滋养古镇的朱家角，位于上海西郊淀山湖畔，是上海周边家庭出游、商务洽谈的首选之地。可充分迎合上海周边休闲度假及高端商务活动场所的需求，致力成为朱家角地区高端配套新地标。

B 环境风格 Creativity & Aesthetics

室内设计延续建筑的设计理念，在建筑营造的景框里面，以中国传统水墨画卷为主题，让室内以中国水墨画的意境展现在建筑的画框里。

C 空间布局 Space Planning

根据酒店不同的功能区域，提取水墨画的绘画特点，以“泼墨、写意、工笔”为各区域设计手法，在大堂区域以“泼墨”为主线，表达公共区域洒脱、豪放、淳化的气质，会议区及休闲区以“写意”为主题，表达其气韵生动、 应物象形、 随类赋彩的气质，客房区以“工笔”为主题，表达客房区雅致、考密、精细的设计理念。

D 设计选材 Materials & Cost Effectiveness

在材料运用上，采用意大利木纹石．青砖．铜．柚木等体现江南水墨感觉的材料，通过对传统装饰纹样的抽象简化以及本土化材料的解析运用，将中式设计理念融入各功能空间，揉古释今，化凡为雅，营造出极具中式情怀，并富有现代气息的酒店空间。

E 使用效果 Fidelity to Client

中信泰富朱家角锦江酒店 2013 年 9 月上海落成迎客，酒店内共设 201 间高档豪华客房，另有 3 间餐厅和 2 间酒廊，可分隔式宴会厅足以满足容纳 400 人的会议需求。满足不同时间段的游客参观体验。

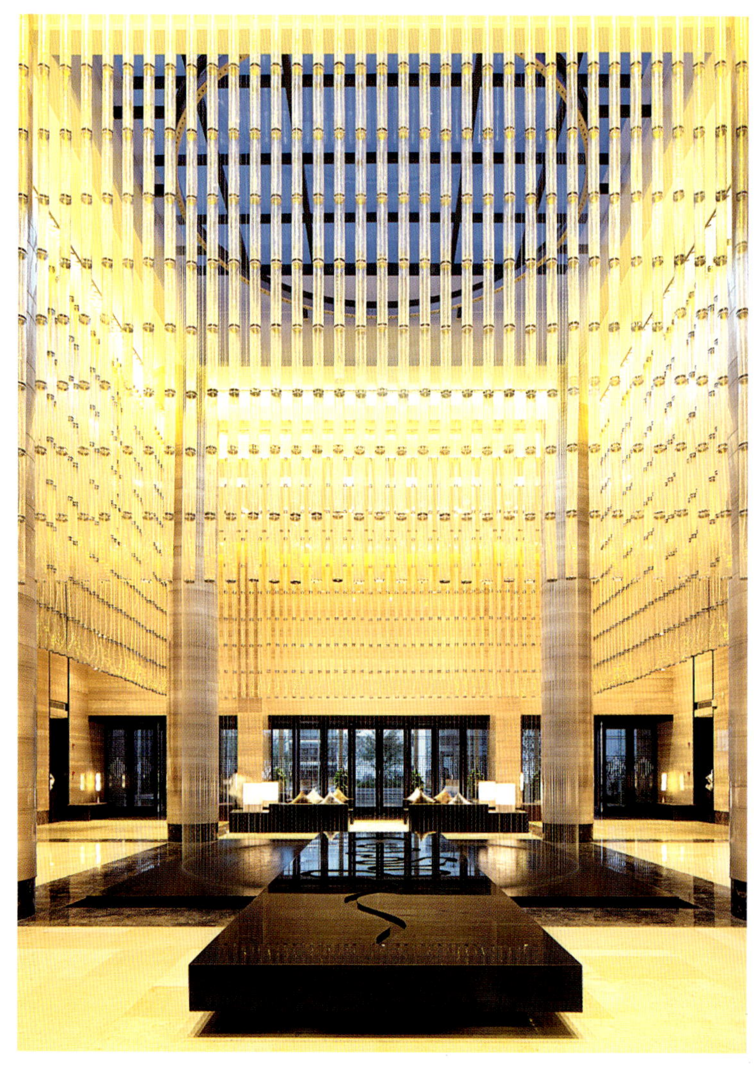

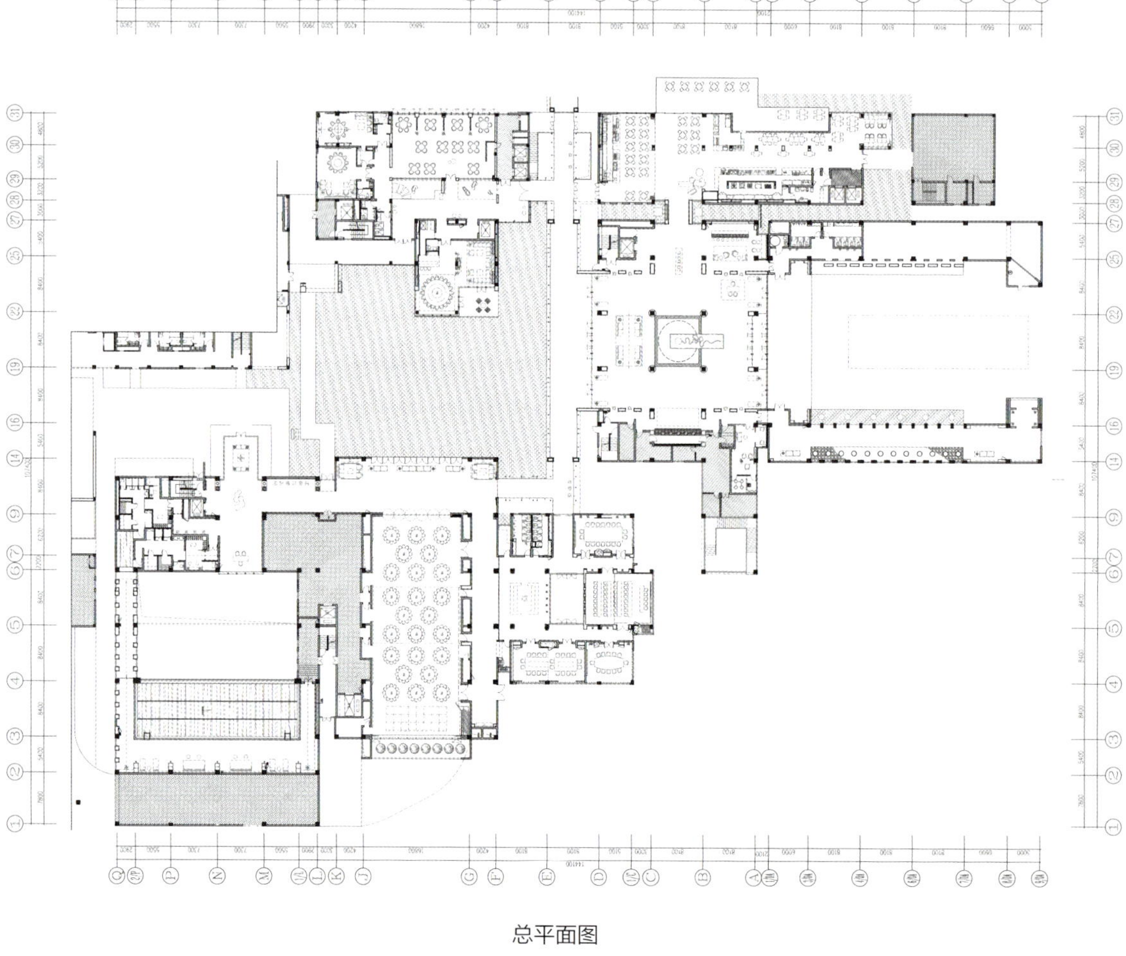

总平面图

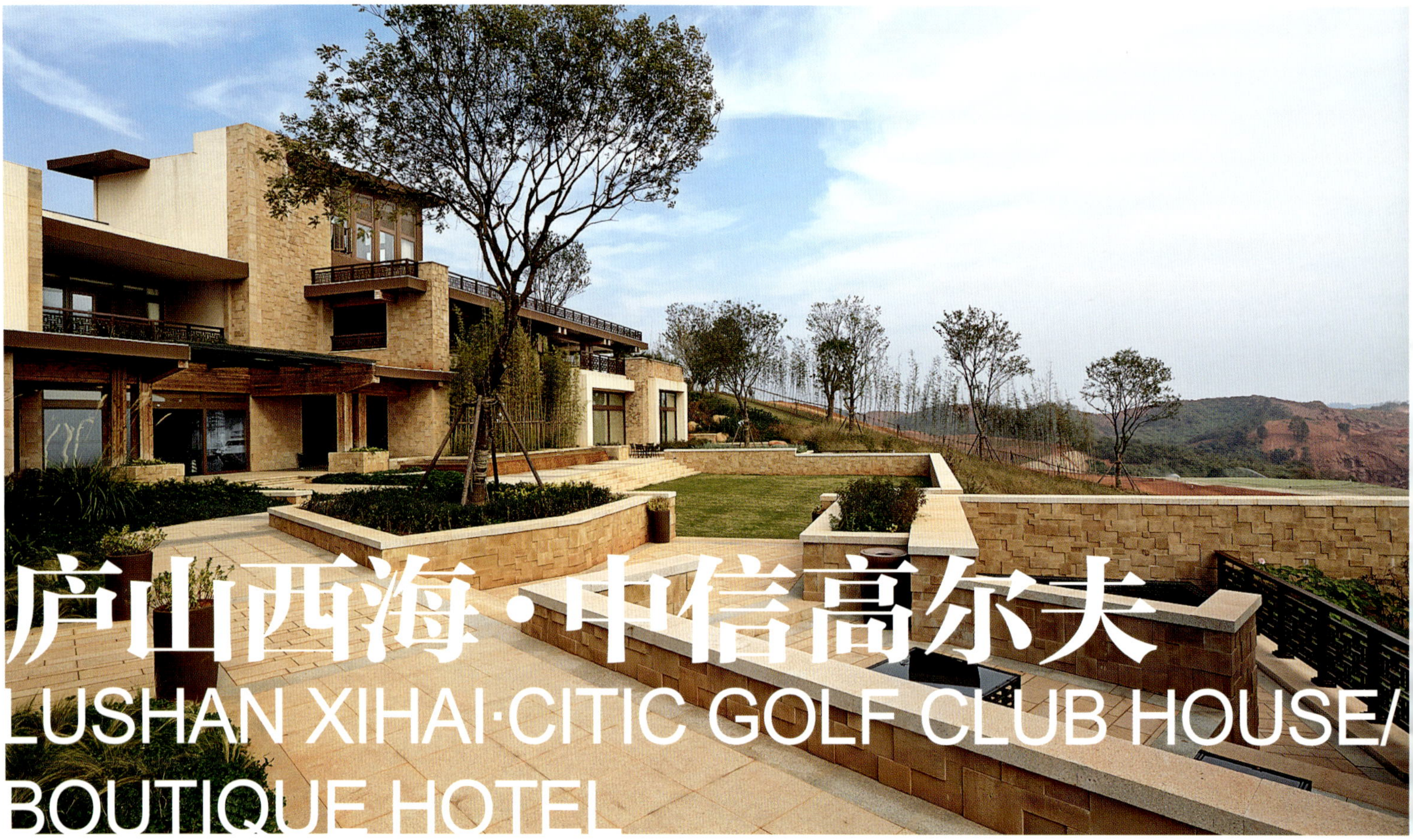

庐山西海·中信高尔夫

LUSHAN XIHAI·CITIC GOLF CLUB HOUSE/ BOUTIQUE HOTEL

项目名称 _ 庐山西海·中信高尔夫会所及酒店 / **主案设计** _ 黄志达 / **项目地点** _ 江西省庐山市 / **项目面积** _3500 平方米 / **投资金额** _3000 万元 / **主要材料** _ 环球石材

A 项目定位 Design Proposition

坐落于江西九江的中信庐山西海高尔夫会所，是会员制的顶尖高尔夫会所。项目共分为上下两层，建筑外观以新徽派与美式乡村相融合的设计风格为基调。粉墙黛瓦作为建筑与城市的沟通的语言，内敛中隐逸着肃穆与自然，也是我们在空间定位上的延伸，模仿大自然的典雅设计，往往也是最简单的。整个空间呈现出自然新颖、优雅和谐的风格，与建筑设计理念完美融合。

B 环境风格 Creativity & Aesthetics

我们以婺源山水景物为题材，可包含江西的山、水、湿地、庐山、陶渊明墓、鄱阳湖，野生动物等自然及人文景物，以展现江西地区山水自然生态美。在室内设计上，我们将徽派元素、赣文化与建筑形态相结合。浑厚的天然原本，融入室内的墙身绿植，让空间显得沉稳厚重，妙趣横生，打造出新亚洲的设计理念。

C 空间布局 Space Planning

本会所空间，体现一种置身于高尔夫世外桃源的气氛中，让参观者有美好的憧憬。一层销售中心是项目的精华所在，我们用现代手法与北美的原生态材质充分碰撞，带来现代与自然的双重体验。方形的天窗下笼罩着整个开放空间，同时和椭圆形的模型台相合，方圆之间若即若离，完美渗透。

D 设计选材 Materials & Cost Effectiveness

整体色调以建筑的肌理色调为主，大体块的透光石与仿古墙砖相互穿插。公共大厅及餐厅区域是高尔夫文化与建筑语言结合表现的重点区域，我们以原石薄板错落拼贴的大厅背景墙，并以质朴原木、模拟绿植打造的以高尔夫地形为元素的餐厅墙面，充分体现出高尔夫运动这种人与自然的的沟通互动，给整个项目一个突出的亮点。

在二层出发区，弧形的玻璃穿插在原木之中。木马赛克拼成的整体墙面再搭配上形态生动的艺术品，人与自然之间形成了巧妙的对话关系，让人挥杆亦动亦静之中，体验生活的尊贵与快感。

E 使用效果 Fidelity to Client

项目完工后，不仅让当地有了一处高端会所的好去处，吸引了各界高端人士前往参观体验，且对西海的片区价值也有多倍提升。

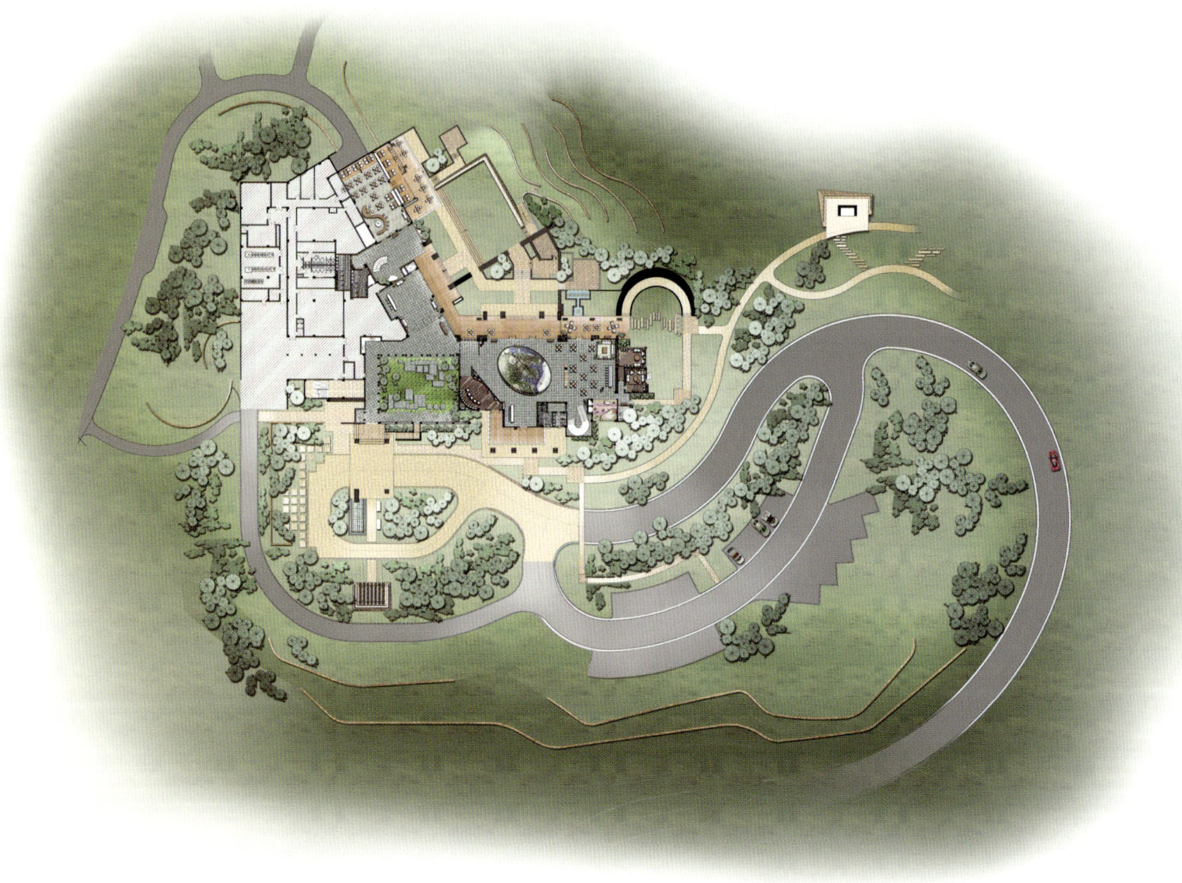

一层平面图

贵安溪山温泉度假酒店

Your Anxi mountain hot spring resort hotel

项目名称 _ 贵安溪山温泉度假酒店 / **主案设计** _ 何华武 / **参与设计** _ 龚志强、吴凤珍、林航英、郭礼燊、蔡秋娇、杨尚炜 / **项目地点** _ 福建福州 / **项目面积** _104000 平方米 / **主要材料** _654 花岗岩、中国黑石材、金刚板；水曲柳面板；丝绸硬包

A 项目定位 Design Proposition

山林温泉、休闲养生、健康理疗。

B 环境风格 Creativity & Aesthetics

取之当地的建筑风格元素，简化符号，提炼红色为主调贯穿、中性的色彩、简约的造型、巨型的体量、古朴的质感，渗透着中国古典文化的气节与儒雅的风尚 ......

C 空间布局 Space Planning

借景、步移景异、传统园林式导向 ......

D 设计选材 Materials & Cost Effectiveness

生态、质朴、采用当地的建筑源材料，装饰用色以淡雅为主空间色调统一，装修选材以浅灰色为统一色调，以体现高品质。设计借用中国建筑中传统的符号及元素、色彩将其夸张并强烈效果化。最终融合了时尚与古典，材质与环境的相互呼应，呈现了去芜存菁的精神，重塑出一种度假酒店的崭新形象，大量使用的环保材料，更是使度假酒店的舒适感得到升华。

E 使用效果 Fidelity to Client

通过传统建筑语汇的提炼以表达空间的时尚，通过陈设艺术的巧妙点缀，以彰显度假酒店的舒适生活。强调现代中式的气脉，室内外浑然一体，强调空间的相互渗透及使用上的有机灵活。让客人体验到如“家”的亲切感 ......

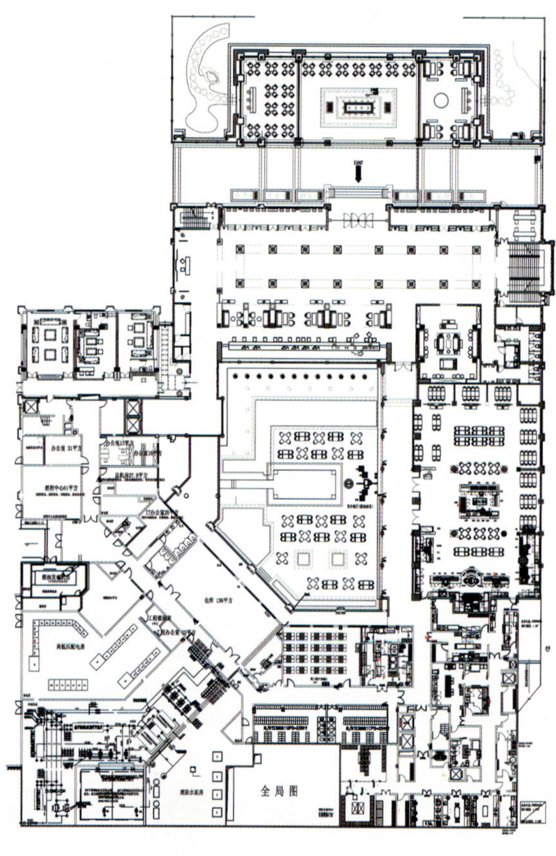

一层平面图

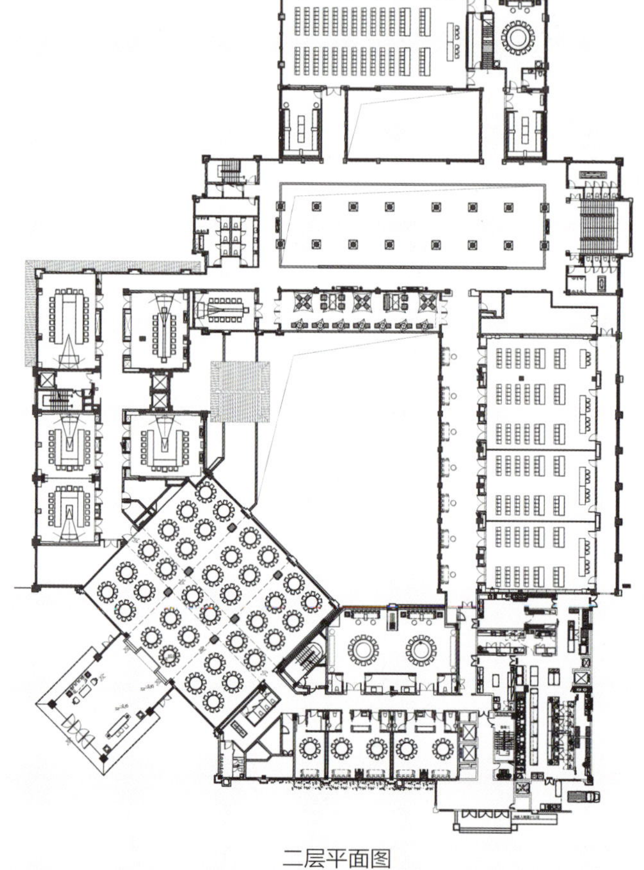

二层平面图

稻城亚丁日松贡布酒店
Daocheng Aden Hotel Ri Song Gongbu

项目名称 _ 稻城亚丁日松贡布酒店 / **主案设计** _ 张敏 / **项目地点** _ 四川省甘孜藏族自治州市 / **项目面积** _20000 平方米 / **投资金额** _78000 万元

A 项目定位 Design Proposition
此项目我们软装整体设计的宗旨是要让细节成为传承藏文化的一个窗口，一个典型。藏族文化为点缀，每个艺术装饰品的故事都能带您进入神奇的藏文化世界，揭开藏族文化的面纱。让莅临本酒店的各界人士，在此洗去心灵的障碍和现实的浮华，回归——宁静。

B 环境风格 Creativity & Aesthetics
酒店位于被国际友人誉为“蓝色星球上最后一片净土”的稻城亚丁。酒店软装主题以崇尚藏族文化的“自然，文化，艺术，宗教”为理念，以民俗民风、文化艺术、藏族图案、服饰等为设计元素，以“五色风马旗”其中的红色为点缀色调，，致力于提供“温馨、生态、舒适”的入住体验。同时，酒店客房设计以独特的装饰品味和舒适为理念，在原生态中寻觅现代居住感觉，让客人既享受美景又体会家的舒适。

C 空间布局 Space Planning
在空间布局上保证空间流畅性，美观点缀，运用软装达到功能分区识别的作品。

D 设计选材 Materials & Cost Effectiveness
在材质上采用现代材料，塑造出一个充满时代气息又不失民族感的现代化藏区酒店形象。

E 使用效果 Fidelity to Client
吸引很多追求品质的游客入住，甘孜州第一家五星级酒店，胜于群众的期待。

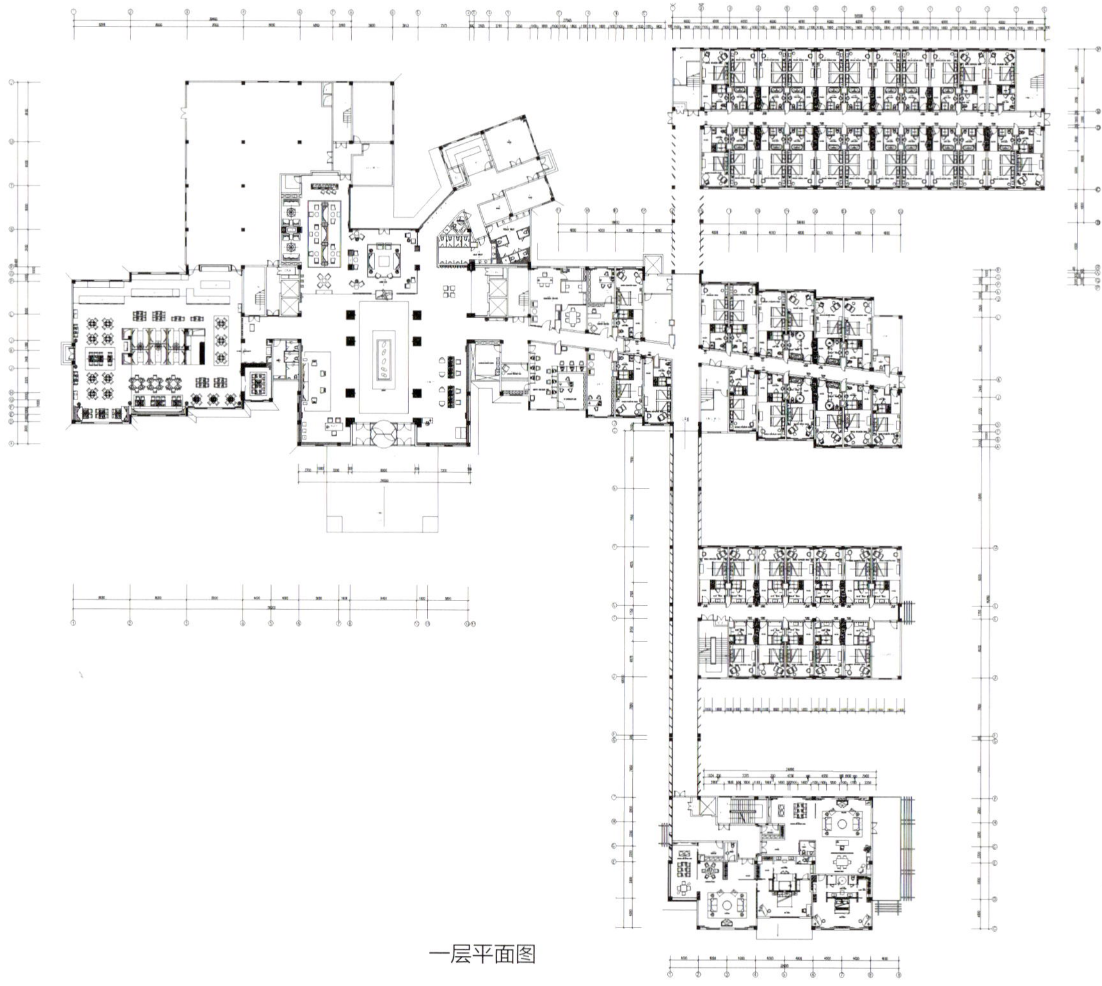

一层平面图

无锡舒隅酒店

Wuxi Shuyu Hotel

项目名称 _ *无锡舒隅酒店* / **主案设计** _ *林斌* / **项目地点** _ *江苏省无锡市* / **项目面积** _ *6900 平方米* / **投资金额** _ *1000 万元* / **主要材料** _ *楼兰瓷砖、实木贴皮、TOTO 洁具等*

A 项目定位 Design Proposition

本案设计理念为传承本地建筑文化和人文精神，结合当代表现手法与自然与人的设计思路传达一种禅意自然的茶文化设计型精品酒店。

B 环境风格 Creativity & Aesthetics

将清静、悠闲的饮茶文化与商务文化结合，大胆将“回归自然”的理念融入酒店设计中，将城市中心的繁华喧闹与传统的静谧、写意和极致舒适、私密融为一体。

C 空间布局 Space Planning

118 间精品客房以简约日式风格为主，呈现天然返璞归的视觉基调，打造自然舒心的休憩空间。十二楼坐拥 800　的茶会所，集看书、喝茶、小聚、会议与一体，诚心打造茶主题复合空间。

D 设计选材 Materials & Cost Effectiveness

大量的原木运用，领略犹如置身山林的舒适和愉悦，让人感受在山间一样自由的呼吸。

E 使用效果 Fidelity to Client

舒隅酒店自投入运营以来，收到的最多评价就是舒适，惬意，设计风格简单大气又不失创意，犹如置身大自然，在这样的酒店环境下更能提供给客户舒适的休憩环境。

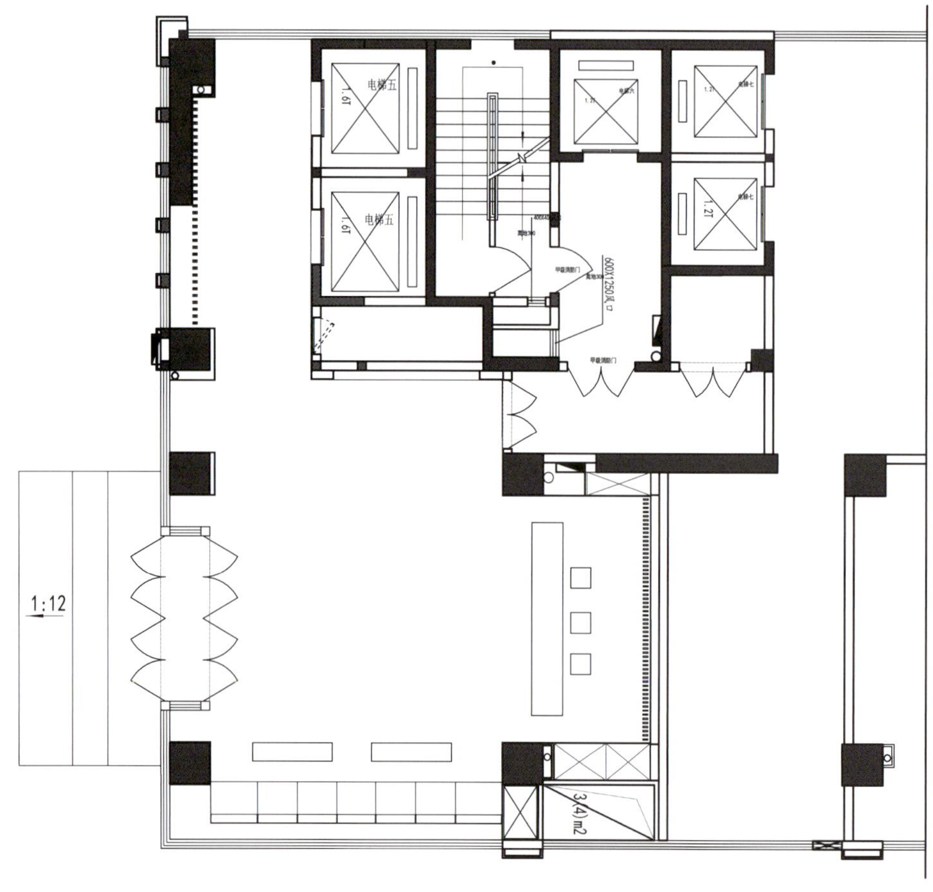

一层平面图

济宁万达嘉华酒店

Wanda Realm Jining

项目名称 _ 济宁万达嘉华酒店 / **主案设计** _ 姜峰 / **项目地点** _ 山东省济南市 / **项目面积** _42000 平方米 / **投资金额** _40000 万元 / **主要材料** _ 贝壳马赛克、胡桃木、香槟金、皮革、天堂鸟石材

A 项目定位 Design Proposition

济宁，这座城市拥有别具一格的城市气质和人文气韵，作为孔子文化的发源地，济宁在世界文明发展史上起着举足轻重的作用。独特的城市气质造就了济宁不可复制的人文情怀。加之京杭大运河的贯通，运河文化和孔孟文化相得益彰，交相辉映。高贵的孔子六艺，内涵丰富的运河文化，则是济宁人民物质财富和精神财富的体现。

B 环境风格 Creativity & Aesthetics

在项目设计上，设计师提取了特色的济宁文化，与万达嘉华酒店品牌相结合，该酒店以孔子六艺为主线，融合运河文化等设计元素，展示出济宁丰厚的历史文化底蕴，让客人休憩之余体验别样的文化之旅。

C 空间布局 Space Planning

酒店共设各式豪华客房 280 套，并拥有济宁市区最大的无柱宴会厅，全新定义的全日餐厅、极具中国典雅韵味的品珍中餐厅和时尚惬意的大堂酒廊邀您共品精致佳肴。

D 设计选材 Materials & Cost Effectiveness

采用现代、舒适、简洁的设计理念，运用孔子六艺（礼、乐、射、御、书、数）、运河文化抽象写意水墨的艺术形式，以现代手法融入空间设计之中，营造出现代简洁的儒家韵味。

E 使用效果 Fidelity to Client

济宁万达嘉华酒店是万达集团在鲁西南地区重资打造的首家国际五星级酒店，酒店座落于济宁市中心商圈核心位置太白楼路中段万达广场。

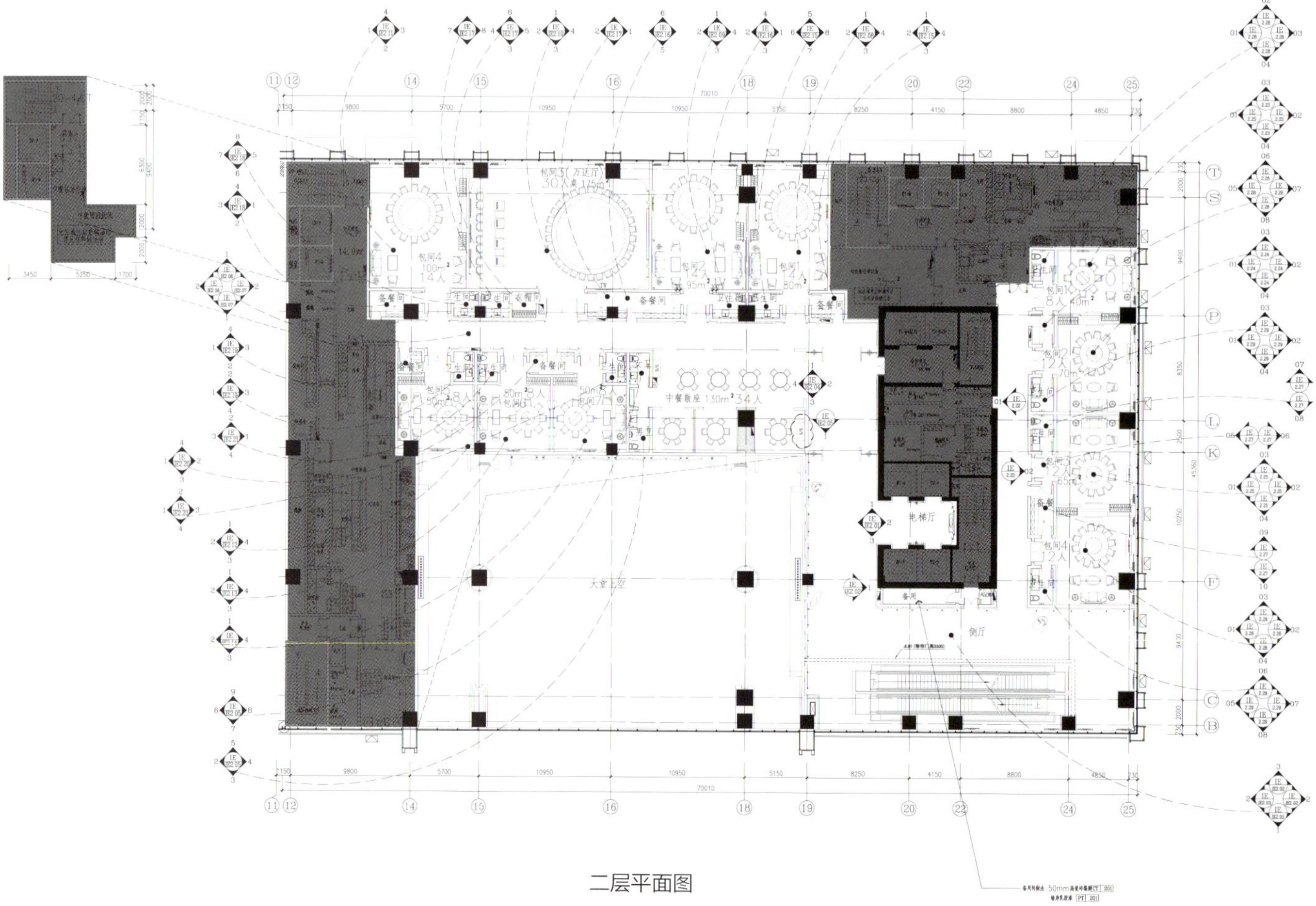

二层平面图

普陀山佛教文化交流中心

Mount Putuo Buddhist Cultural Center - Ru Yi Ge

项目名称 _ 普陀山国际佛教文化交流中心 -- 如意阁 / **主案设计** _ 阮菲 / **项目地点** _ 浙江省舟山市 / **项目面积** _79000 平方米 / **投资金额** _6000 万元

A 项目定位 Design Proposition

“如易阁”实为旅社。“旅”——在外的人，旅人。“社”——二五家为社，各树其土所宜之木。摈弃“酒店”的称呼在于考量商业化载体之外的收获，设计团队承载了文化阐释的职责，发自于国土的荣耀，参与国际化“酒店”主题的探讨，非常满足。

B 环境风格 Creativity & Aesthetics

“如易阁”的“如”和“易” 坐落于佛国圣土，“事”为礼佛参拜，“理”则为缘由，由心而发。就如我们所看到的，当下礼佛实则宗教仪式，游客虽上香跪拜，但多为其“事”的旁观者，所以不免“事”过境迁。其间“居食之所”倘若利欲熏心，比对浮华，或成误途。旅社得名“如易”，“如”永恒存在的真如，“易”无相变转，大意范广，旨在佛学给予的开释。是一个引发感悟与富含包容心的场所。综观全景，旅社不出现一尊佛造像，用意在于深入人心，目视不如观心，由心则开怀。综观全景，旅社不出现一处臆造之材，用木、石、土、竹、麻、纸、丝等材原的本身来诠释静止的本来。综观全景，旅社不出现一方浮华宫阙，人人自然出入，平等往来，祥和共养。

C 空间布局 Space Planning

“如易阁”之布局 旅社的规局不以各家风水之说，不以常见酒店的规制为限制，反以气韵意味自然走向。欣然察觉终果与各家之谈不谋而合，感慨华夏文化一脉相承。旅社的南北垂直向轴线为“昆仑文化的主脉络，其以昆仑石、琴、册、山为文化脉络，连贯大堂、斋食、博物馆、藏经阁等功能场所；东西向轴线附和佛法传播的朝向隐喻了普陀观音文化的演进，其以观、塔、菩提珠三圣、涯石为主脉络，连贯茶歇、禅堂、阅读、庭院灯功能场所。同时功能建筑群又环抱中央的黄庭悉地，气场聚合，各功能区自然连贯，深入期间，尽享景致，无处不闲暇答意。

D 设计选材 Materials & Cost Effectiveness

“如易阁”之十八境趣 观景造园，创作理念依偎环境所给予的感悟，分享于众人。是文化圣地透出气息的融化。。

E 使用效果 Fidelity to Client

“如易阁”之光影 日出至日落，旅社享用着光赋予的无私的灵动。

后山建筑区
上山山路
紧急出口
东入口
（仅供后山
建筑紧急）
西入口
原影院建筑
影院入口
主入口
主体建筑区
客人建筑间交通流向
总平面图

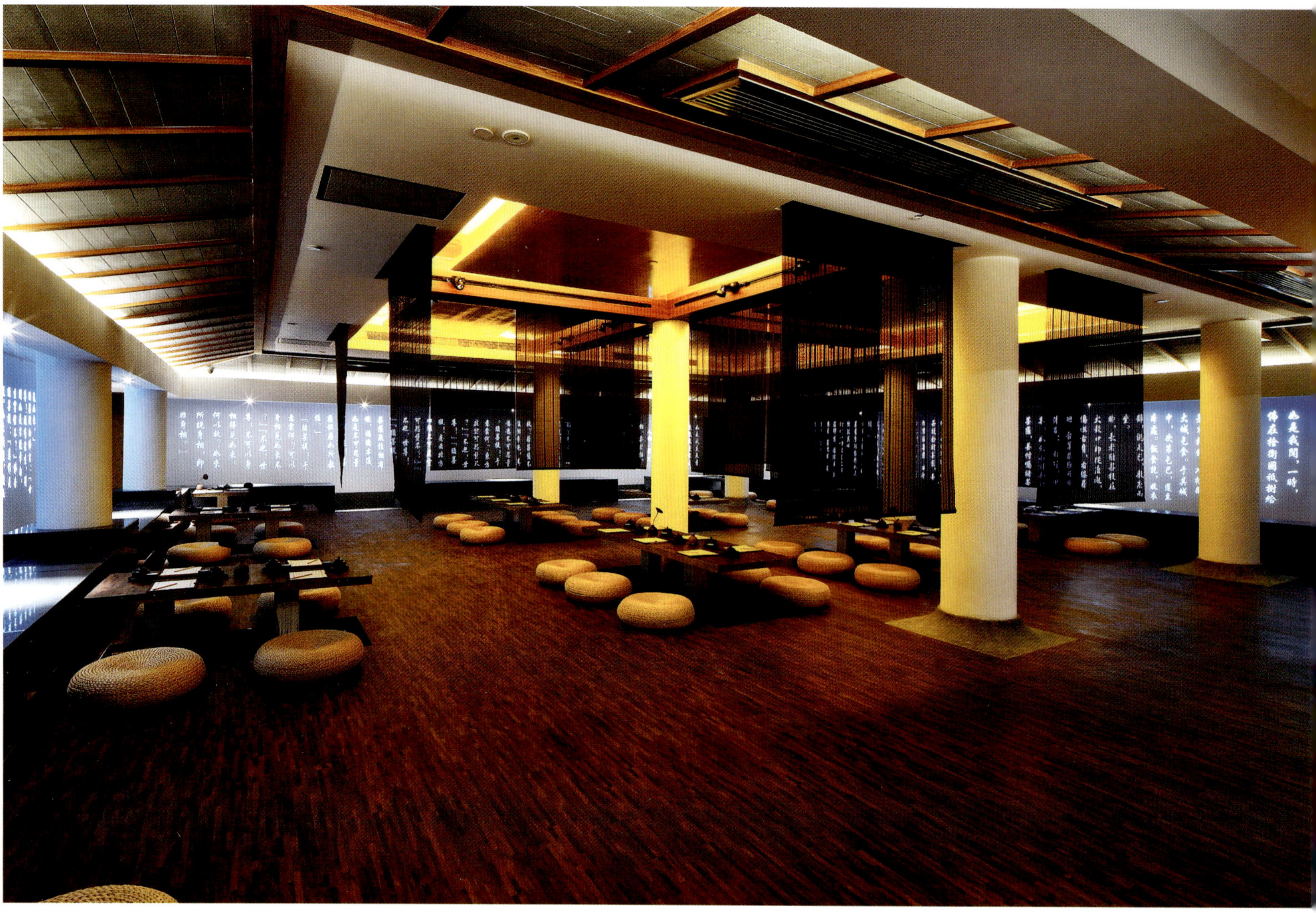

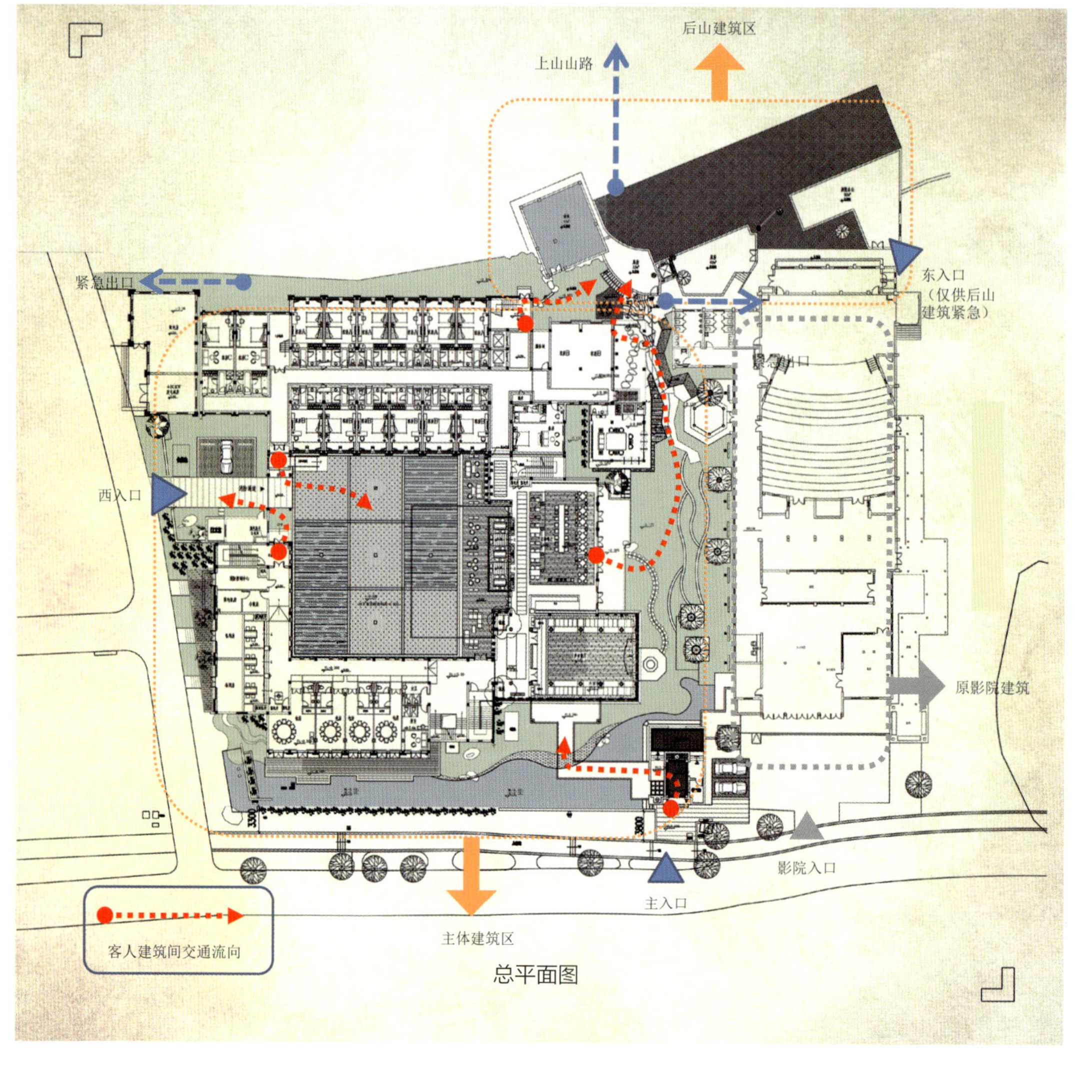

Office
办公空间

未来对撞器——奇虎360新总部办公室
FUTURE COLLIDER-Qihoo 360 New HQ Office

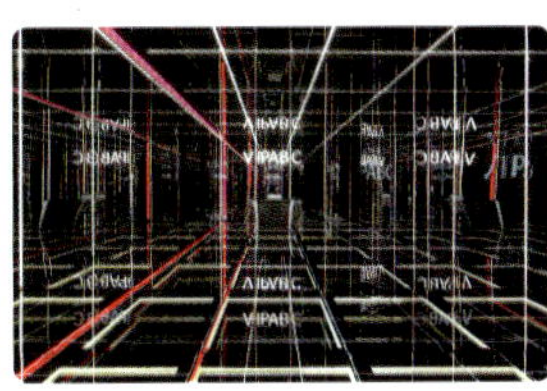

VIPABC 陆家嘴总部办公室
VIPABC Head Office

Teleperformance 西安办公室
Teleperformance Xian office

北京中关村东升科技园泰利驿站办公室
Beijing Zhongguangcun Dongsheng Sci-tech Park

梁筑设计工作室
X-Girder Build Design Studio

威克多制衣中心
Vicutu Garments Manufacturing center

易和设计小河路办公室
Ehe Design Office On Xiaohe Road

墨臣石灯胡同办公楼改造
Mochen New Office Renovation Of Shideng Hutong

居然顶层设计中心
EASYHOME TOP DESIGN CENTER

一起设计
Designtogether

未来对撞器·奇虎 360 新总部办公室

QIHOO 360 NEW HQ OFFICE

项目名称 _ 未来对撞器—奇虎 360 新总部办公室 / 主案设计 _ 何大为 / 参与设计 _Echo Zhang、Serena Shu、Tina Ren / 项目地点 _ 北京市朝阳区 / 项目面积 _36000 平方米 / 投资金额 _7800 万元 / 主要材料 _NOVOFIBRE 诺菲博尔麦秸板、东帝士地毯、竹地板

A 项目定位 Design Proposition

设计之初得知世界上最大的粒子加速器位于日内瓦地下的 17 英里长的大型强子对撞器 (Large Hadron Collider，简称 LHC) 已发现希格斯 (Higgs) 色子。这个新闻给设计师带来灵感，结合大型粒子加速对撞器与 360 的颠覆式创新公司文化，将对撞器概念导入 360 办公室设计。借由员工的脑力碰撞，去发现公司或中国互联网的未来。

B 环境风格 Creativity & Aesthetics

设计了 4 个"未来对撞器 Future Collider"在挑高两层的员工活动区，提供员工头脑碰撞出更多创意点子的空间，也碰撞出公司更好的未来。

C 空间布局 Space Planning

平面布局上，最大程度将员工工作位配置在沿窗带，可以享受最佳的视觉景观和自然采光。在不同的办公楼层，利用不同的墙柱颜色，区分了楼层或不同部门的属性，并用 360 的 logo 作为吊灯造型。

D 设计选材 Materials & Cost Effectiveness

所有的未来对撞器均是麦秸杆压制而成的麦秸板，这同样也被 2010 上海世博展馆选用为最主要的建筑材料。麦秸板是利用农业生产剩余物－麦秸制成的一种性能优良的人造复合板材。而在此空间里主要地面铺装是竹地板及人造草坪，尽量运用了不加修饰的天然材料来突显绿色环保健康办公室环境的设计理念。

E 使用效果 Fidelity to Client

设计理念不但关心了员工工作空间的环保性及舒适性，也是将 360 公司"用户体验"的公司精神文化转换为 360 办公室的"员工体验"了。

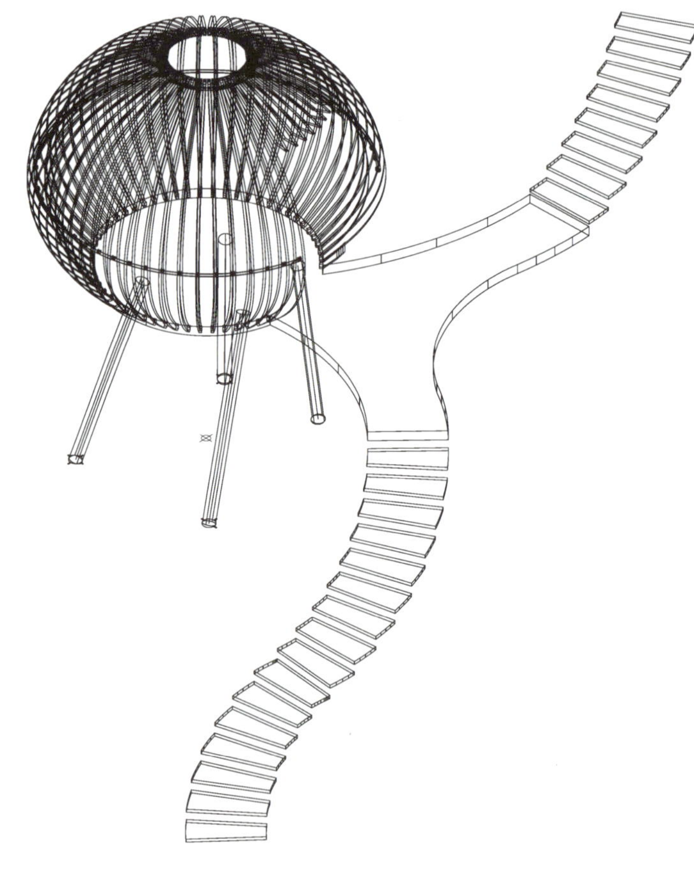

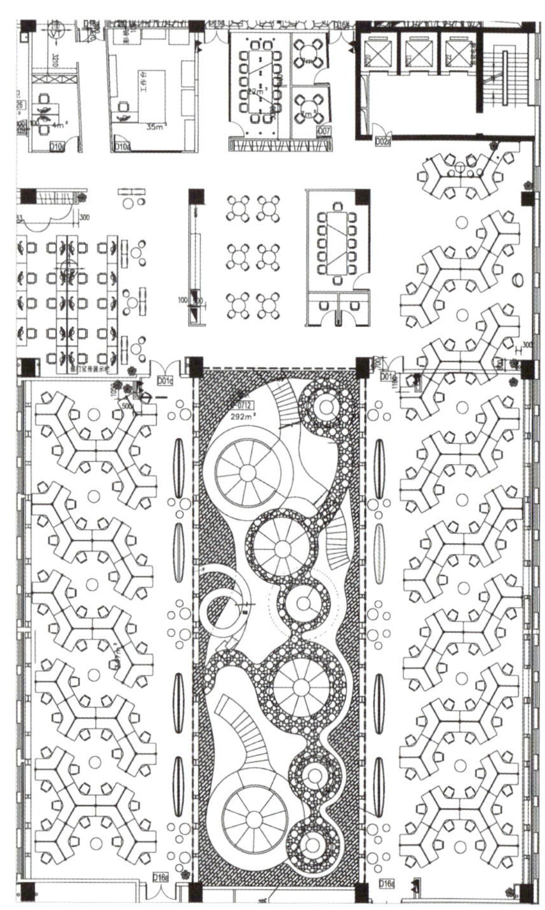

一层平面图

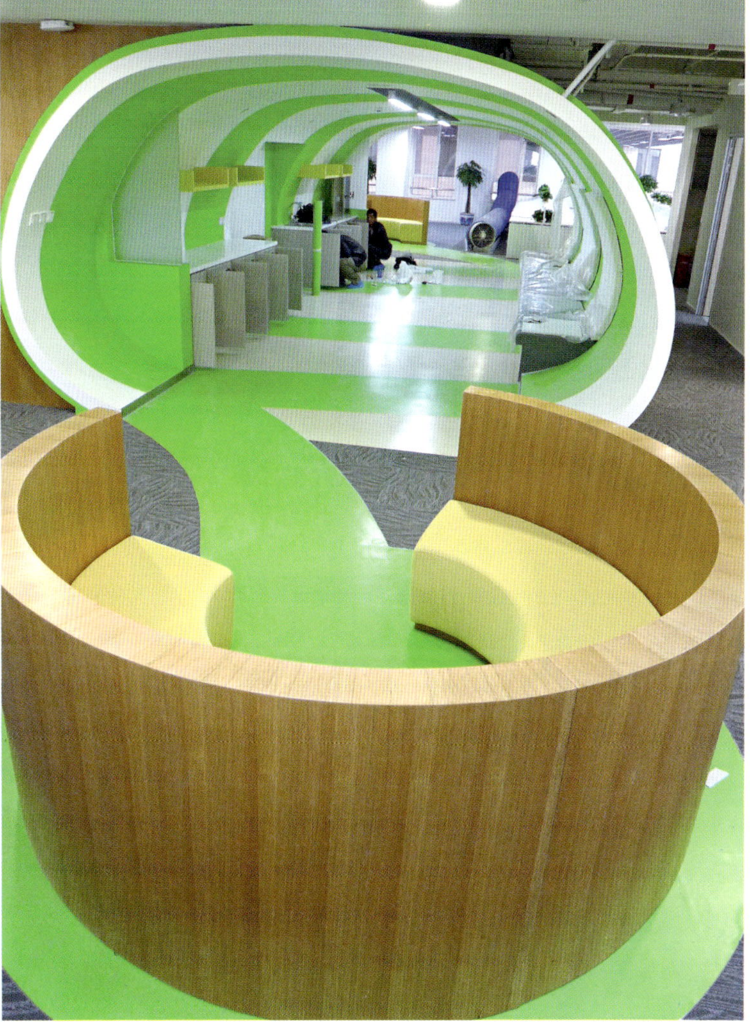

VIPABC 陆家嘴总部办公室

VIPABC HEAD OFFICE

项目名称 _VIPABC 陆家嘴总部办公室 / **主案设计** _陈威宪 / **项目地点** _上海浦东新区 / **项目面积** _2000 平方米 / **投资金额** _1000 万元

A 项目定位 Design Proposition

竞争者为 google office,yahoo, 英孚英语等网络公司研发中心，作品设计以国际化、自由、创新的舒适办公环境为目的。

B 环境风格 Creativity & Aesthetics

高科技与创造性的人文空间。

C 空间布局 Space Planning

体现管理风格的自由与创新。

D 设计选材 Materials & Cost Effectiveness

自然材质，精简配置。

E 使用效果 Fidelity to Client

空间意向强烈，达到总部的科技与人文文化意图。

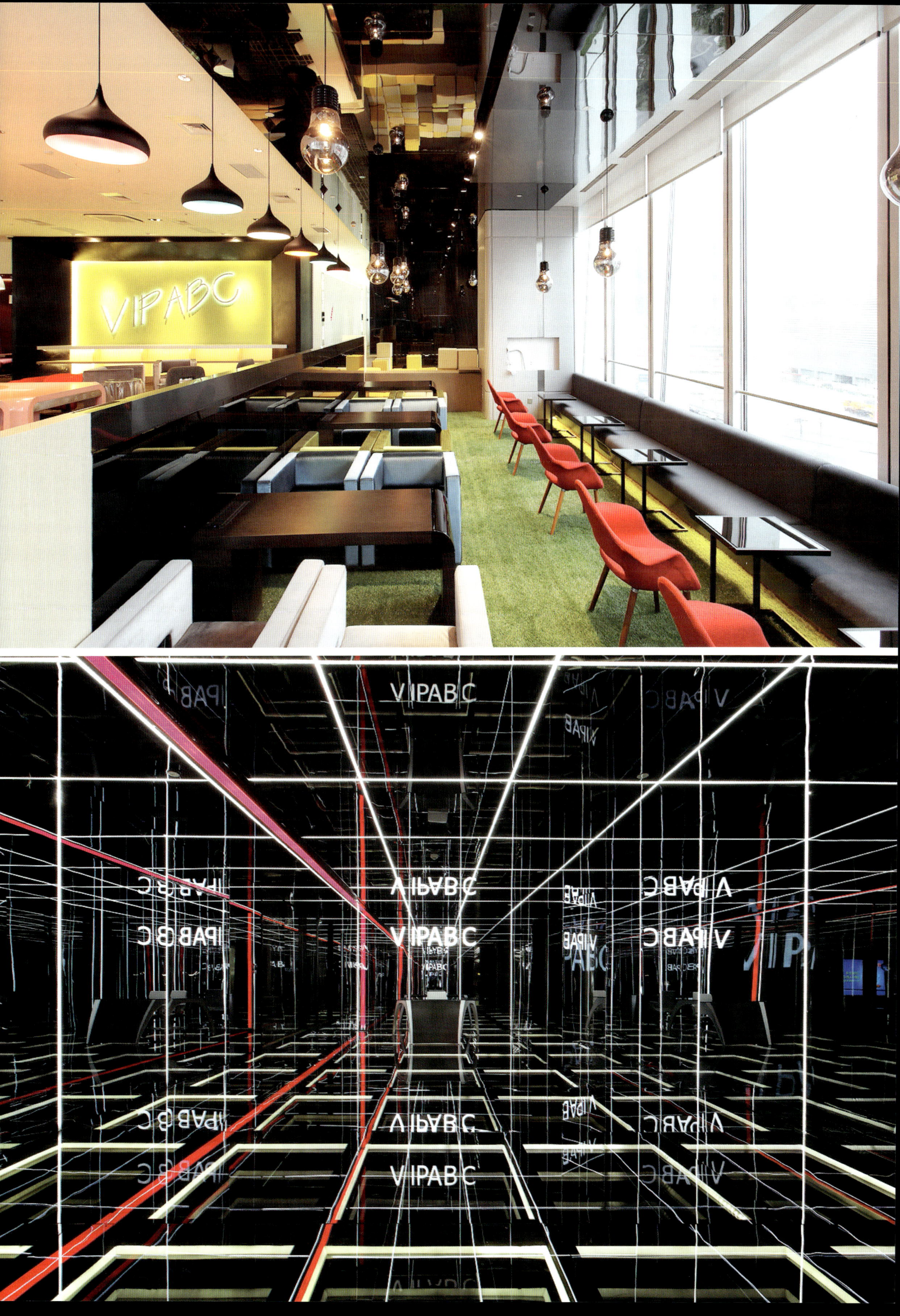
VIPABC
VIPABC
VIPABC
VIPABC

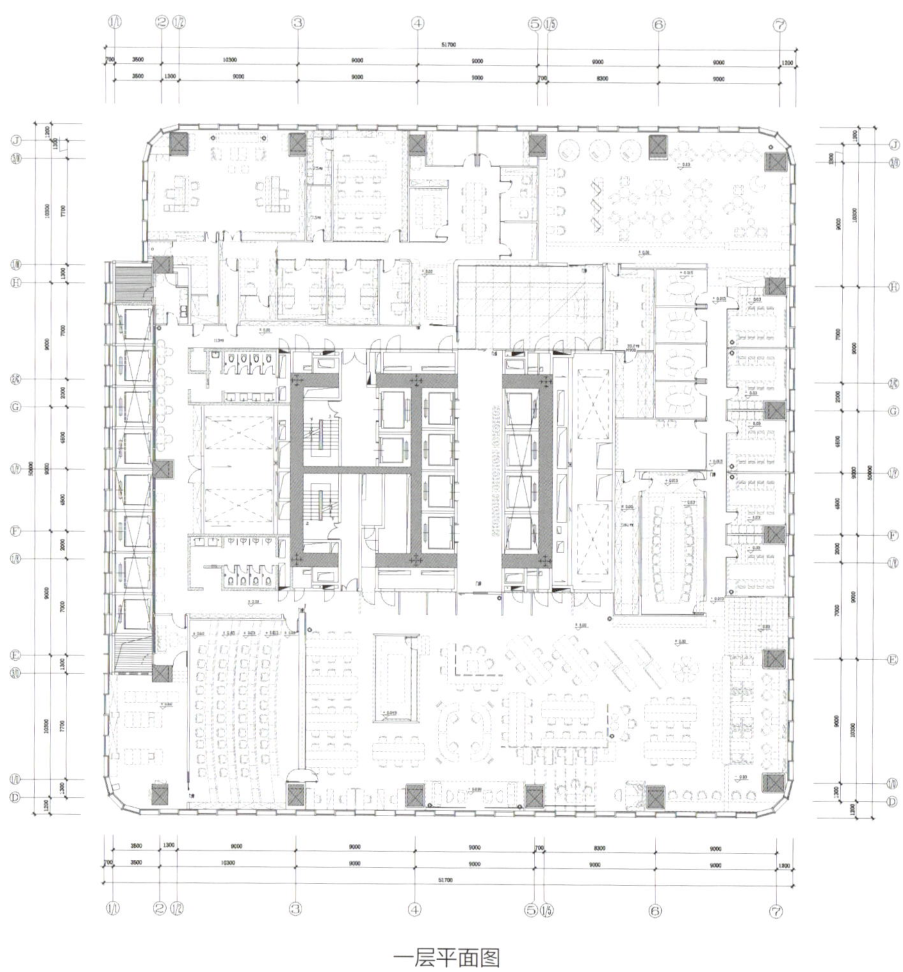

一层平面图

Teleperformance 西安办公室

TELEPERFORMANCE XIAN OFFICE

项目名称 _*Teleperformance 西安办公室* / 主案设计 _*陈轩明* / 参与设计 _*Arthur Chan、Warren Feng、Linda Qing* / 项目地点 _*陕西省西安市* / 项目面积 _*4200 平方米* / 投资金额 _*1300 万元* / 主要材料 _*冠军，Interface，阿姆斯壮，TOTO，Formica，Posh*

A 项目定位 Design Proposition

Teleperformance 成立于 1978 年，主要为大型跨国公司提供 CRM 呼叫中心服务，总部位于法国。目前全球的坐席数量位居全球第一（员工数超过 140000）；其业务遍及全球 50 个国家；全球客户超过 1000 家，拥有 268 个客户联络中心并可提供 66 种语言及方言服务；每年客户联络超过 10 亿。

B 环境风格 Creativity & Aesthetics

整体设计风格简约现代，运用形态、颜色、图案等设计语言来营造轻松、高效的办公环境。茶水间的设计突出色彩及家具材料的搭配，给人以营造出轻松自然的环境。座椅与吧台的设计突出空间灵活性，让使用者可以有更多的选择。储物柜的设计也同样以 TP 相关颜色，以点状布置手法来装饰，丰富的颜色搭配使得每一个储物柜都有着它不同主人的色彩归属感。

C 空间布局 Space Planning

设计师把整个办公空间划分为：接待区、开放办公区、培训区、面试区、管理人员办公区、休闲及辅助功能区六个部分。开放办公区、面试区、管理人员办公区分别有独立的电梯入口及门禁系统，这样设计可以科学的控制人流及办公室安全。解决 TP 因为办公人员密度较高造成的枯燥凌乱，噪音等问题，满足办公空间的使用功能。

D 设计选材 Materials & Cost Effectiveness

本项目主要装饰材料：喷漆玻璃、清镜、枫木、白色大理石、瓷砖、尼龙地毯、布料、矿棉板天花。以此来呈现整个办公区域的空间感觉，而选择上所有的材料均为环保材料，节能环保也是现今设计的主流理念。

E 使用效果 Fidelity to Client

该项目完工后，业主对装修效果、设备性能、环保、安全、工期控制等给予了充分的肯定和赞许。该项目的设计效果，在业界起到了很好的广告效益，DPWT 的出色工作能力也给业主的客户留下了非常良好的印象。为 DPWT 在与其他公司合作的项目上提供了潜在商机。

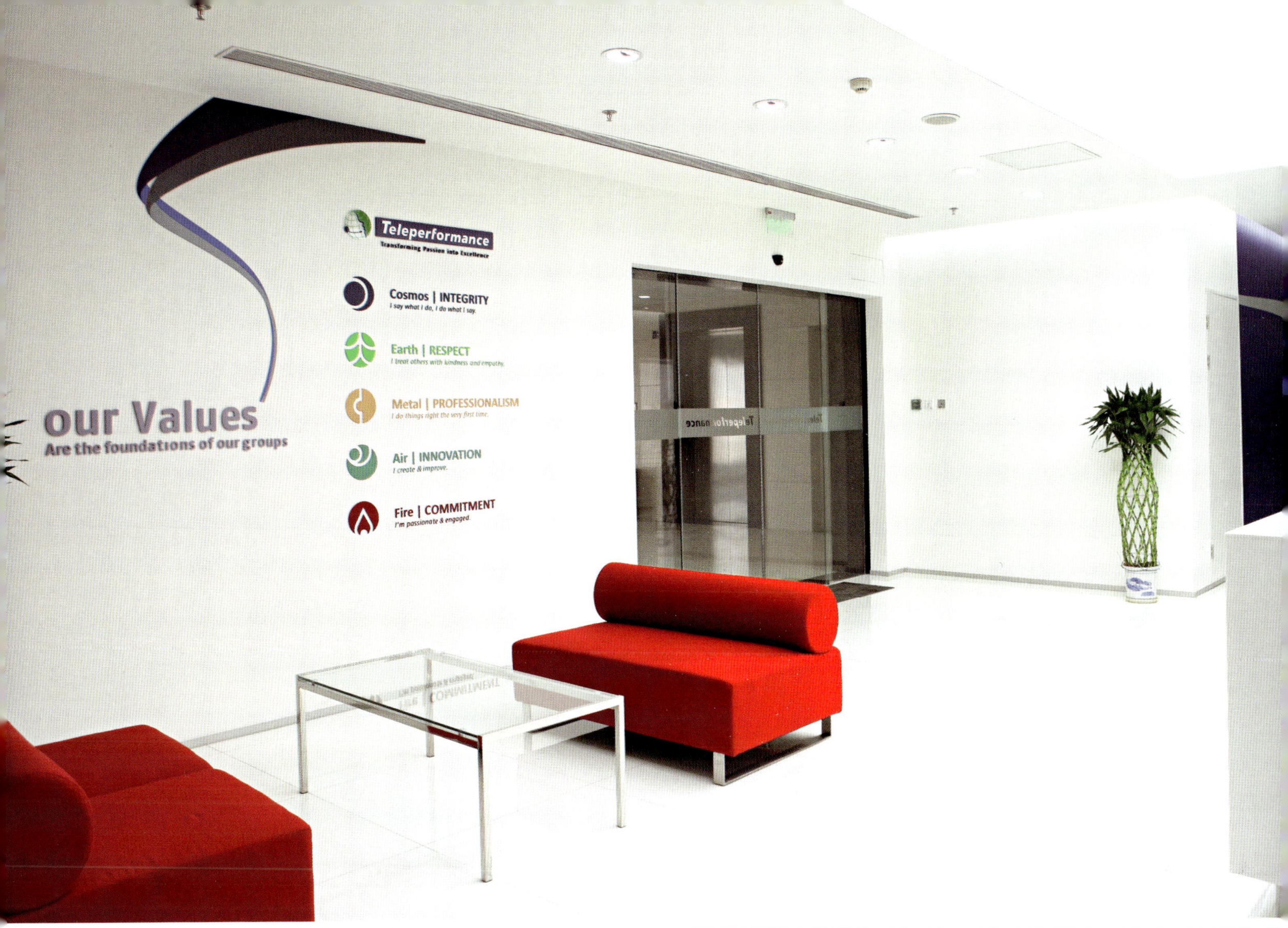
Teleperformance
Transforming Passion into Excellence
Cosmos | INTEGRITY
I say what I do, I do what I say.
Earth | RESPECT
I treat others with kindness and empathy.
Metal | PROFESSIONALISM
I do things right the very first time.
Air | INNOVATION
I create & improve.
Fire | COMMITMENT
I'm passionate & engaged.
our Values
Are the foundations of our groups

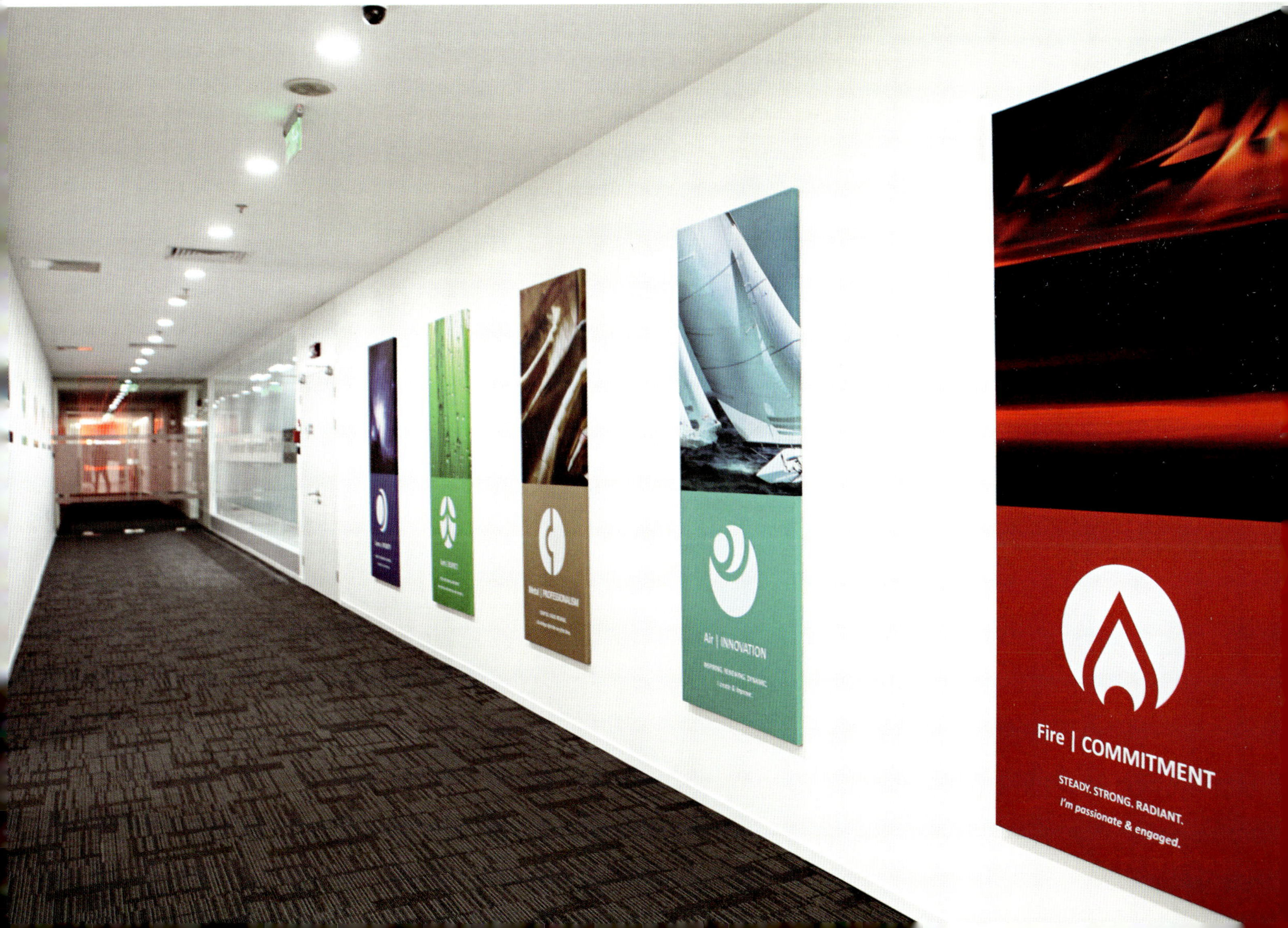
Air | INNOVATION
Fire | COMMITMENT
STEADY. STRONG. RADIANT.
I'm passionate & engaged.

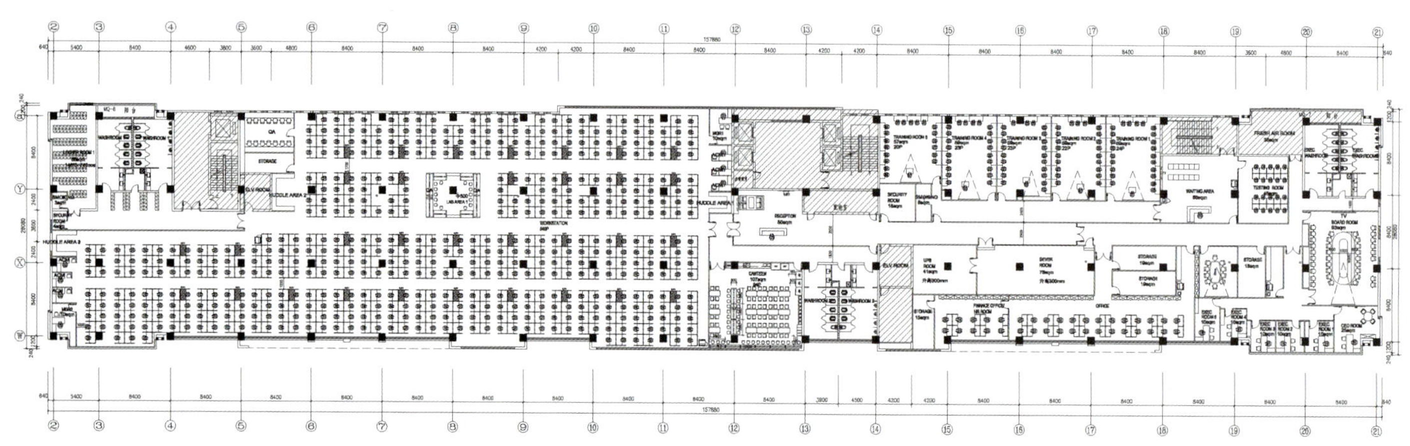

一层平面图

北京中关村东升科技园泰利驿站办公室

BEIJING ZHONGGUANGCUN DONGSHENG SCI-TECH PARK

项目名称 _北京中关村东升科技园泰利驿站办公室 / **主案设计** _李怡明 / **参与设计** _吕翔、贾文博 / **项目地点** _北京市海淀区 / **项目面积** _1500 平方米 / **投资金额** _800 万元 / **主要材料** _彩色地毯、张拉膜、足球网等

A 项目定位 Design Proposition

有别于传统的创新办公空间，本案想用梦幻的空间，梦幻的色彩，梦幻的光影来激发创业人员的梦想和激情。

B 环境风格 Creativity & Aesthetics

用自由的曲线及光带营造出科技未来感，条装的色彩、地面，让人放松、活跃并不时有走 T 型台之感。

C 空间布局 Space Planning

用一条自由曲线划分出不同的空间属性，并始终引领着视线，在立面上用不同的材质体现出从开放到私密的各种空间，创新型的家具布置方式，即使柱子变废为宝又满足了灵活分组的工作需要。

D 设计选材 Materials & Cost Effectiveness

大胆采用了彩色的地毯条形铺装，并采用了球网、张拉膜等不常规材料，突出创意的空间主题。

E 使用效果 Fidelity to Client

深受入住客户好评，成为整个大厦最闪亮、最引人注目的空间。

服务中心
中庭
东侧入口
西侧入口
佛甲草
讨论室
团队及个人开放办公区
孵化企业办公区
泰利驿站入口
机房
接待室
前厅
玄关
走廊
办公室
办公室
图书室
会议室
路演室
办公室
办公室

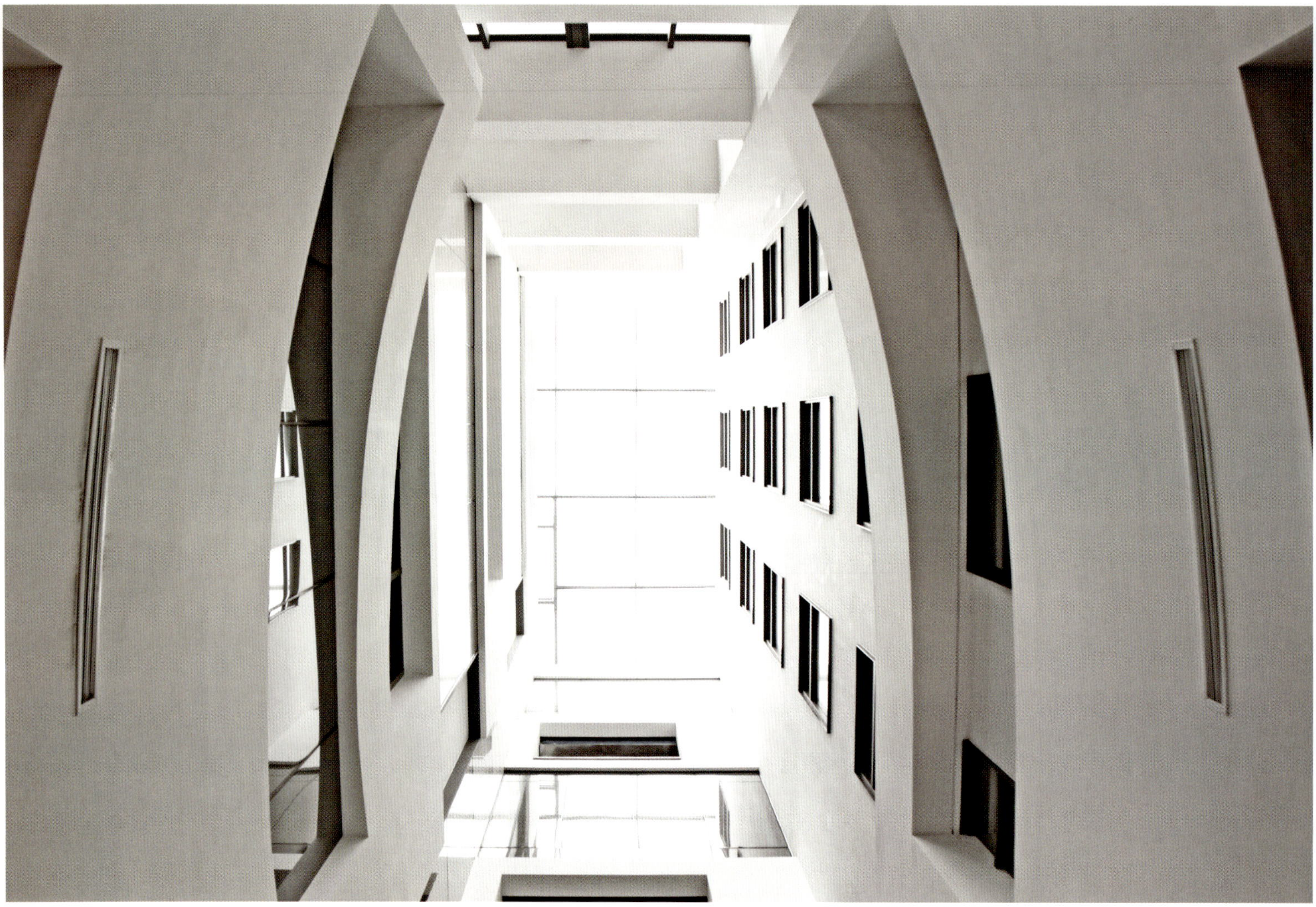

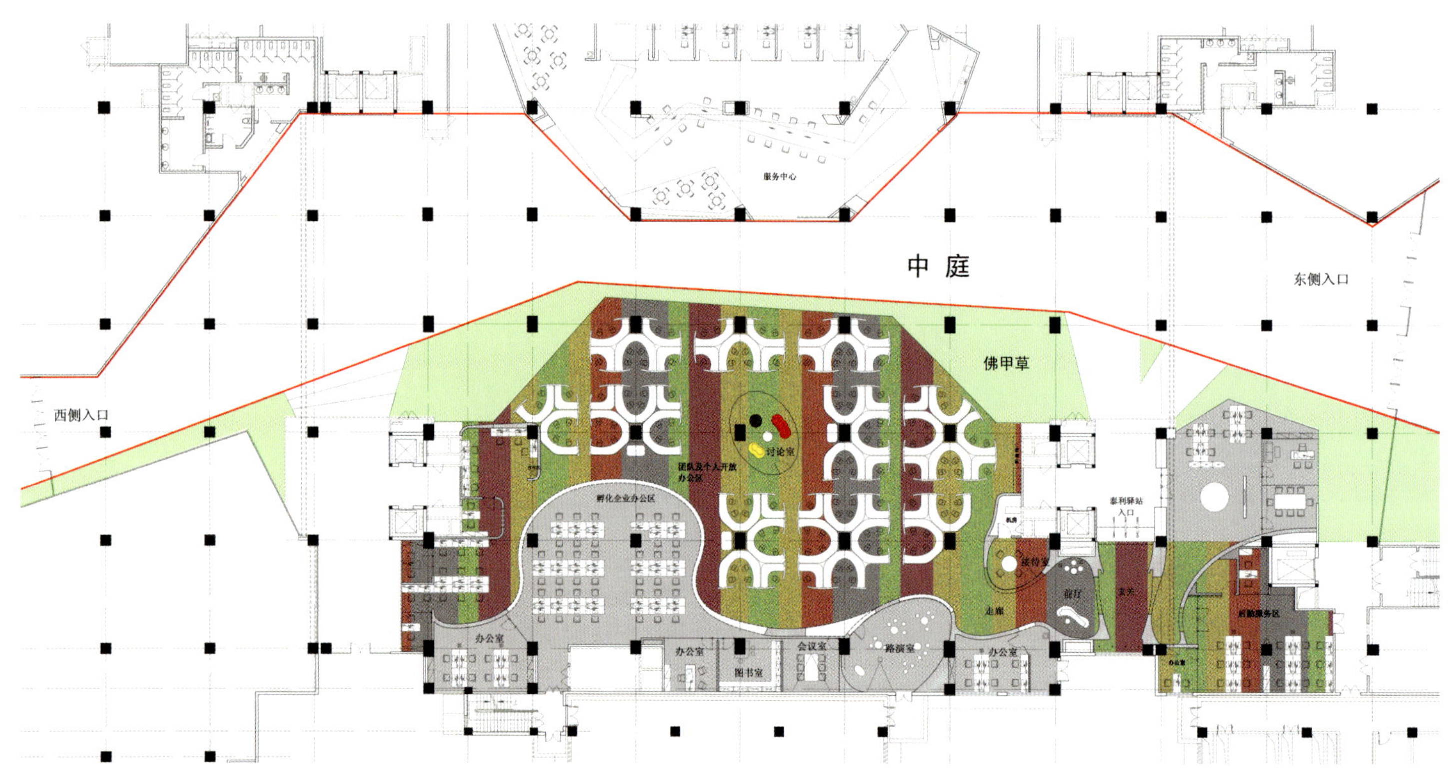

一层平面图

园·泰利驿站
gsheng Sci-tech Park
ess Harbour
The Route To
Startup

Northern Territory
Northern Territory

不断寻找，

梁筑设计工作室

X-GIRDER BUILD DESIGN STUDIO

项目名称 _梁筑设计工作室 / **主案设计** _徐梁 / **参与设计** _郑怀玉、李祖林、潘楚楚 / **项目地点** _浙江省金华市 / **项目面积** _200 平方米 / **投资金额** _50 万元 / **主要材料** _富得利、科勒

A 项目定位 Design Proposition

它可以工作，可以社交、也可以 PARTY 的创意空间；设计师交流聚会的场所，结合来访群体特质，舍弃常规的办公，一个充满新鲜感的可以社交的办公空间。

B 环境风格 Creativity & Aesthetics

设计师希望能在这样的空间营造出一种工业现代感，在这钢板、钢筋、水泥、木头中提炼出有历史，有故事，有精神，有快乐的那些面；所有朴素、陈旧、生硬的原始材料如今在这里得到重生，部分材质和家具透露着人文和传统的气息， 让有着历史的材料与当代的手法做结合，更让光明和黑暗产生对话。

C 空间布局 Space Planning

对空间布局做了新的定义，用建筑的思维方式来考虑室内空间关系，用空间的趣味性来替代无畏的装饰，空间整合后自然会形成好的装饰氛围。建筑本身就有一定的特质，和室内相比虽没有太多的语言存在却一样精彩。上午可以工作，下午可以有茶歇的地方，夜间每个角落都可以拿来聚会 PARTY。

D 设计选材 Materials & Cost Effectiveness

钢板、钢筋、枕木、水泥等都是原始性的材料。

E 使用效果 Fidelity to Client

让更多人了解了这样一种方式去表达室内空间且满意。

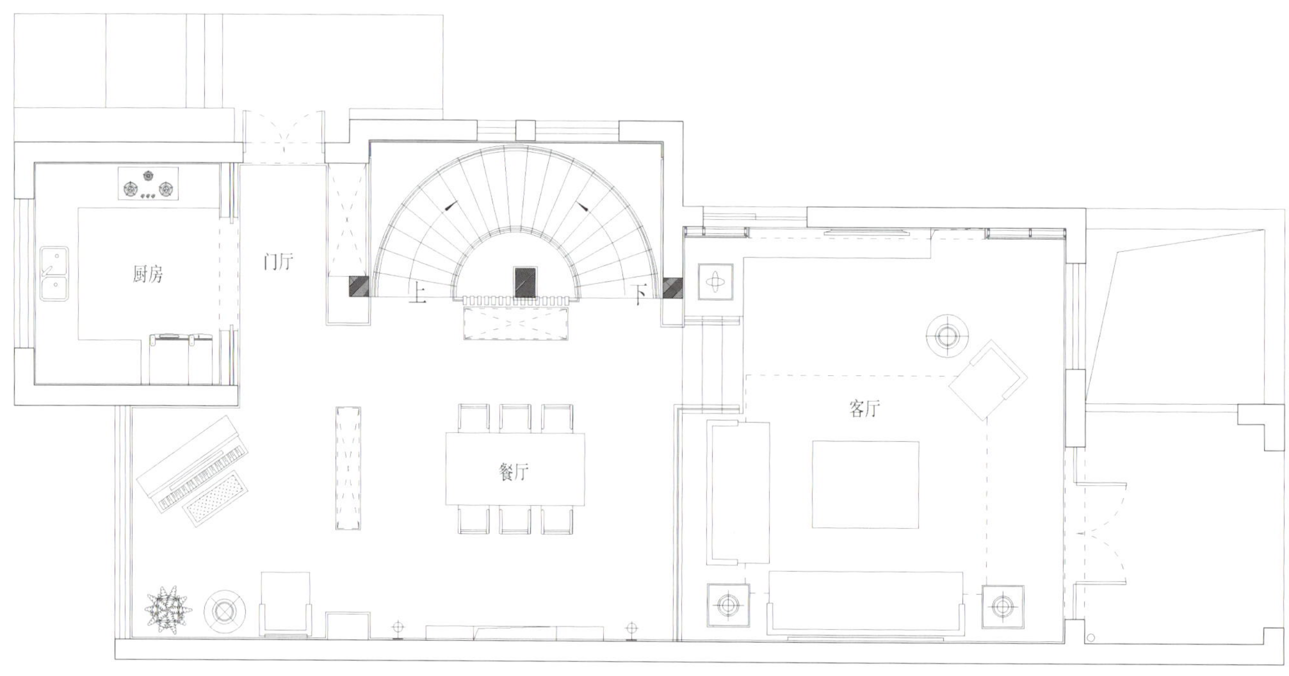

一层平面图

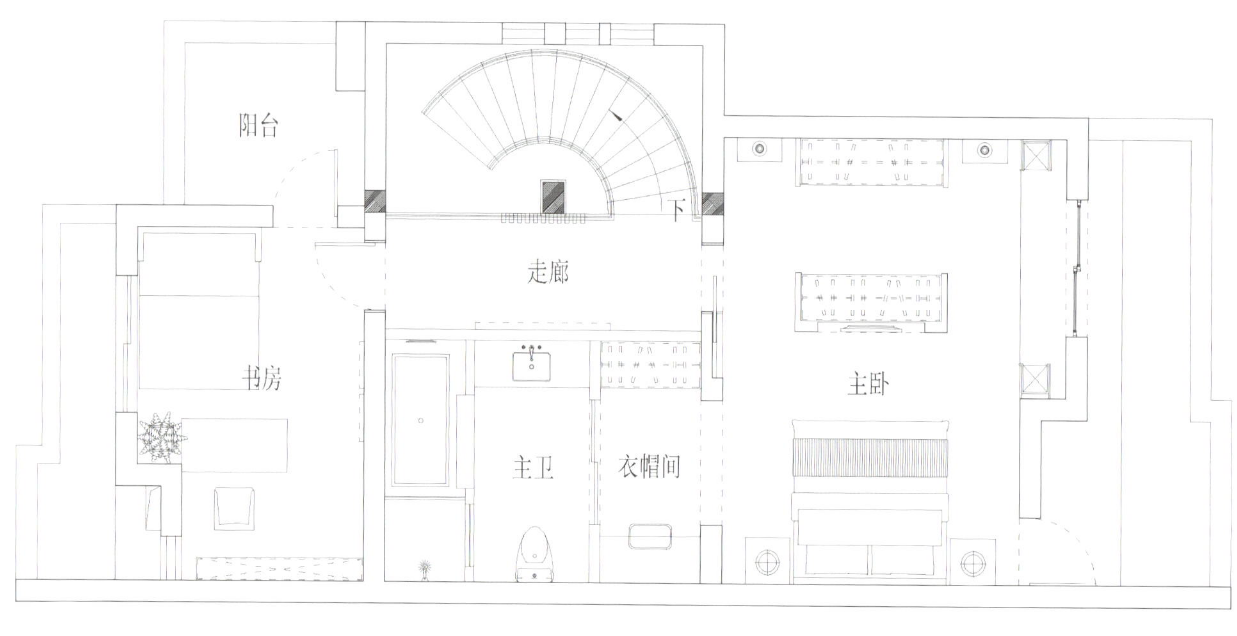

三层平面图

X-GI

威克多制衣中心

VICUTU GARMENTS MANUFACTURING CENTER

项目名称_*威克多制衣中心* / **主案设计**_*张晔* / **参与设计**_*纪岩、饶劢、郭林、韩文文、马萌雪、顾大海、刘烨、谈星火* / **项目地点**_*北京市* / **项目面积**_*10000 平方米* / **投资金额**_*8000 万元* /
主要材料_*新特丽灯具、华艺灯具、波隆地毯、艺格地毯、科誉家具、SILVER 家具、FRITGHANS 家具、FRITGHANSE 家具、索罗托家具、洛斯保隔断*

A 项目定位 Design Proposition

硬朗的设计语言、丰富的空间层次、简洁的材料选择烘托出威克多男装企业独特的内敛气质。

B 环境风格 Creativity & Aesthetics

与建筑景观浑然一体的室内设计，达到了设计语言高度统一，空间环境内外呼应，设计细节细腻宜人的效果，使整个人作品既完整又不孤立。

C 空间布局 Space Planning

室内设计改造时，力求在建筑及内部空间中直观形象地体现企业形象，创造成熟经典优雅创新，极富魅力的建筑空间。设计师对整栋楼进行了立体剪裁：

1）在整栋楼的外侧加建共享空间，以结合 logo 设计的索式玻璃幕为新立面；
2）借用共享空间，在楼层中形成丰富有趣实用的六边形空间单元；
3）在门厅处跳空楼板，改原有的单层单调的门厅为两层通高、轩敞震撼的大堂单元。

D 设计选材 Materials & Cost Effectiveness

利用恰当的质感、色彩、光、细节的搭配提升空间品味，使她在创意上、气质上和 VICUTU 企业、VICUTU 成衣相匹配。

E 使用效果 Fidelity to Client

投入运营后，受到企业领导的高度评价，提高了企业在同行之间的知名度。为企业带来了良好的声誉。使得威克多的企业形象达到了国际品牌的标准。

一层平面图

VICUTU

易和设计小河路办公室

EHE DESIGN OFFICE ON XIAOHE ROAD

项目名称 _ *易和设计小河路办公室* / **主案设计** _ *马辉* / **项目地点** _ *浙江省杭州市* / **项目面积** _ *1565 平方米* / **投资金额** _ *300 万元* / **主要材料** _ *乳胶漆、涂料、BOLON 地胶板*

A 项目定位 Design Proposition

通益公纱厂的厂房是杭州市唯一的工业建筑遗存，经历了百年的风雨沧桑，是国家级重点文物保护建筑，浙江省园文局有着非常详细、苛刻的装修规章。本案是设计公司自用的办公空间，是由京杭大运河悠久的通益公纱厂的缫丝车间改造而成。

B 环境风格 Creativity & Aesthetics

设计师在保持原有文物结构不变动的前提下对内部的格局进行了重新的规划改造，既保留了古朴自然的历史感，又注入了现代的时尚元素。环境风格元素集中体现在纯白色和绿灰相间的 BOLON 地胶板。

C 空间布局 Space Planning

空间布局上集中体现保留百年的木构架一起展现了整个空间的性格。对设计师来说，空间的解读和经历了百年岁月的木构架是的绝美之处，尊重原有的空间、尊重原有的材质、尊重原有的历史风貌，节制地使用设计语言，保护文物本体，做到增一语则多，减一语则少的设计境。

D 设计选材 Materials & Cost Effectiveness

设计选材上集中体现保留百年的木构架一起展现了整个空间的性格。

E 使用效果 Fidelity to Client

作品一经面世，就引来了社会各界的关注，通过作品的空间布局、色彩、材料的选择及细节向来访的客户和员工展示了易和设计企业的实力和文化。旧厂房的成功改造也为申遗运河增添了一道亮丽的风景线。

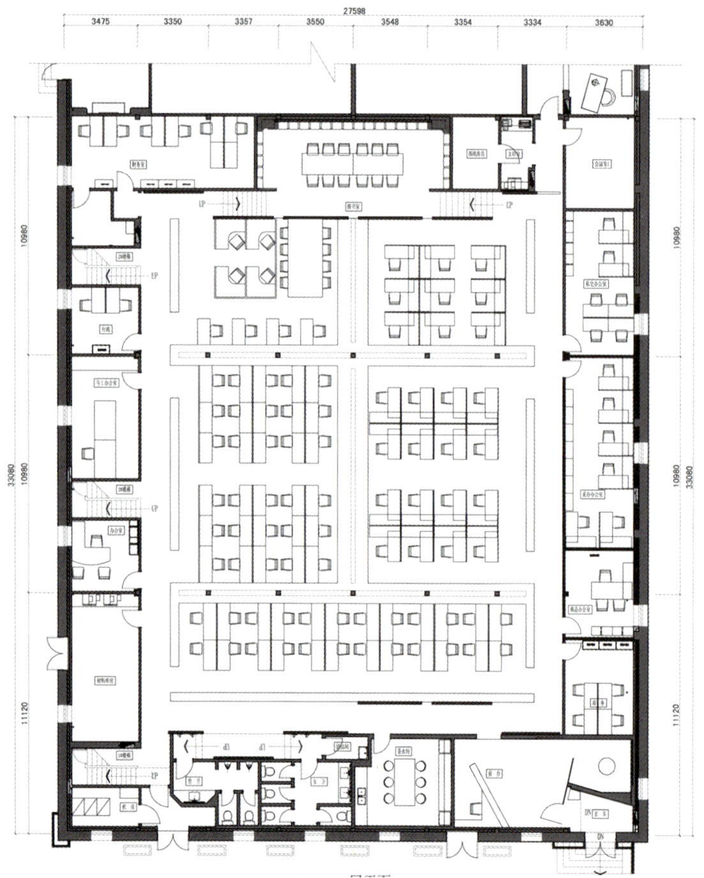

一层平面图

墨臣石灯胡同办公楼改造

MOCHEN NEW OFFICE RENOVATION OF HUTONG

项目名称 _墨臣石灯胡同办公楼改造 / **主案设计** _赖军 / **参与设计** _杨卿、董世杰、景刚、王新亚、刘路平、周波 / **项目地点** _北京 / **项目面积** _700 平方米 / **投资金额** _400 万元

A 项目定位 Design Proposition

该项目位于西城区金融街石灯胡同，原建筑功能为办公空间，建筑形式一二层为半砖混结构，三四层为轻钢结构，总建筑面积 503 平方米。 改造方案以修缮原有建筑为主，拆除部分主体结构对原有建筑进行加固与更新，原有室外楼梯改为室内钢梯。主要结构为：一、二层加建为钢筋混凝土框架结构，三、四层为钢结构，局部玻璃幕墙，改造后建筑面积为 700 平方米。

B 环境风格 Creativity & Aesthetics

整体建筑以现代风格为主，外观形式保留了原有建筑屋顶“Z”字形的特征，并把这种符号形式延伸到建筑的室内外，包括外墙分格、入口处理、前台设计处处体现。色调为清新淡雅的浅木色、白色为主。所有的办公家具全部为定制产品，结合使用特点而设计，灯光设计主要以反光灯槽结合办公桌面条状照明为主，顶面不设置点光源避免出现眩光点，营造漫反射舒适空间。室外一层庭院、二层休息平台与院外古树相结合，给大家提供了舒适的休闲空间。

C 空间布局 Space Planning

原有建筑为二层砖混框架结构，局部三层。三、四层局部为轻钢结构，旧结构的拆除与加固、改建部分与原有部分的合理结合成为此次改造的重点。

D 设计选材 Materials & Cost Effectiveness

原有建筑与改建部分相结合，交通空间与附属空间设计上尽量简洁、整齐统一，办公空间相对粗矿，把原有建筑结构顶板，改建部分钢承板外露并作简单刷白处理，体现了建筑的蜕变与新生。外立面设计形成几种材质的对比，四层设计大面积的玻璃幕墙并配合丝网印，与三层仿石涂料反差强烈。一层把 6 毫米钢板做成格栅形式围合建筑主要立面，与周边四合院住宅形成反差。

E 使用效果 Fidelity to Client

非常好。

储藏间
前台
-0.850
上
-0.250
-0.250
上
开敞办公
书柜
书柜
打印区
杂物柜
C1213
卫生间1
书柜
书柜
办公室
开敞办公
车库
书柜
-0.300
C2109
C2109
C1709

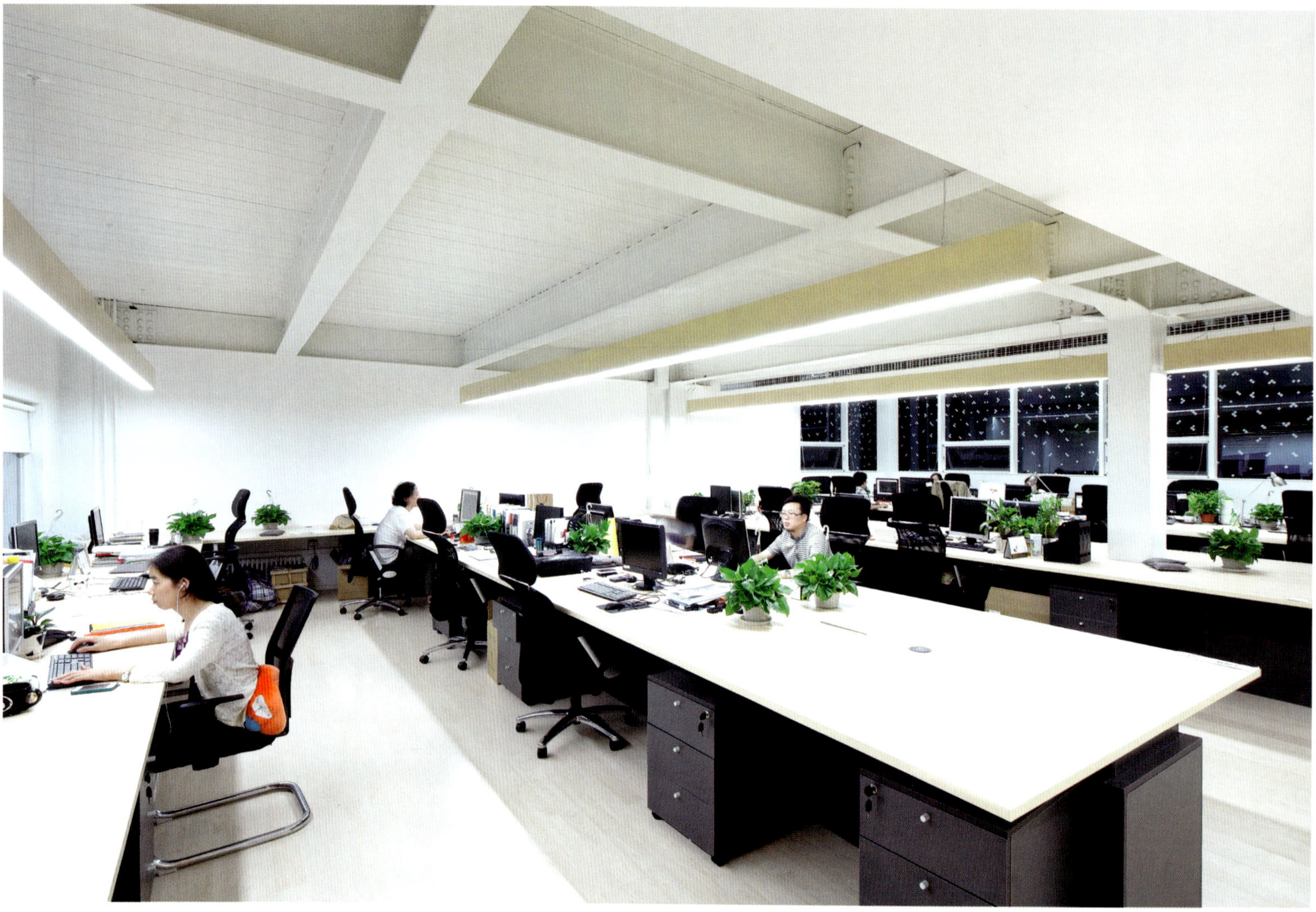

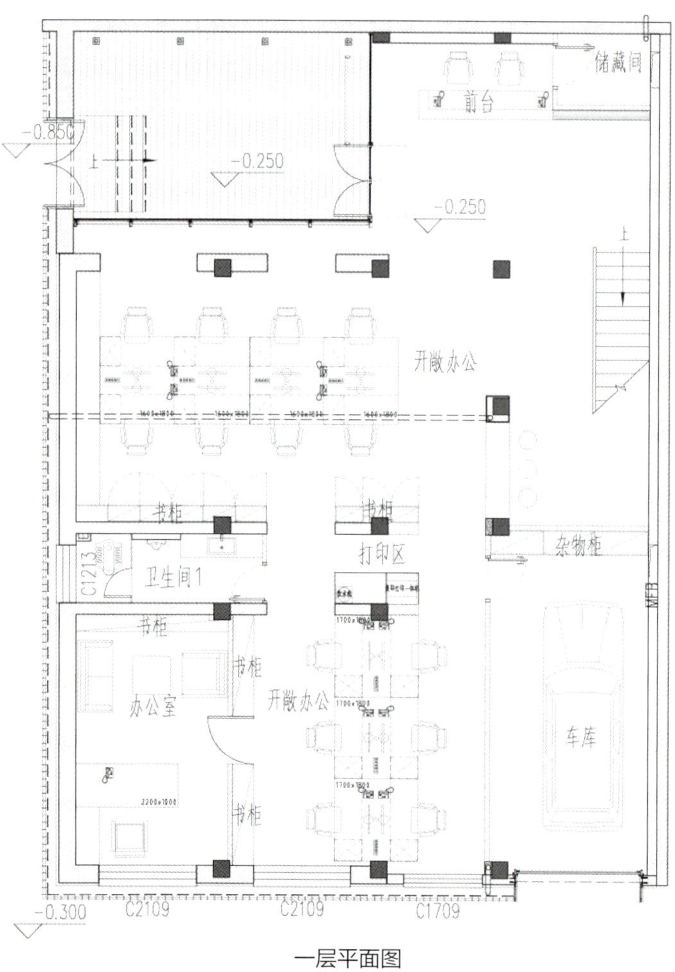

一层平面图

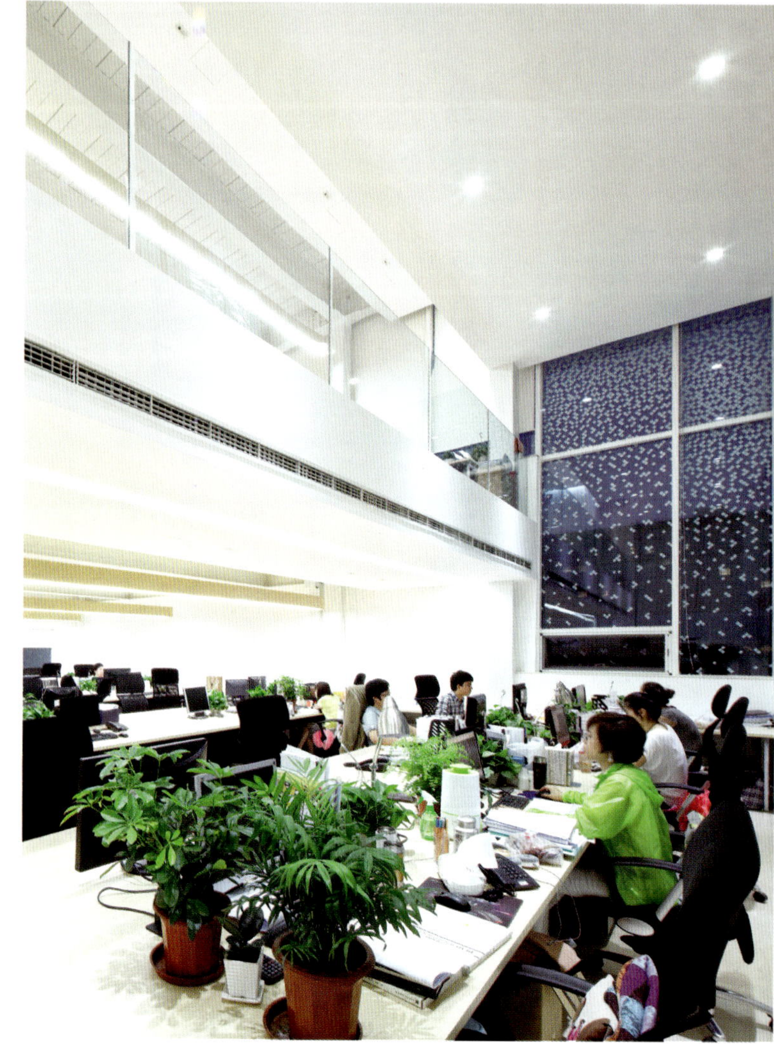

3.200
露台
3.500
C2116
C2116
办公/会议
C2511
共享空间
书柜
书柜
设备间
柜子 柜子
助理
3.200
模型
模型
办公室
洽谈室
洽谈室
盥洗室
C2116
C2116
C1711
C1711

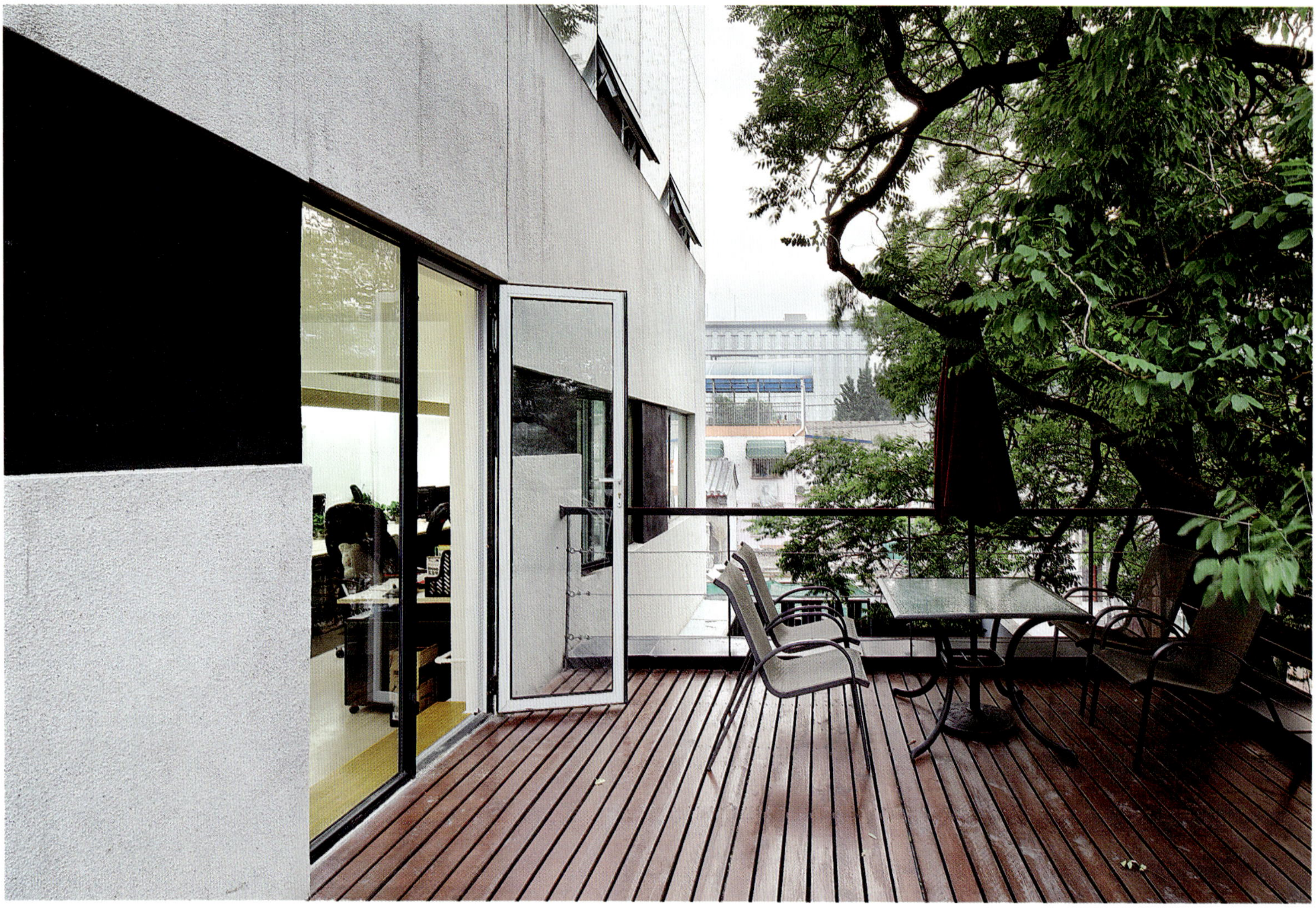

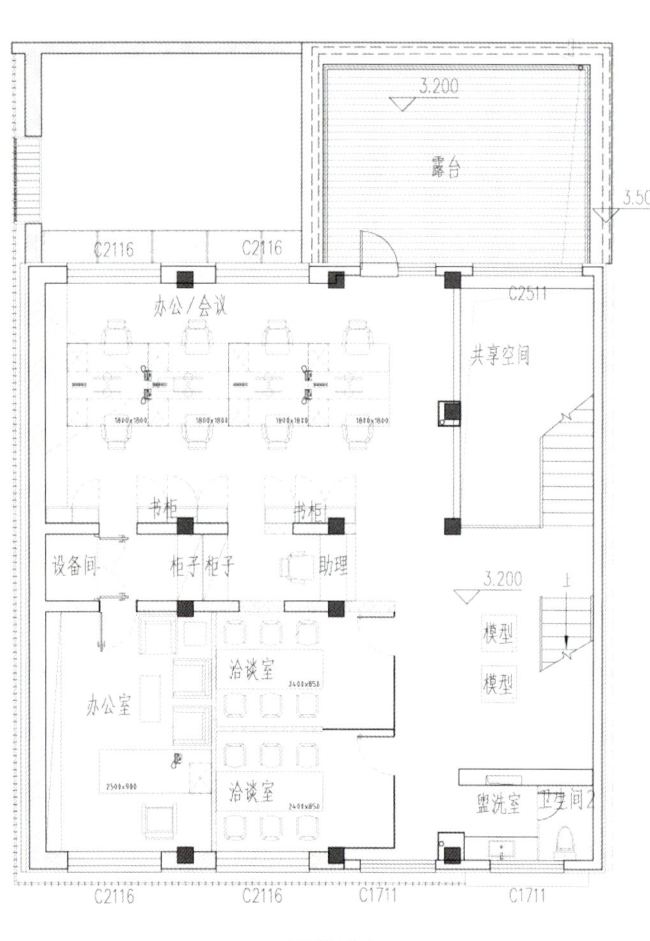

二层平面图

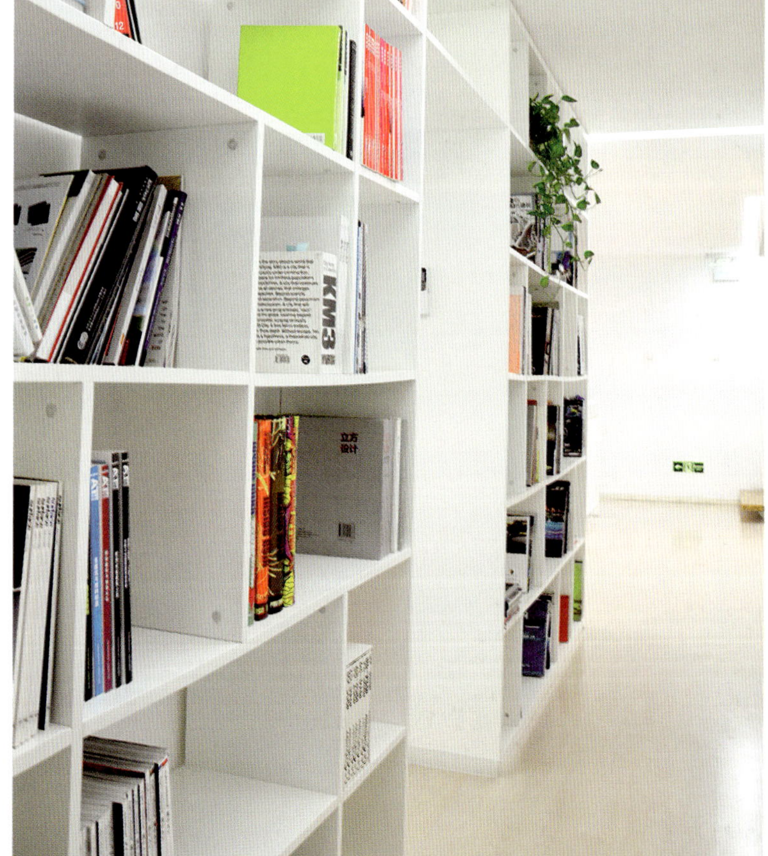

DETAIL
建筑细部
ARCHITECTURE & DETAIL
Concept
KM3
MVRDV
立方
设计
inside
Apex Manual
MONT BLANC

居然顶层设计中心
EASYHOME TOP DESIGN CENTER

项目名称 _ *居然顶层设计中心* / **主案设计** _ *梁建国、高飞* / **项目地点** _ *北京市* / **项目面积** _*4000 平方米* / **投资金额** _*2000 万元*

A 项目定位 Design Proposition

居然顶层不仅仅是国际设计中心，这里也将是未来设计大师的摇篮，通过一些激励机制，鼓励新生代设计师的成长。居然顶层开创一种新的业态模式，为未来会员店的顺利过渡，提供实验性的探索经验。

B 环境风格 Creativity & Aesthetics

从建筑到室内及景观，我们希望创造一个整体的空间环境，消除建筑与景观的隔离，从而营造一个内外融合的空间氛围。打造绿色建筑，通过院落及采光天窗，达到采光、通风、空气调节的目的。

C 空间布局 Space Planning

通过院落营造写意空间，我们强调中国建筑的魂，不追求建筑外在的形。重新定义大小不一景色各异的院落空间，达到一方天地，藏纳风水，闹中取静的中式庭院意境。

D 设计选材 Materials & Cost Effectiveness

选择绿色、低碳、环保的建筑材料，不追求奢华，强调对自然、生态的开发利用及艺术化。

E 使用效果 Fidelity to Client

这里会是国际化的窗口，设计大师在这里展示和发布他们最新的设计作品，不定期的学术及设计交流活动，大师学院等。功能的多样性，交流的灵活性，未来的弹性和多业态模式共存，使得这里成为未来国际性的设计中心。

一起设计
DESIGNTOGETHER

项目名称 _一起设计 / **主案设计** _林琮然 / **参与设计** _侯正光、李本涛、姚生、王琰炯 / **项目地点** _上海市普陀区 / **项目面积** _1300 平方米 / **投资金额** _130 万元 / **主要材料** _水泥、木材、黑铁、黑玻

A 项目定位 Design Proposition

废旧的厂房内新起的一种办公室设计，将有限的设计的成本运用到无限的创意中去，完美地利用空间布局将老旧的厂房划分两层，活动的上下楼方式，更让沉闷地办公环境多了一丝俏皮，开放性的综合办公区域使人感觉放松、舒服，充分呈现旧空间再利用的根本。

B 环境风格 Creativity & Aesthetics

在面对偌大挑高的工业老厂房时，经过了反复不断堆敲，决定用一种简单而深具仪式性的空间布局，让长达 12 米宽的大阶梯，成为设计概念的主题。

C 空间布局 Space Planning

空间机能分布上，在大阶梯的上方放置大型会议室，让来访的客人也感受到那行走间的戏剧性，因此木头大阶梯的存在，构成了此地既流动又恒定的日常事件，成为主导空间的精神气质，内部空间的格局，考虑阳光空气等物理条件，把餐厅、图书室、洗手间与集团总监室放入阳光最好的南面，西面放入娱乐空间与多功能室，其余的主管室配置于北面，手法上采用开敞与玻璃的分隔方式，让日光直接进入挑空的中央工作区域，在内部建立一个自然的工作环境，利用这样的空间规划，清楚介定了一个完整的功能序列，满足了不同属性与性质各异的部门体系，另外增建的二楼空间在靠近主要挑空区，留设回廊迫使上下层间发生可互动的关系，二楼廊道底端终点的旋转滑梯，提出一种创意的使用方式，巧妙又顽皮地解决了下楼的问题，除了呼应厂房挑高的特色，完整组织出一严密的使用罗辑。

D 设计选材 Materials & Cost Effectiveness

在建筑材料方面，寻找出一种朴素的自然构建美学，这是种真实而单纯的回归。

E 使用效果 Fidelity to Client

简单，好用，这就是对办公室做大的评价。

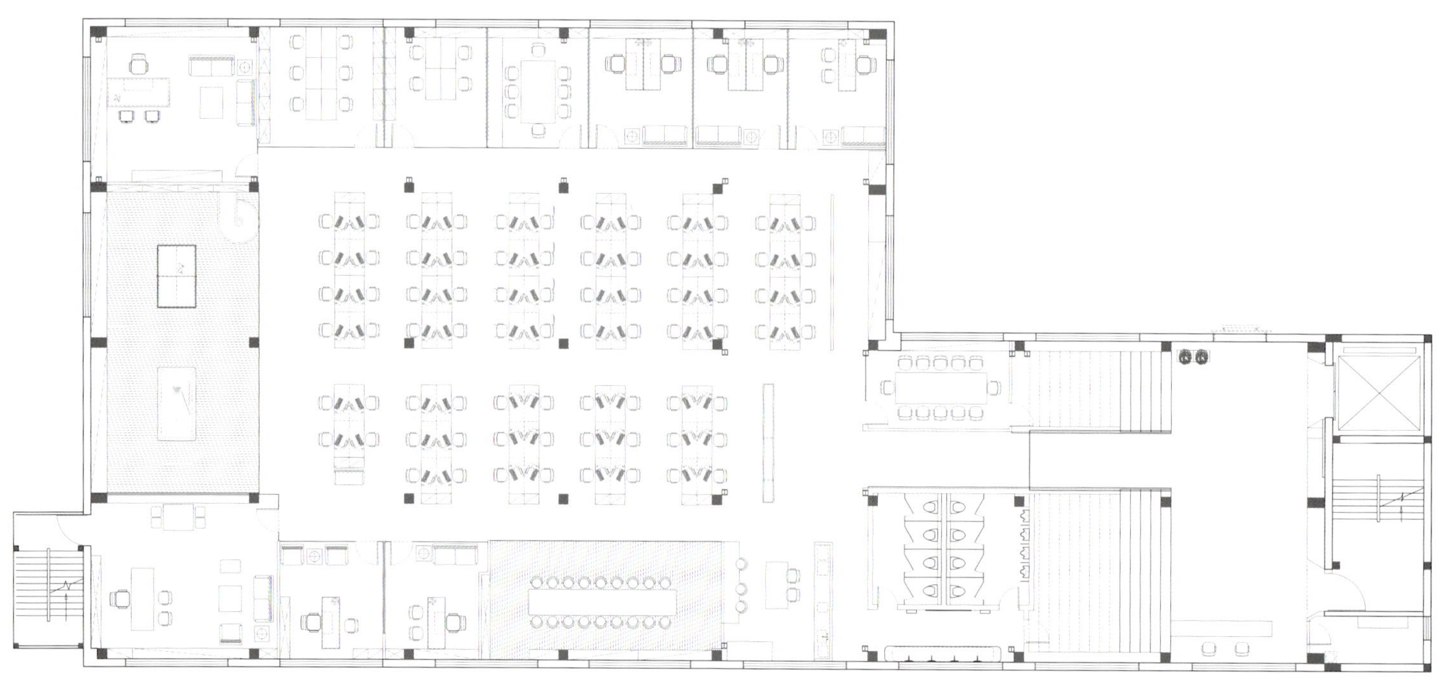

一层平面图

禾公社装饰办公空间

HEGONGSHEZHUANGSHI

项目名称 _ *宁波市禾公社装饰办公空间* / **主案设计** _ *胡秦玮* / **项目地点** _ *浙江省宁波市* / **项目面积** _ *108 平方米* / **投资金额** _ *20 万元* / **主要材料** _ *莫干山、多乐士、小美世家*

A 项目定位 Design Proposition

作为宁波首家设计师经济机构，禾公社的主人为自己打造了咖啡馆一般的工作空间。不压抑，无需拘束，随意放松。这将是办公文化的新趋势，带动了一波年轻老板为员工们摆脱束缚，摆脱格子间。

B 环境风格 Creativity & Aesthetics

作为一个办公室没有正规的办公桌，大家随意落座，今天做长桌，明天坐沙发，只要舒服，不要束缚。

C 空间布局 Space Planning

红砖、绿墙、做旧明代灯挂椅、舒服的欧式沙发、米字旗柜子、中国风原木柜子、岳敏君笑脸装饰画。中国风，英伦风在这里碰撞在这里融合。

D 设计选材 Materials & Cost Effectiveness

用普通红砖做表面处理，达到了文化砖的效果。

E 使用效果 Fidelity to Client

各大摄影机构多次借场地拍摄各知名服装品牌知名乐团宣传照等。

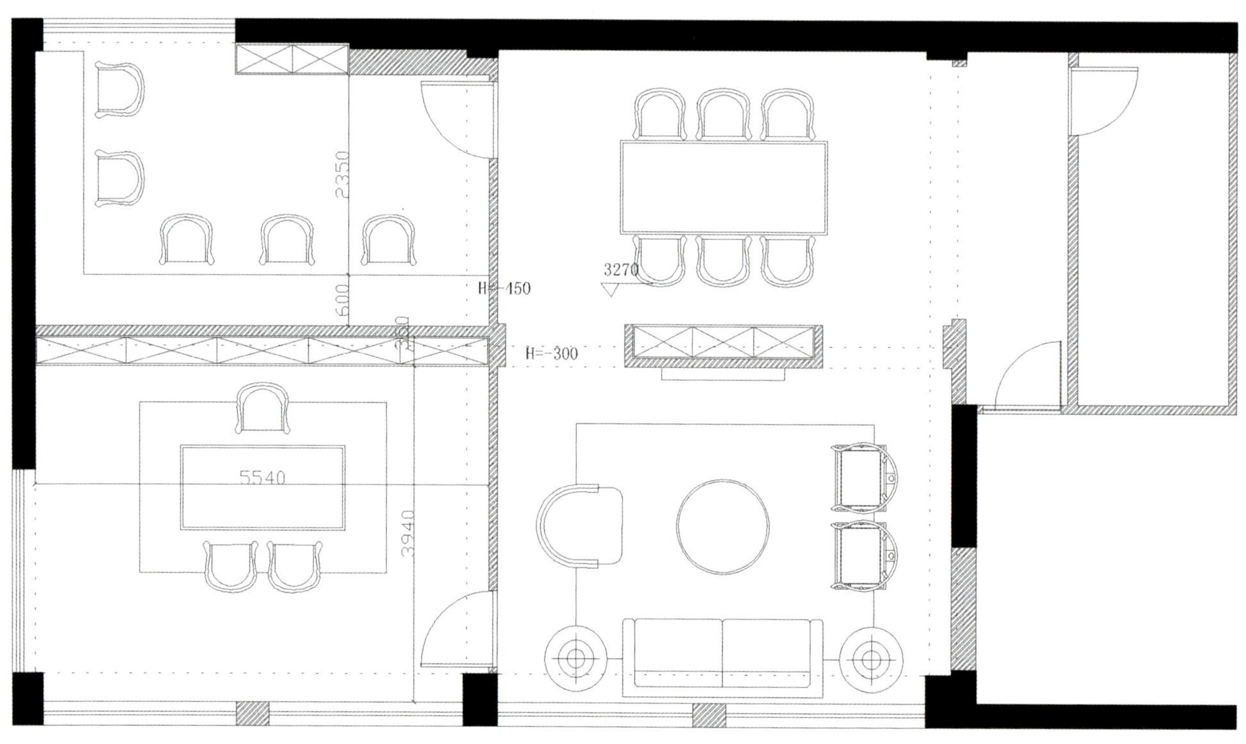

一层平面图

ROYAL

励峻创建有限公司
MACAO LI JUN CREATION LIMITED

项目名称 _ 澳门励峻创建有限公司（香港办事处）/ **主案设计** _ 洪约瑟 / **参与设计** _ 李启进 / **项目地点** _ 香港 中西区 / **项目面积** _ 184 平方米

A 项目定位 Design Proposition
此案中的办公室主要是招待 VIP 客户。

B 环境风格 Creativity & Aesthetics
这个设计选中用了简单欧式线条，加入了现代设计风格配合。

C 空间布局 Space Planning
会议室采用透明大玻璃窗，增加空间感。

D 设计选材 Materials & Cost Effectiveness
接待处枱有简单欧式线条，配合接待处地面特别蓝色地毯，让接待处成为焦点。

E 使用效果 Fidelity to Client
这项目会吸引更多人做 VIP。

澳門勵駿創建有限公司
Macau Legend Development Ltd.

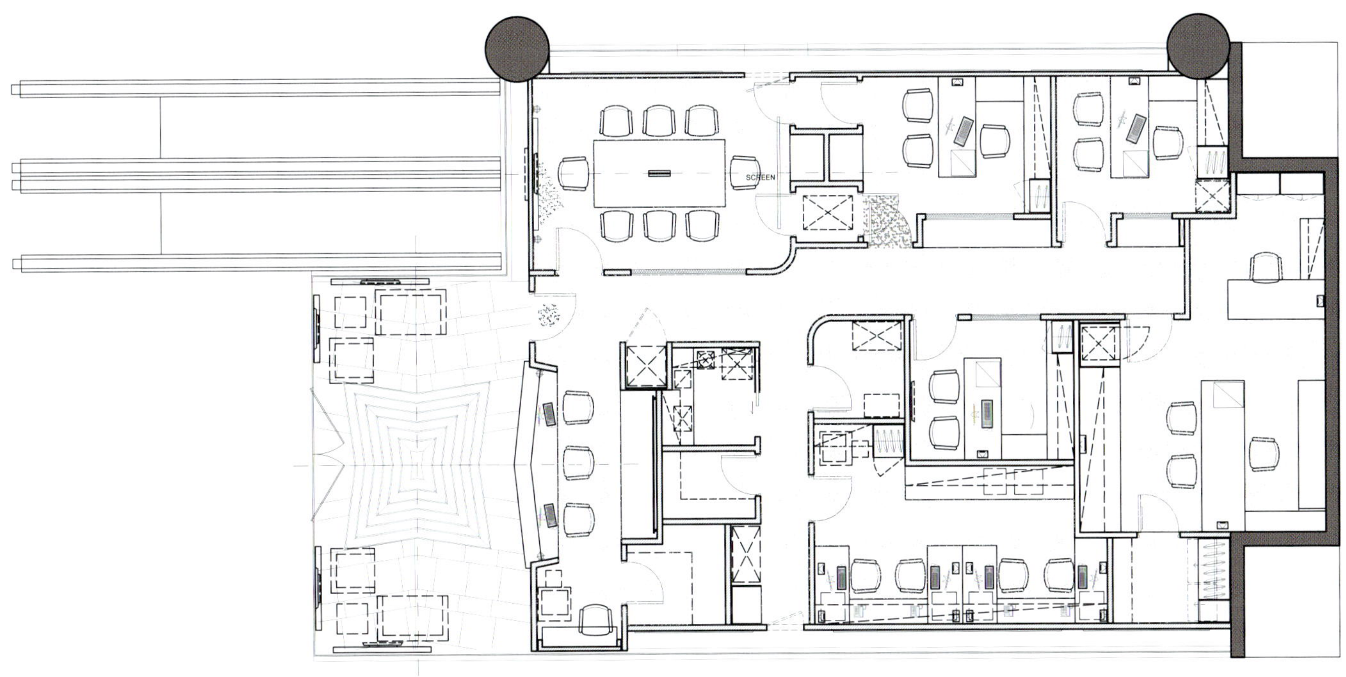

一层平面图

北京路 2 号修缮项目

NO. 2 BEIJING ROAD REPAIR PROJECT

项目名称_*北京路 2 号修缮项目* / **主案设计**_*苏海涛* / **参与设计**_*王莹、邹勋、任泽粟、程舜、陈蓉* / **项目地点**_*上海市* / **项目面积**_*11831.48 平方米* / **投资金额**_*7594 万元* / **主要材料**_*Milliken 块毯、震旦办公家具*

A 项目定位 Design Proposition

本项目立足于对北京东路 2 号大楼进行保护修缮，对建筑功能进行合理的优化，对大楼进行可持续利用。

B 环境风格 Creativity & Aesthetics

本项目从始至终遵从“尊重、保护、交融、发展”的设计思想，实现了在尊重历史的前提下用可行的保护策略，并充分考虑客观存在的使用需求，达到保护与使用的完美交融，最终达成历史建筑室内空间的可持续利用与发展。

C 空间布局 Space Planning

设计采用三种层次的“岛式服务区”：

1）围绕主楼梯周围布置茶歇休闲区、卫生间、更衣室等辅助空间，形成楼层中心岛。

2）建筑每层走廊中间区域布置会议、接待、打印、茶歇功能，形成区域中心岛。

3）以多功能办公单元、可移动临时讨论单元等现代办公设施，借助现代信息通信手段，形成每个员工个人办公中心岛。

D 设计选材 Materials & Cost Effectiveness

新颖。

E 使用效果 Fidelity to Client

很好。

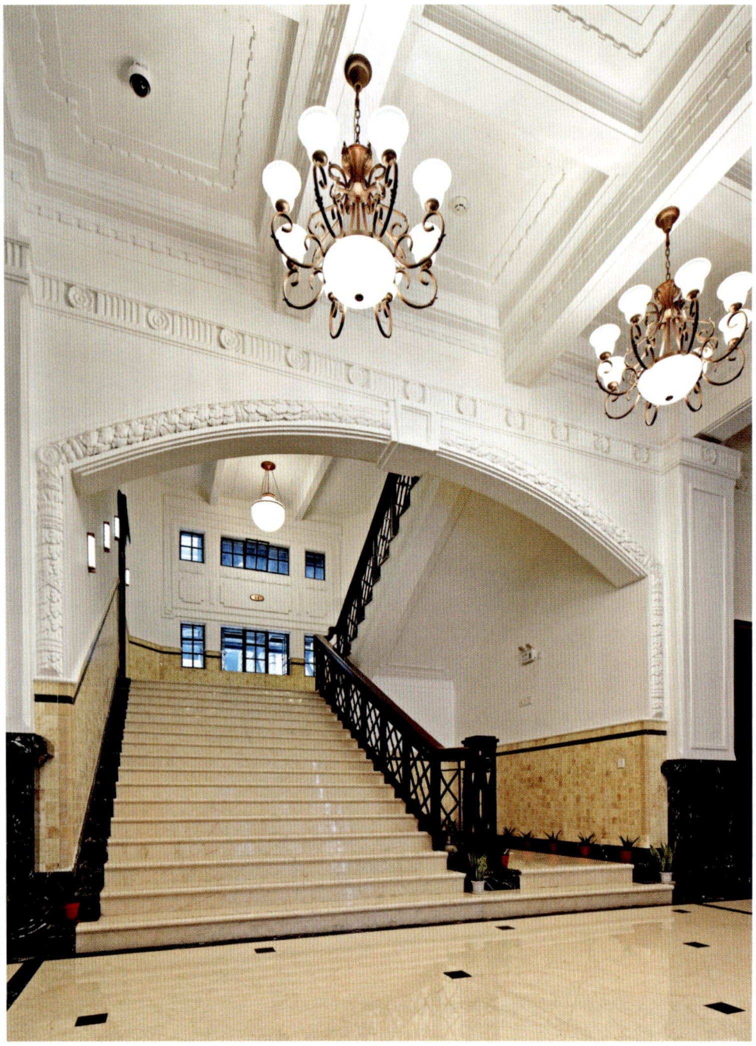

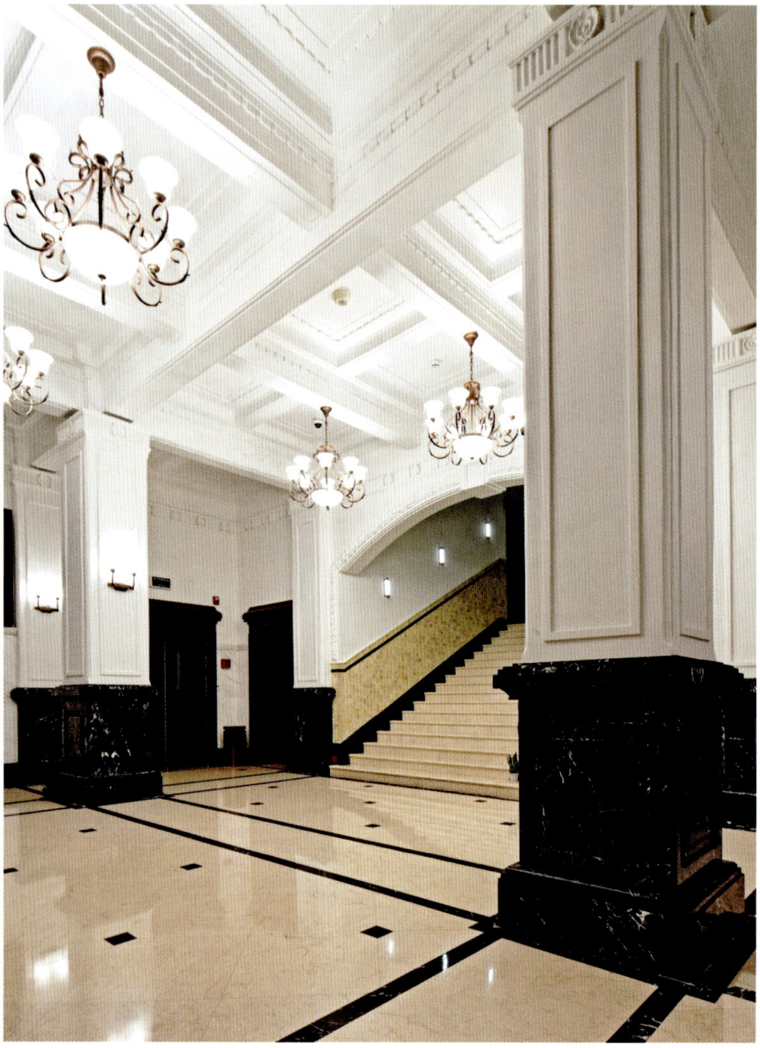

疏散出口
空调机房
消防控制室
46㎡
消防水泵间
33㎡
厨房库房
33㎡
增设消防电梯
兼做货梯
无障碍入口
后勤入口
疏散出口
公司核心机房
510㎡(含夹层)
水泵房上空
男厕
女厕
设备
茶水间
东厅(沙龙\陈列)
406㎡
±0.000
东入口
-0.400
南门厅
±0.000
接待陈列室
62㎡
电信间
13㎡
变配电间
118㎡
门卫
收发
次入口
南入口
N

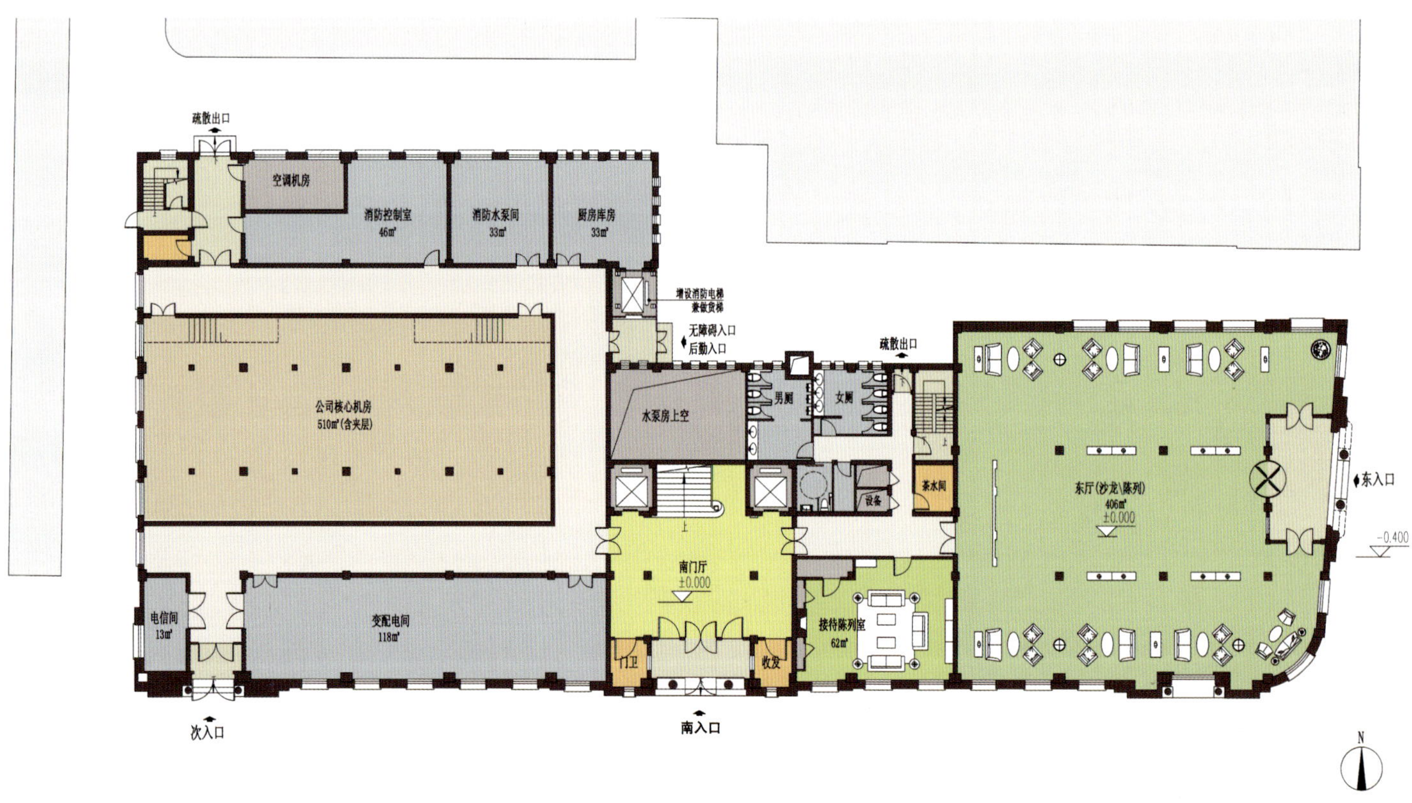

一层平面图

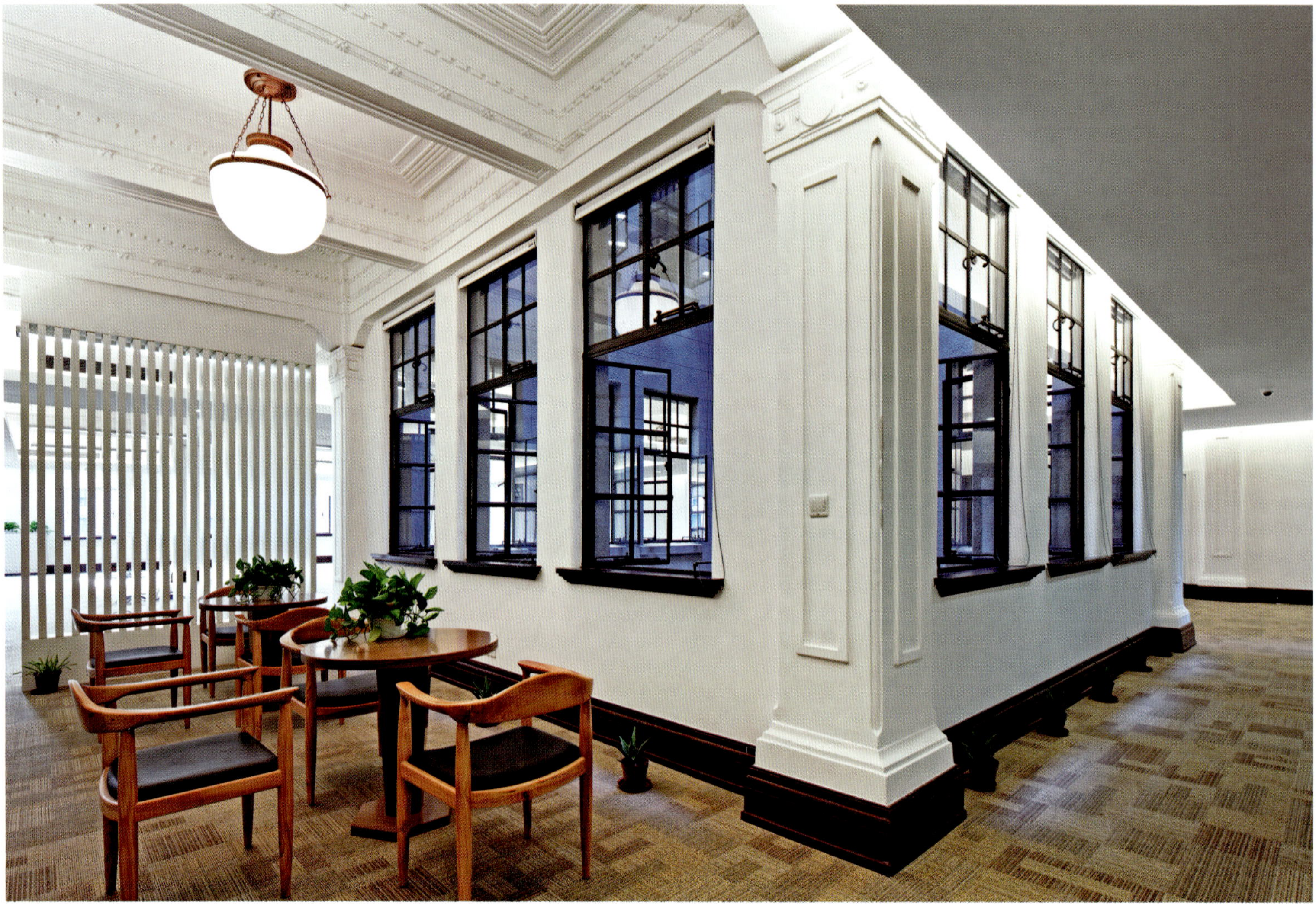

男更衣
7.967
男浴室
空调机房
会议
物业预留 83㎡
驾驶员休息 33㎡
增设消防电梯
兼做货梯
休闲区
事件控制中心
133㎡
领导休息
物业预留
67㎡
玻璃天棚
休闲区
茶水间
男厕
15㎡
女更衣
8㎡
男更衣
10㎡
女厕 16㎡
5.175
(6人)
(6人)
(12人)
会员部
(派驻会员工位)
408㎡
(4人)
(4人)
(6人)
发行室 101㎡
接待室
33㎡
文印室
洽谈室
13㎡
前台
会议室47㎡
文印室
洽谈室
13㎡
接待室
33㎡

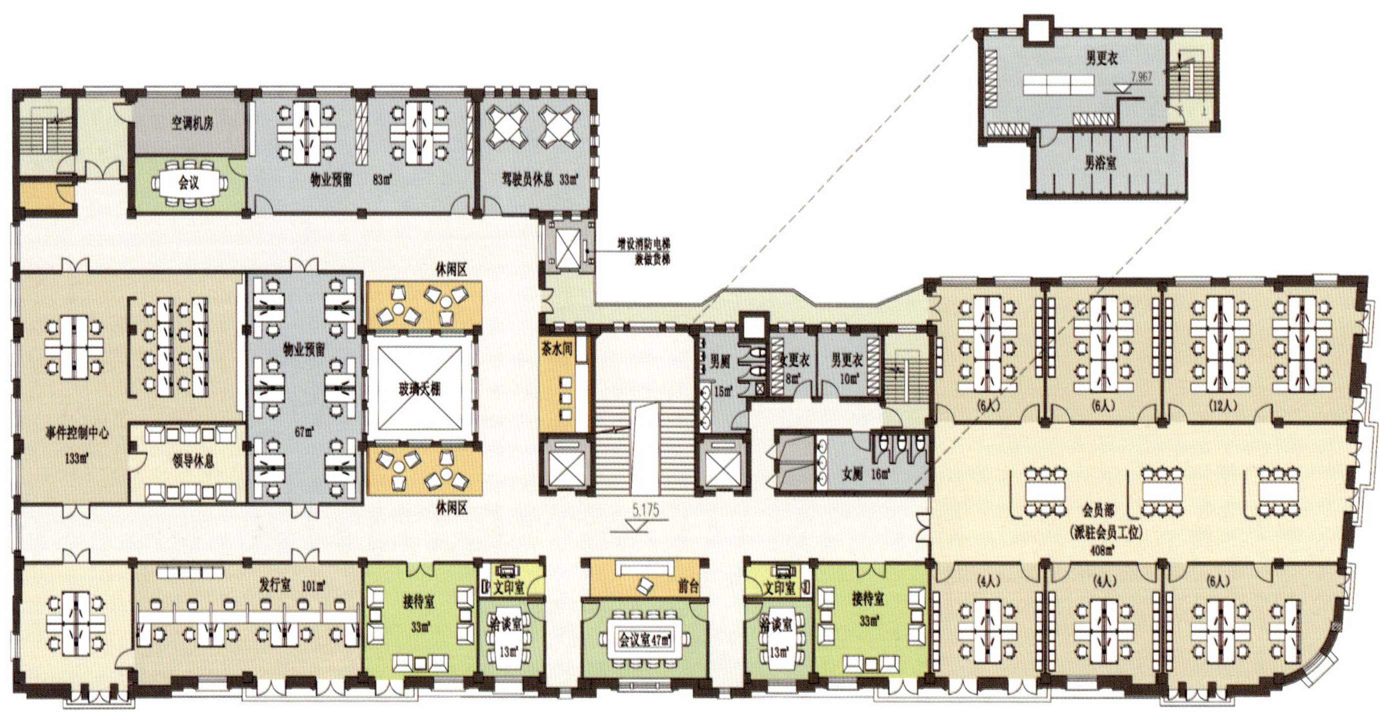

二层平面图

亚信联创研发中心

ASIAINFO

项目名称 _ *亚信联创研发中心精装修设计项目* / **主案设计** _ *王宏* / **参与设计** _ *孙宁* / **项目地点** _ *北京市* / **项目面积** _ *22558 平方米* / **投资金额** _ *2832 万元* / **主要材料** _ *东帝士地毯、大石馆石材、芝加哥金属吊顶板、多乐士乳胶漆、富美家防火板、福尔波亚麻地板、科勒洁具、金属网天花、震旦家*

A 项目定位 Design Proposition

亚信联创公司是 2000 年在美国纳斯达克成功上市的中国 IT 企业。公司的文化既有严谨治学又有放松富有朝气的一面，2000 多名员工中年轻人比较多，因此在设计策划定位时，经于客户的反复沟通，将设计重点体现在员工区休闲的工作方式及公共区的严谨大气的形象上，并结合自建的建筑设计及空间特点，打造适合 IT 企业需求的室内空间，实践移动办公的设计理念。

B 环境风格 Creativity & Aesthetics

本项目位于上地中关村科技软件园 2 期，结合科技企业园区的特点及公司自身发展的需求，在环境风格上考虑到室内外环境的风格统一关系，定位环境风格为现代简约风格，并着重运用色彩体现不同环境的转化。在环境设计指标上满足绿色建筑三星的设计要求，从选材和机电设计方面实现绿色环保，节约能源及可持续发展的目标。

C 空间布局 Space Planning

本项目是客户自建的集办公、接待、展示、配套服务与一体的总部基地，因此，合理布局综合性的功能及动线是室内平面规划的重点。首先，我们应用了模块化的设计方法使空间功能具有更多灵活性，更有效率。其次，我们顺应建筑本身的空间特点和设计理念，注重连廊空间的设计，动静结合。实践移动办公理念。最后，注重空间形态的穿插，虚拟空间、共享空间的应用。丰富使用者的空间体验。

D 设计选材 Materials & Cost Effectiveness

本项目为限价设计项目，在有限的精装预算内精打细算，选材时既要考虑实现空间效果又要合理安排材料预算。天花设计上大面积采用裸顶天花以弥补空间高度的不足，局部空间采用造型天花和铝格栅天花体现科技感及空间中的线条感。洁具均选用节水性产品，局部卫生间采用无水坐便器。连廊地面选用彩色亚麻环保地板，既给人以放松的感受又方便日后使用维护。

E 使用效果 Fidelity to Client

整体效果得到了客户各级使用者的认可及好评，我们看到了连廊的移动办公功能得以充分发挥，企业团队通过移动家具的摆放还增加和补充了许多空间的不同用法，通过广告招贴补充了不少企业宣传内容，员工普遍表示喜欢新的办公环境。

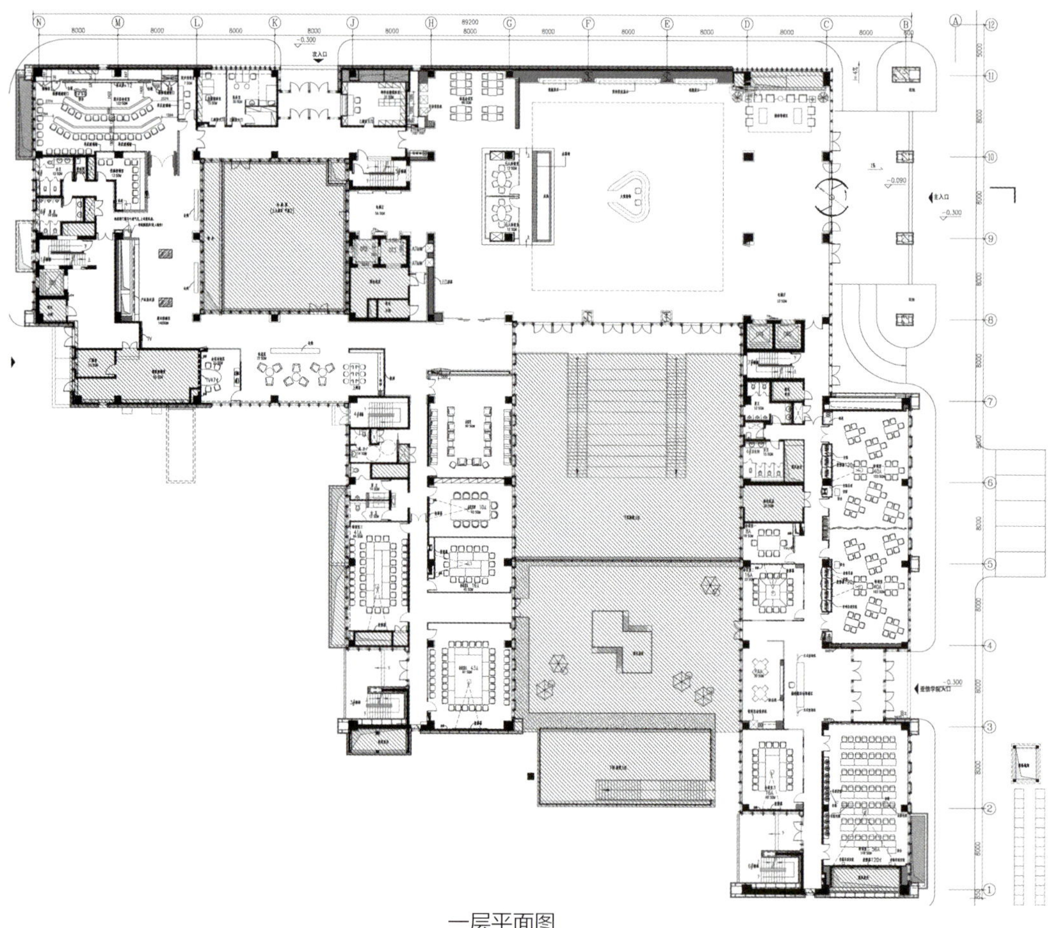

一层平面图

呼吸的内建筑

BREATHING IN THE BUILDING

项目名称 _ *呼吸的内建筑* / **主案设计** _ *柯智益* / **参与设计** _ *林志明* / **项目地点** _ *福建省漳州 市* / **项目面积** _ *300 平方米* / **投资金额** _ *20 万元* / **主要材料** _ *素水泥肌理面处理、锈钢板、原木等*

A 项目定位 Design Proposition

办公空间对于追求自由轻松的办公环境渴求的满足程度，直接影响设计师对设计的创造力和想象力。设计公司的办公空间更应该强调独特的氛围，让办公空间不再呆板、单调，艺术与功能完美结合，创造出一个真正属于设计师工作的环境。

B 环境风格 Creativity & Aesthetics

充分利用原有厂房建筑的高度和结构，还原建筑特有的气质。追求简单、质朴、通透、灵动的空间感觉。

C 空间布局 Space Planning

南侧采光及通风较好的区域用作会客区，阅读区和办公区域，中部空间则利用一个体块的落差打造出一个巨大的盒子作为前部和后部的分割区。通过这个盒子进入后半部的总监办公室会议室及物料组。让叠加的空间更加具有趣味性。

D 设计选材 Materials & Cost Effectiveness

坚持低碳、节能、环保的概念，大量使用涂料、素水泥、原木、锈钢板等最质朴、最真实的建材，打造一个立体的内建筑空间。

E 使用效果 Fidelity to Client

置身于这样的办公空间，让设计师在工作的同时淡化对视觉环境影响而产生的审美疲劳，用提炼的建筑语言来表达对内建筑的理解，激发团队源源不断的创造力，提高工作的效率。

观域设计咨询事务所
GUANYU

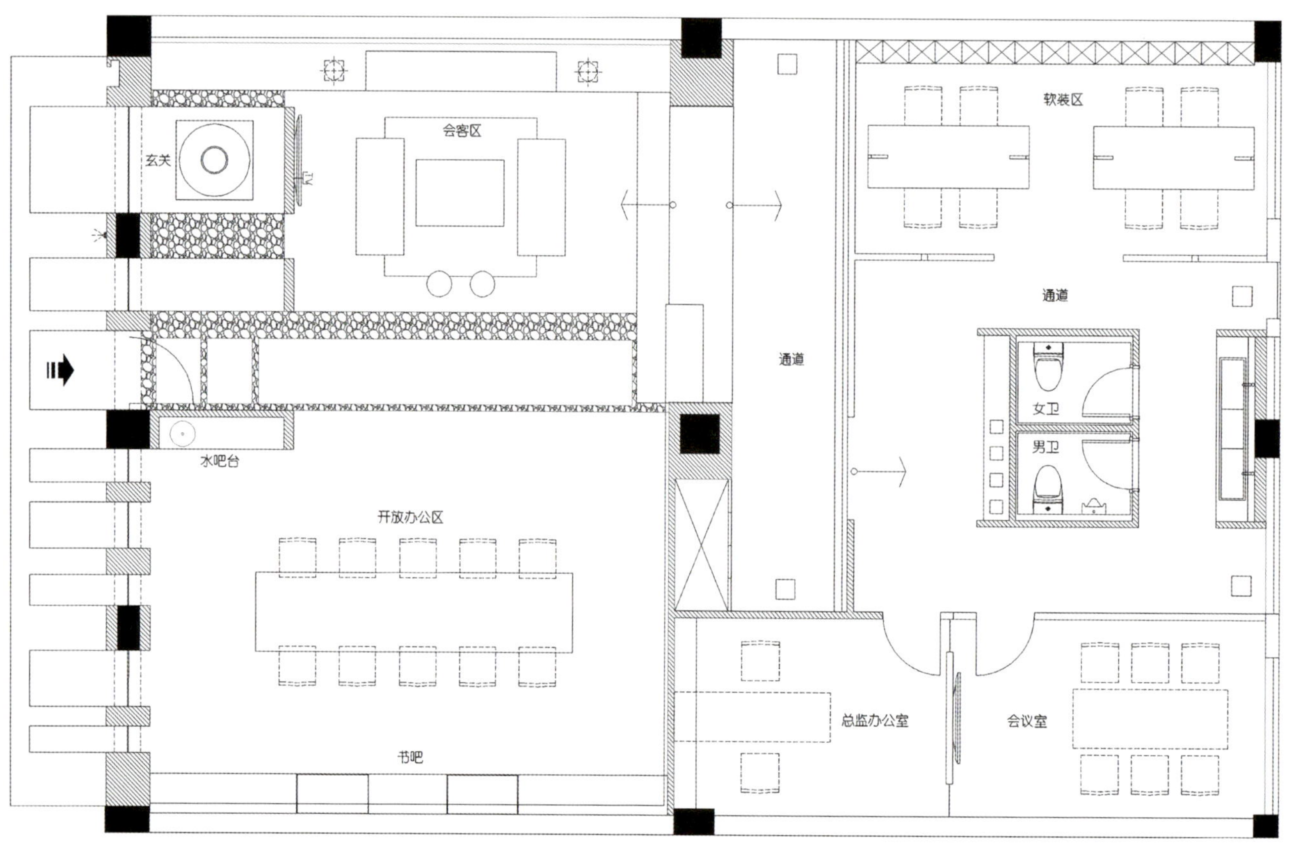

一层平面图

卢湾 917 精品办公

SHANGHAI LU WAN 917

项目名称 _ 上海卢湾 917 精品办公 / **主案设计** _ 黄全 / **项目地点** _ 上海市 / **项目面积** _26000 平方米 / **投资金额** _8000 万元 / **主要材料** _ 罗马金灰洞大理石

A 项目定位 Design Proposition

它不在外滩，没有万国建筑的映衬，它不在陆家嘴，没有金融区的现代繁华 但它要足以浓缩了百年卢湾的历史文化内涵。

B 环境风格 Creativity & Aesthetics

这就是卢湾 917 精品办公所承载的精神核心。它坐落于上海卢湾区龙华东路与日晖东路交汇处，紧邻绿地集团。优越地理位置使它肩负着既要体现集团的商业地产企业形象的， 又要保留“海派印象”及卢湾区的历史文化使命。

C 空间布局 Space Planning

基于以上因素我们从建筑景观到室内都运用了有别于传统办公 ART deco 的设计风格，设计手法上我们将古典对称和现代简约的线条感完美的结合起来，同时融入了“镂空”的剪纸艺术和“麦穗”的编织造型，勾勒出了现代企业欣欣向荣的力量，呈现出现代艺术的精品办公环境。

D 设计选材 Materials & Cost Effectiveness

选材多以大理石嵌条，突显了大气尊贵的设计风格。而采用的暗门更节约了空间。

E 使用效果 Fidelity to Client

投入运用后因该项目小户型办公较多，因此奢华典藏风格更适合了小户型办公，让整个项目更具有特色。

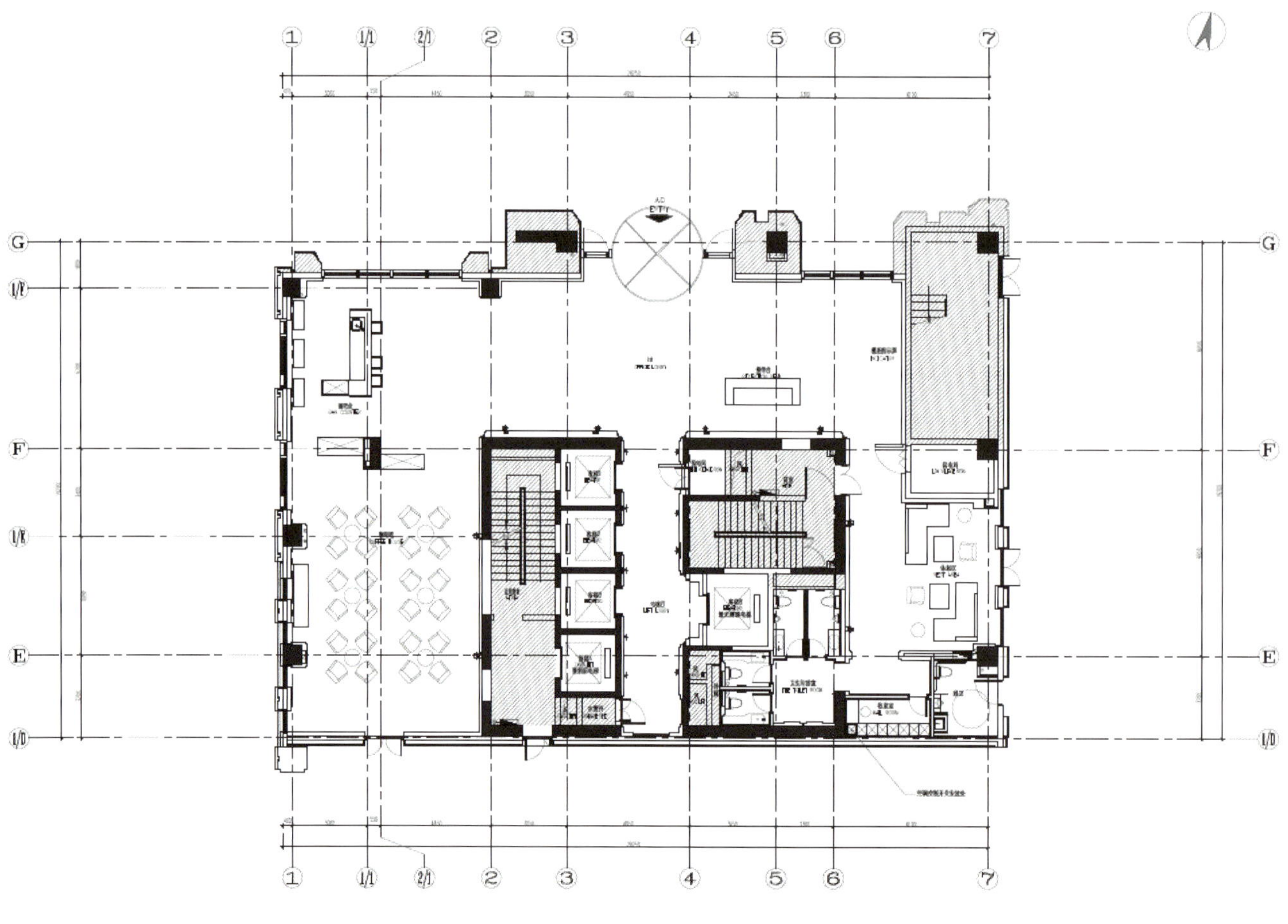

一层平面图

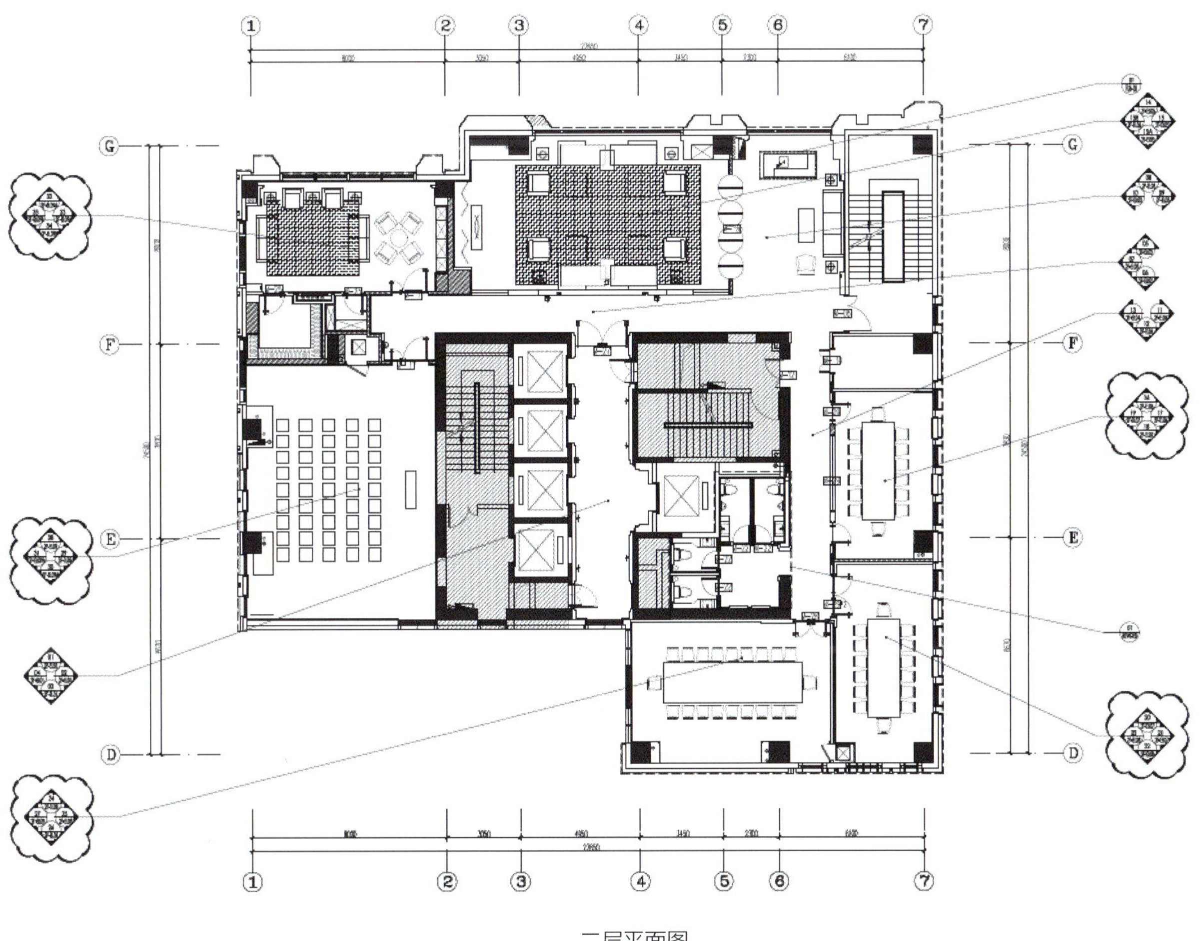

二层平面图

Catering
餐饮空间

动手吧
Dongshouba Resturant

神户 日 本 料 理
K O B E , J A P A N

雪坊 优 格
S N O W F A C T O R Y

苏浙汇·王府井店
Jardin De Jade (Wang Fu Jing)

云鼎汇砂丹尼斯·天地店
FRNTRSTIC CRSSEROLE

轻井泽锅物台南店
K A R U I S A W A
RESTAURST TAINAN BRANCH

扬州东园小馆
YANGZHOU DONGYUAN
XIAOGUAN RESTAURANT

北京丽都花园罗兰湖餐厅
Blue Lake Restaurant Architectural Landscape & Interior

北京侨福芳草地小大董店
X i a o D a o d o n g
Roast Duck Restaurant

葫芦岛食屋私人餐厅会所
food house

动手吧

DONGSHOUBA RESTURANT

项目名称 _ *动手吧餐厅* / **主案设计** _ *沈雷* / **参与设计** _ *孙云、杨国祥、潘宏颖* / **项目地点** _ *浙江省杭州市* / **项目面积** _ *300 平方米* / **投资金额** _ *240 万元*

A 项目定位 Design Proposition

完美不只是控制，还包括释放。

B 环境风格 Creativity & Aesthetics

动手吧告诉你，每个人都拥有破茧成蝶的能力。

C 空间布局 Space Planning

突破牵绊，以一颗不变的谦卑内核，留下印记。

D 设计选材 Materials & Cost Effectiveness

钢铁机械时尚。

E 使用效果 Fidelity to Client

业态与设计新颖，轰动全城。

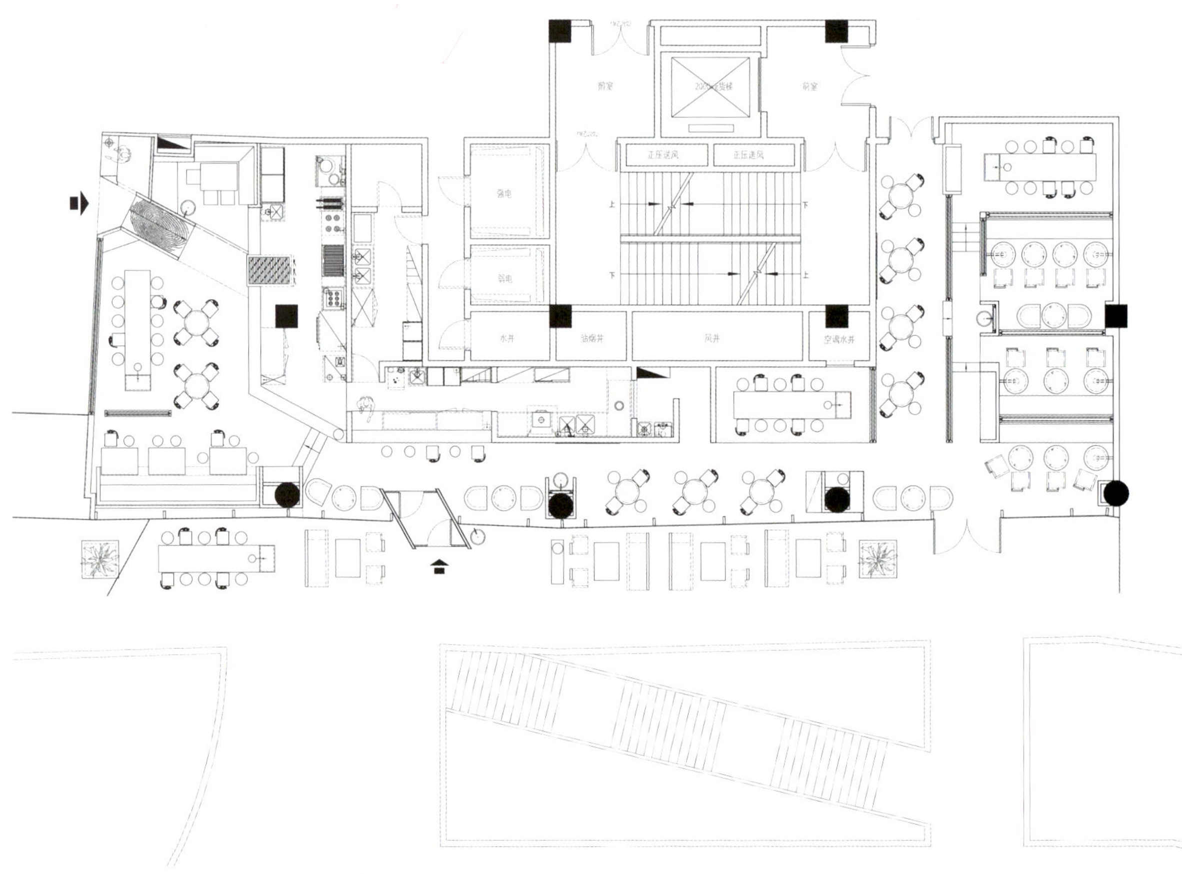

一层平面图

A5

C9

神户日本料理
KOBE.JAPAN

项目名称 _ *神户日本料理* / **主案设计** _ *孙洪涛* / **参与设计** _ *朱晓龙* / **项目地点** _ *吉林省吉林市* / **项目面积** _*600 平方米* / **投资金额** _*160 万元* / **主要材料** _ *竹子、和纸、橡木、仿古砖、硅藻泥墙面肌理涂料*

A 项目定位 Design Proposition

神户日本料理是在吉林世贸万锦酒店内的一家特色餐饮店。餐饮主要经营定位是铁板烧和日本料理。

B 环境风格 Creativity & Aesthetics

本设计空间运用竹子和古木建筑结构元素，把古建筑的“古朴”元素用在室内空间，表现古建筑“本真”的木结构美。

C 空间布局 Space Planning

本设计以“融合”文化为核心。“融合”是思想的碰撞，新潮元素与传统元素以及文化的融合，体现既是中式的又是日式的，更是世界的。

D 设计选材 Materials & Cost Effectiveness

通常这种手法都会强调两种特质的冲突与对比的统一，具体现在材料的精心选用，适度空间的比例，以及灯光氛围的营造。在本案设计中都一一体现在每个细节里。

E 使用效果 Fidelity to Client

客户非常满意。

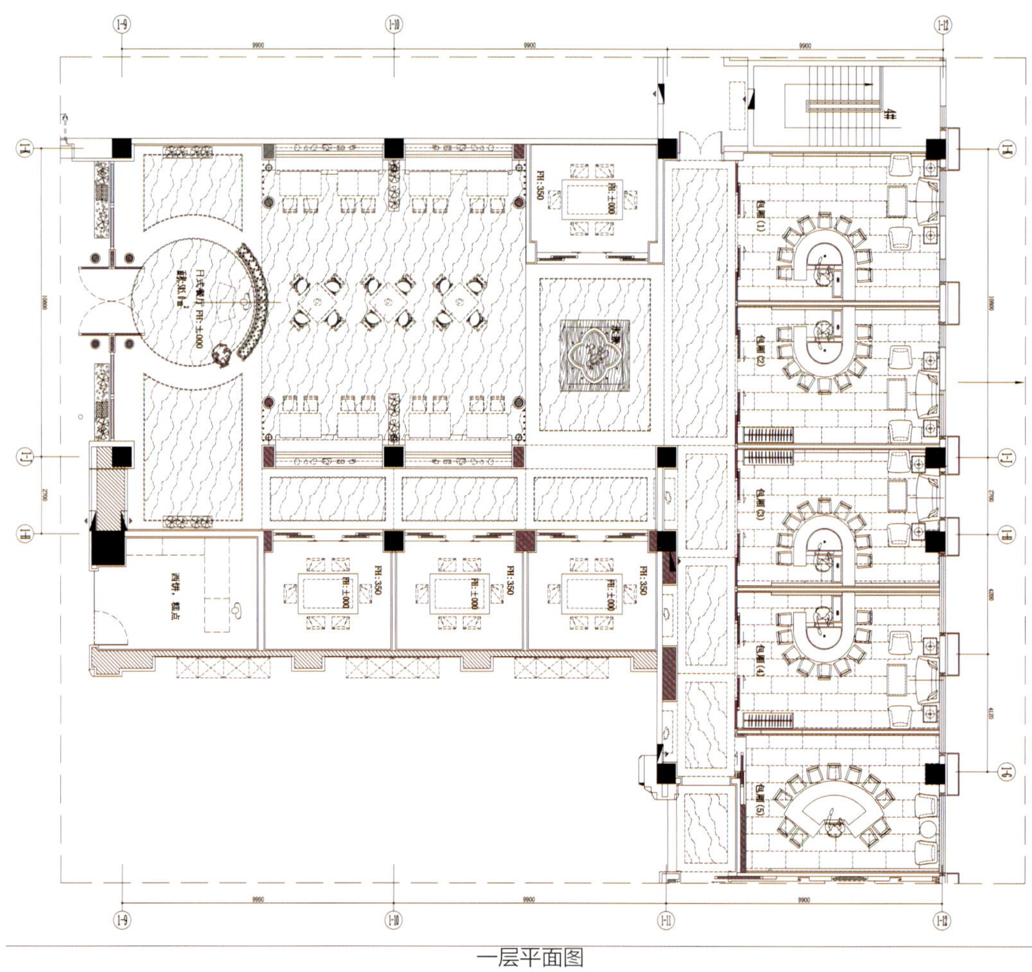

一层平面图

雪坊优格
SNOW FACTORY

项目名称 _ 雪坊优格 / **主案设计** _ 任萃 / **参与设计** _ 任萃 / **项目地点** _ 台湾台北市 / **项目面积** _44 平方米 / **投资金额** _60 万元 / **主要材料** _ 雪坊优格

A 项目定位 Design Proposition

《出埃及记》三章八节："我下来要救他们脱离埃及人的手，领他们从那地出来，上到美好、宽阔、流奶与蜜之地，就是到迦南人、赫人、亚摩利人、比利洗人、希未人、耶布斯人的地方。"

B 环境风格 Creativity & Aesthetics

座落于台北大安街区，澄净落地玻璃店面映照着来往人群，对比于建体黑色素铝板，一绺白色纯洁的跃然而出，令人联想柔软倾倒、甜香四溢，几个世纪以来众人缱绻着迷的乳制品，不禁使人带动一抿舌唇的嗜甜反射动作。而 Snow Factory 不锈钢字体镶嵌其上，舌唇的甜美记忆就在此处待你追寻，就在此处待你进入那美好传说中流奶与蜜之地。

C 空间布局 Space Planning

大片门扉以黑铁框条嵌强化清玻璃，亲切且不排拒任何人追寻甜美的造访，其清澈投影一如店家自豪的优格产品，其悉心制作以致拥有镜面般的凝固质地。

D 设计选材 Materials & Cost Effectiveness

推开门，宛如进入了优格白色纯滑的世界，缤纷色彩的严选高级水果在跳舞着，在纯白浓郁的空间中鼓　着，以纯白人造大理石打造的柜台此刻慵懒的跃升，闪耀其钢烤白漆的雍容光泽，此刻玻璃柜熠熠闪耀的是那甜美、浓香的，在最初即承诺给予的纯净甜美。这在最初据说都是追寻着纯净的美好。

E 使用效果 Fidelity to Client

店内装置了英国真空管扩大机，搭配奥地利的黑胶系统与扬声器，在台北惯常雷阵雨后的午后，在推开门 Snow Factory 那一　那你会听见那 78 转逐渐遭人遗忘粗嘎却温暖而甜馨的乐声。

SNOW FACTORY
201

單槽水槽(小)
44.5x36x16
飲水機
28x36x29.8
製冰機
63x45x80
磨豆機
24x45x72
咖啡機
75x62.2x47.5
工作臺冰箱6尺
180x75x80
果汁機
21.6x38.6x29.8
鬆餅機
45x30x40
落地式烘碗機
50x57.5x68
黑膠唱盤
44.95x35x14.47
真空管
43x38x18.5
試吃桌面
珠寶櫃
145x72x115
冰淇淋展示櫃
128x107x134
POS機
75x60x45
信用卡機
17x12x10
商品展示台
四開白鐵冰箱
121x80x204
暗門
白鐵水槽工作桌
掛壁洗手台
48x28x8.5
臥式冰櫃
84x67.1x82.5
水龍頭
11x4x10
拭紙巾垃圾桶
直徑15
虹吸式馬桶
37x74x71
臥式冰櫃
126.1x67.1x82.5
+68
+50
+19
+13
±0

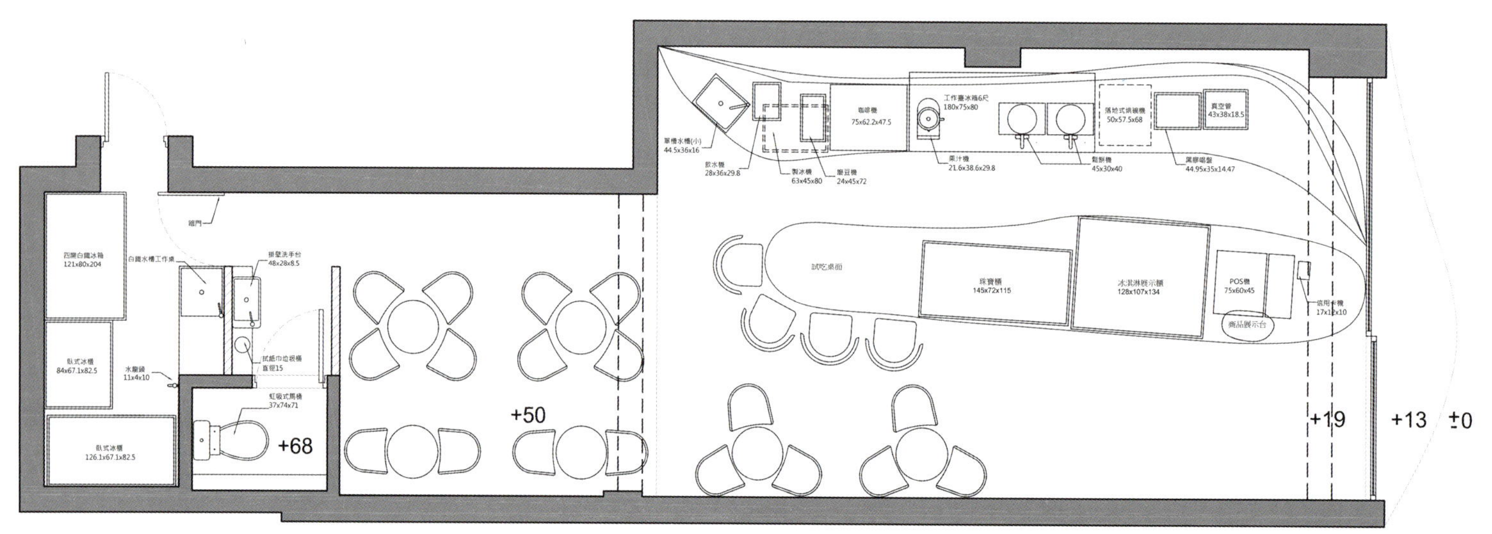

一层平面图

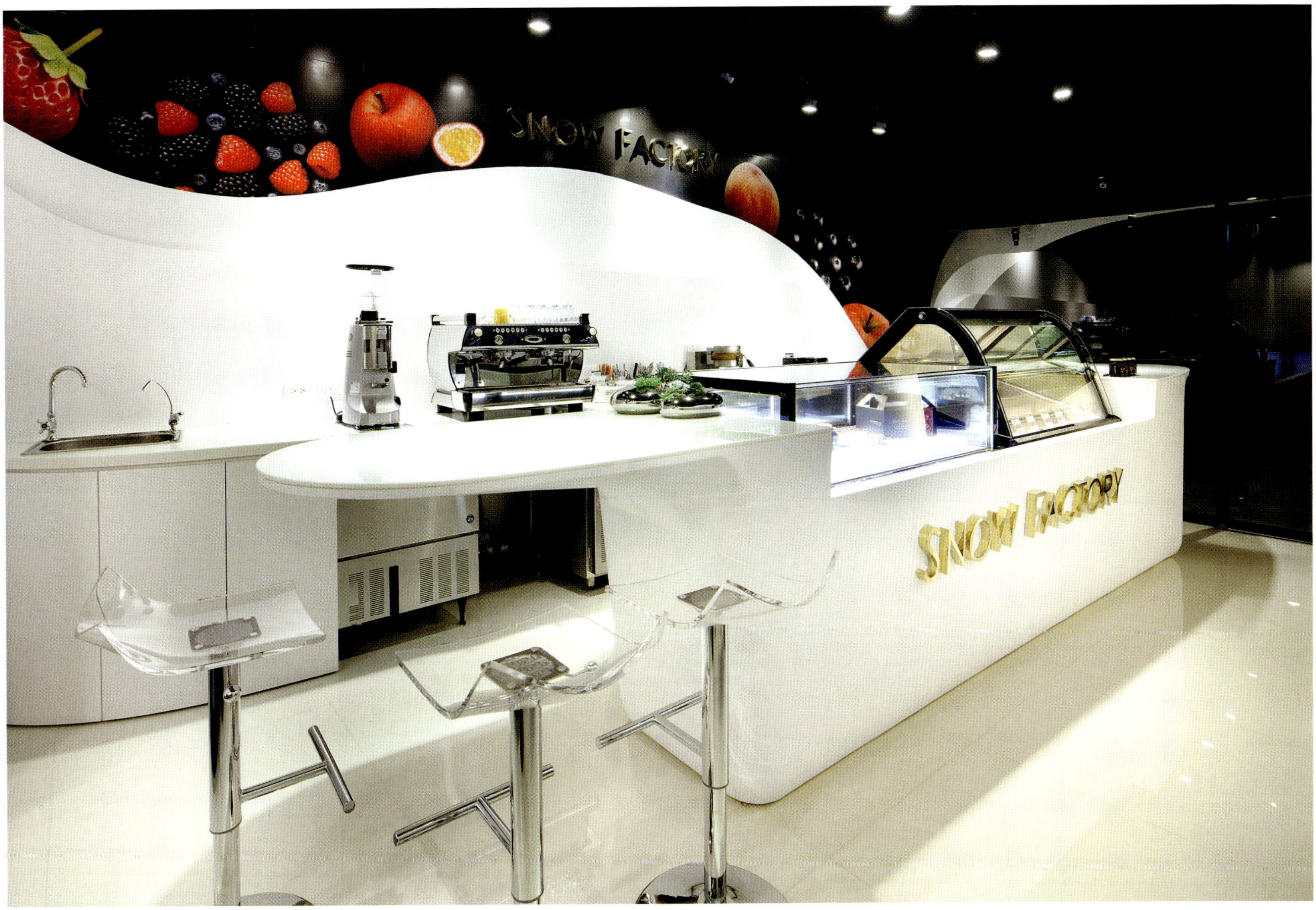
SNOW FACTORY
SNOW FACTORY

SNOW FACTORY

SNOW FACTORY
SNOW FACTORY

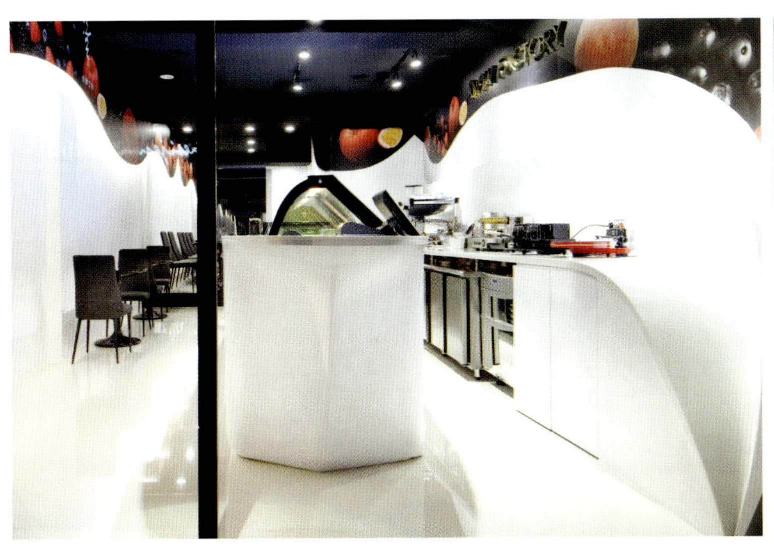

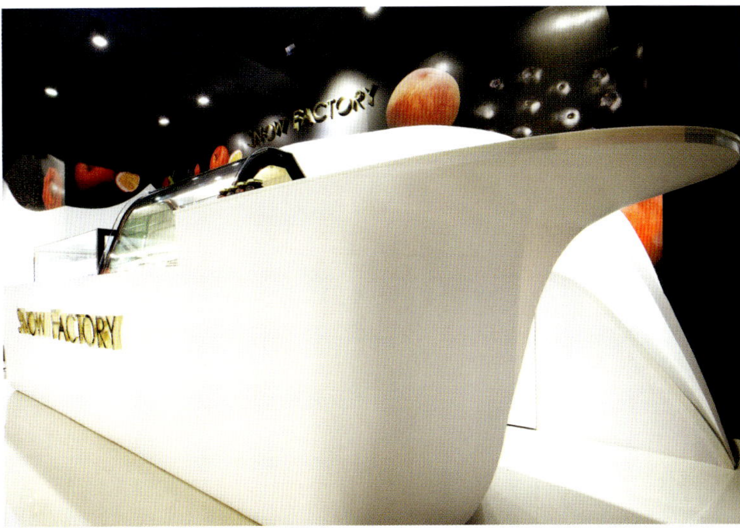

苏浙汇·王府井店
JARDIN DE JADE (WANG FU JING)

项目名称 _苏浙汇·王府井店 / **主案设计** _史毅晶 / **项目地点** _北京市东城区 / **项目面积** _1600 平方米 / **投资金额** _1500 万元 / **主要材料** _皇家金坛大理石、玻璃、黑拉丝不锈钢、墙纸、必美 - 比利时强化地板、天然木

A 项目定位 Design Proposition

我们在脑海里一直计划能设计一个与众不同却充满中国文化底蕴的抽象艺术的饮食空间。通过对市场定位及以北京当地传统中国文化为基础，实以时尚理念与传统文化的结合手法体现出新东方文化的餐饮空间。

B 环境风格 Creativity & Aesthetics

整个设计概念灵感源自于中国山水画之泼墨艺术。

接待台以巨型中国抽象书法画为表现手法，配合一排排以毛笔造型为设计灵感的装饰吊灯，把接待及酒吧两者融为一体，成为整个餐厅之中心及亮点。接待处一侧是酒库及等候区，白色大理石墙犹如流水行云之势，盆景及天然大树木材为摆设及座椅的运用，把中式园林引进室内。

餐区正中主题墙是整个设计理念的灵魂。主题墙分两个层次部分组成，后面是一幅纯白色巨大毛笔造型内凹立体墙，秉承了国画的留白艺术，把色彩投影到前面一组抽象泼墨画玻璃屏风上，半通透屏风在灯光投射下透影出背面的立体造型，两者的结合运用体现了中国文化讲究虚实相生，景物相透的造型理论，不但调弄出氤氲山水之气，更把中国传统艺术以崭新的设计手法融汇结合、展现眼前。

C 空间布局 Space Planning

餐厅主要以半遮半掩的开放式用餐区及十多间私密包厢组成，此灵活布局提供予客人不同需要的餐饮环境。位于入口大屏风背后是半遮半掩的开放式餐区。店面以黑色金属窗花格及艺术玻璃相结合的半通透大屏风及生生不息的流动发光水池把外界与室内巧妙地分隔开，不但开阔了餐厅内的视野，增加了空间的透视和层次感，更改善了建筑本身矮层高的结构缺陷。正对大门入口是精心设计的接待与酒吧一体的服务空间。

D 设计选材 Materials & Cost Effectiveness

色彩运用方面以黑白为背景，彩蓝和翠绿色泼墨为点睛，再采用适量天然木材和灯光效果，令整个空间布局及氛围呈现出全新的现代东方生活与美学心灵的餐饮艺术文化。

E 使用效果 Fidelity to Client

集时尚，传统文化，艺术渲染及舒适为一体的新中式餐饮空间为顾客提供了优质的用餐环境和服务，宾至如归的同时更丰富了内在的美学心灵。

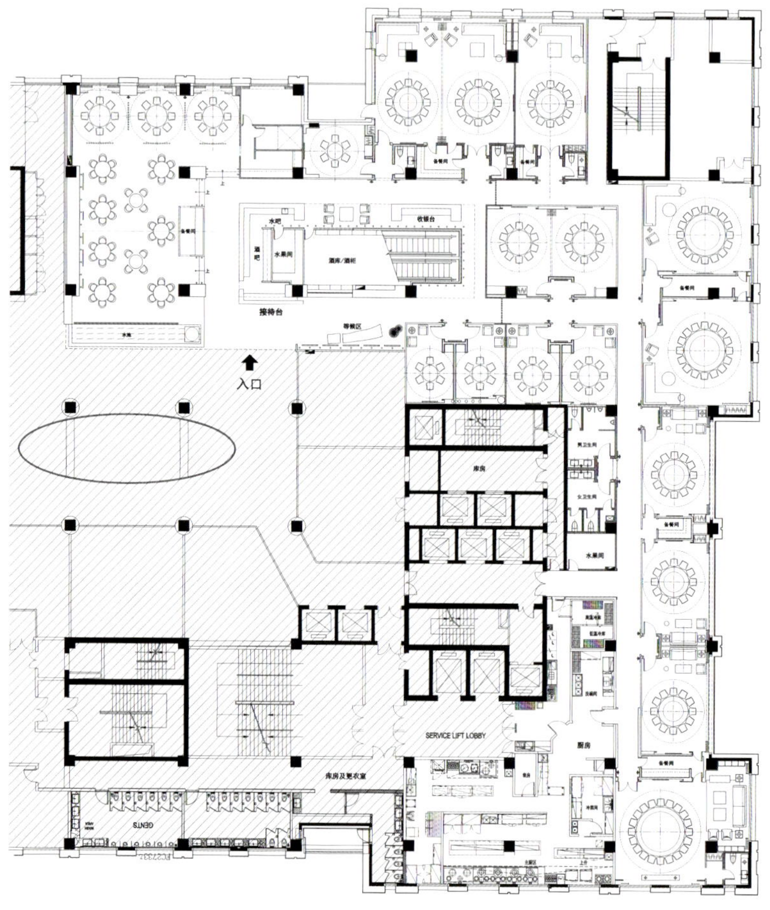

一层平面图

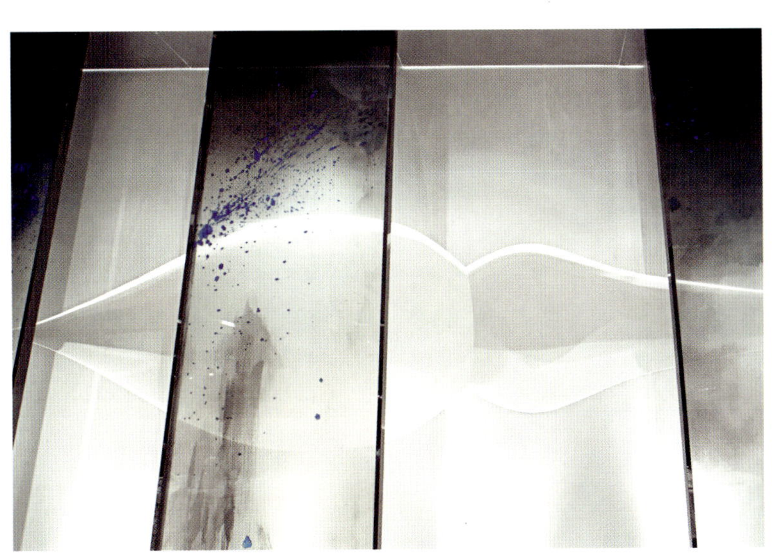

云鼎汇砂丹尼斯·天地店

FRNTRSTIC CRSSEROLE

项目名称 _ *云鼎汇砂丹尼斯·天地店* / **主案设计** _ *孙华锋* / **参与设计** _ *胡杰、赵彬彬、麻美茜* / **项目地点** _ *河南省郑州市* / **项目面积** _ *280 平方米* / **投资金额** _ *50 万元* / **主要材料** _ *石材、乳胶漆*

A 项目定位 Design Proposition

由于到云鼎汇砂来的大多是家庭用餐或朋友小聚，设计理念既不可太超前又不可过于传统，所以我们从日常生活入手，找到了一些灵感，确定了设计理念：用常见的普通材料做装饰，引发人们对时光的眷恋之情。

B 环境风格 Creativity & Aesthetics

整个就餐空间以黑红为主色调，给人以清凉静谧之感，一如它的名字，透着几分神秘。

C 空间布局 Space Planning

现代的室内空间，在经历过所谓的奢华，简约欧陆之后，亲切质朴的令人容易接近的空间才是人们真正想去的地方，最普通的材料，最简洁的手法，最有效的布局才能更好的服务于顾客、服务于经营。本案我们采用钢筋做成“雨后彩虹”，但在钢筋、砖瓦之中，每个店又都有不同主题的、反映城市变迁的照片和绘画穿插其中，希望客人在就餐之余能有所念想。

D 设计选材 Materials & Cost Effectiveness

螺纹钢筋有序的排列，工业感十足，“洒上”鲜艳的色彩，打造出“雨后彩虹”般的梦幻空间。 老旧木头之中镶嵌着被遗弃的啤酒瓶，以强烈的灯光来突出玻璃的空灵，翠绿与深绿交错，组合的不只是纯粹的色彩美学，还有对客人善意的提醒，应该怀有一颗发现美的心。

E 使用效果 Fidelity to Client

云鼎汇砂投入运营后很快就有一大批食客集结而来，吸引人的不仅是它动态展示的烹饪过程、独家秘制云汁和适合每个人口味喜好的选择，还有独特的设计风格，让人就餐之余，心中溢满温情，情不自禁眷恋旧日时光。

云鼎
汇砂

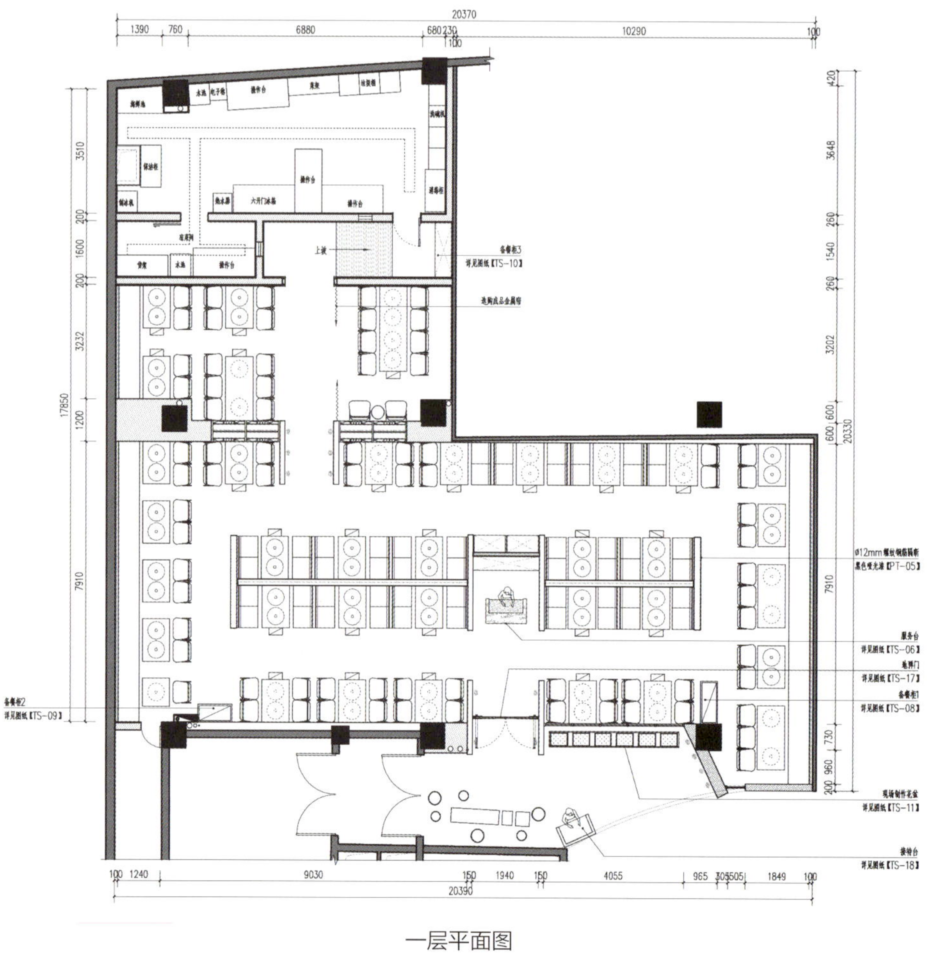

一层平面图

轻井泽锅物 台南店

KARUISAWA RESTAURST TAINAN BRANCH

项目名称 _轻井泽锅物 台南店 / **主案设计** _周易 / **参与设计** _吴旻修、蔡佩如 / **项目地点** _台湾台南市 / **项目面积** _1496 平方米 / **投资金额** _1000 万元 / **主要材料** _N/A

A 项目定位 Design Proposition

现代人对于”用餐“这回事，大概已经很难停留在单纯讨好味蕾的层次，随着商家们的竞争越趋白热化，除了舌尖上的激情与满足，包括空间的情境气氛、布置的内容、甚至灯光够不够情调？侍者们服务周不周到等等，都将成为整体评比的一部份。

B 环境风格 Creativity & Aesthetics

座落大道旁的”轻井泽“台南店面宽 30 米，很难想象这是由老旧铁皮家具卖场改造而成的地景艺术。顶部拉出水平线条的锈色金属轮廓，让建筑自然涌现安定与稳重，右侧墙面嵌上书法名家——李峰大师挥毫的巨大白色”轻井泽“铁壳字，相当具有辨识度。外廓中央象是不规则切开的几何门面，因为上半部多达上千枝缜密排列的悬空竹林阵列，数大便是美加上隐约于竹间投射而下的光束，让刻意内退原店面 8 米纵深，营造户外骑楼效果的廊下格外显得内敛幽深，设计师并贴着建筑物边界植上一排色鲜青翠的黄金串钱柳，夜里在地灯烘托下，既能掩映外部视线，也是室内借景的前置端点。

C 空间布局 Space Planning

从正面驻车处踏上三阶高度，导入舞台登高的隆重感，无论白天黑夜，如此壮盛的悬空竹林阵列，都是引人仰望的目光焦点，来客一踏上廊下的灰阶地坪，两侧即是一大一小、各拥奇趣的禅意水景，左边主水景宛如托高长盘，盘上点缀三方景石，颇有怀石料理摆盘的意境，盘面潺潺流动的水幕佐以唯美灯光，峥嵘奇石彷　漂浮其上，右翼副水景则以朴拙瘤木为主角，氤氲的景致刚好是柜台区向外望的反馈。

D 设计选材 Materials & Cost Effectiveness

主要用餐空间都集中在一楼，大致呈回字形环抱中央的灯光干景，半空中由竹子排列而成的围篱，对应下方两座景石和类土俵的枯山水，后段的卡座比邻大面玻璃窗，窗外与邻栋建筑间植满生气盎然的翠竹林，从绿油油的后景竹林、中景的土俵枯山水到前端的水景、植栽，环环相扣的景链大大提升了”食“的机趣与深度。

E 使用效果 Fidelity to Client

卡座的铺陈也是一绝，深色木作打造如四柱床的连续结构，沈稳而安静，搭配金属构件与虫蛀板特制的背靠屏风，每方桌面都点上一盏古朴的斗笠灯，唤醒村居的随性自如，顺着香气四溢的水烟袅袅，过道竹篱对话窗外修长的竹林，流利的小风在摇曳的叶上沙沙作响，此间浓浓的禅意象是空气；如影随形。

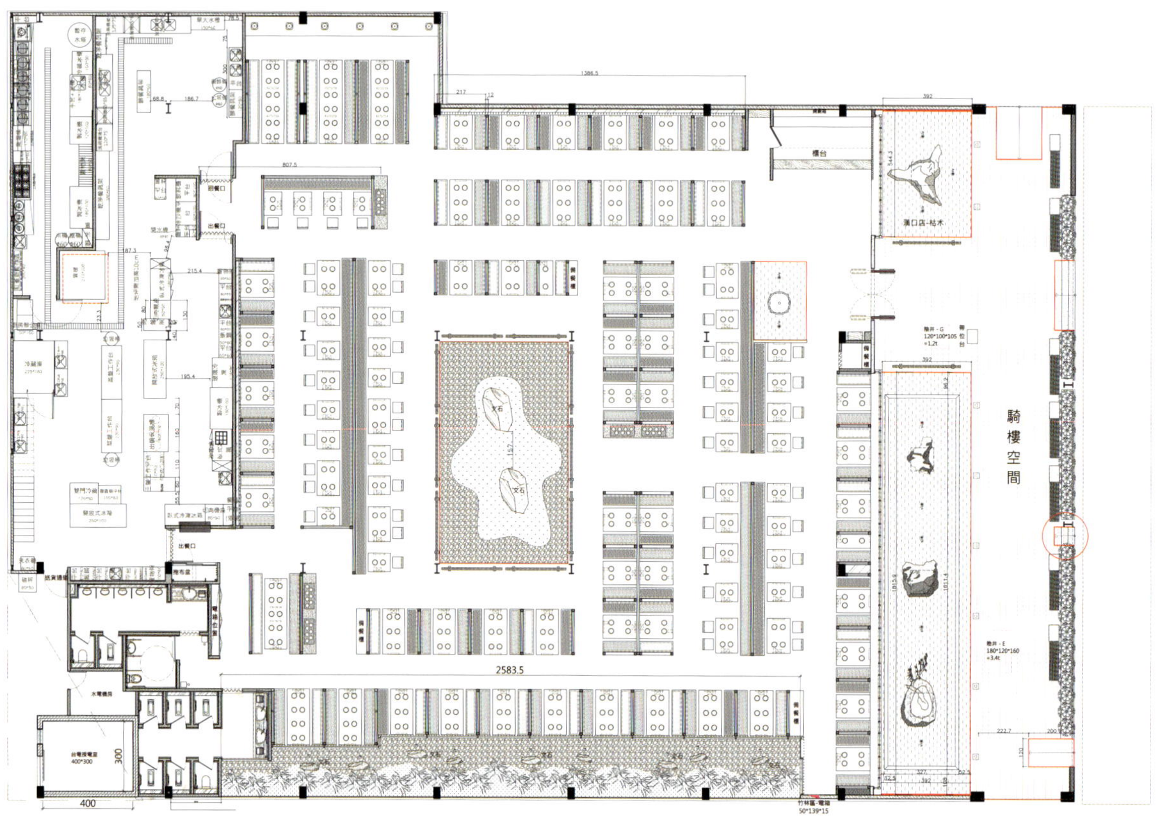

一层平面图

輕井澤
【鍋の物】

扬州东园小馆

YANGZHOU DONGYUAN XIAOGUAN RESTAURANT

项目名称_扬州东园小馆 / **主案设计**_孙黎明 / **参与设计**_耿顺峰、陈浩 / **项目地点**_江苏省扬州市 / **项目面积**_430 平方米 / **投资金额**_200 万元 / **主要材料**_顺鹏陶瓷、德蒙玻璃、嘉乐丽

A 项目定位 Design Proposition

从产品策划角度，空间设计策划与业态市场定位，需要与物业所处基地文化调性与目标特征达成和谐，作为中等城市 CBD 核心 SHOPPING MALL，扬州时代广场在城市商业形象与消费“吞吐”力上都堪称区域翘楚，最受本地最活跃的青年目标客群所拥趸。为此，在空间风格方向上，主要着眼点就是如何呈现一线、二线发达城市的商业空间的品质感、国际化；而在业态设定上则侧重亲和“接地气”符合本埠目标消费习惯与消费能力——体验感特色化的地方饮食，这里也考虑了基数较大的周边白领的重复性消费的因素。

B 环境风格 Creativity & Aesthetics

在空间环境营造上，突出“生活化”的贯穿始终，在古典与现代的“家”的环境基调下，目标客群所能体验到的尽是放松、亲切、不设防，在舒朗简约的氛围中，整个业态空间流溢惬意又不乏小资腔调，餐饮功能与社交平台的双重作用自然贴切滴融合在一起。

C 空间布局 Space Planning

开敞、无死角是空间布局的第一原则，从全零点区设置到主入口到与商场的出口，都体现了这一原则；而入口明档展示区与个性吧台背景则让这种统一原则中平添了变化和趣味，同时竖向的虚拟、半虚拟空间切割亦避免了因“一脉统一”的呆板直白。

D 设计选材 Materials & Cost Effectiveness

选材上遵循扎实、自然、平朴、机理生动原则，所有材料都倾向于对外传输亲切感与熟稔度，与项目空间定位、业态定位取得方向上的一致。而恰当比例的绿色皮革和毛砖的使用则在色彩与肌理上获得活化与提亮，避免大面积理性的金属与木色产生压迫感。

E 使用效果 Fidelity to Client

由于事前充分的市场调研，与精准的市场定位，本项目错开了所在区位与购物中心内的同质竞争，并由于价格和菜品亲民、空间的品质感和切准“五觉”的体验感塑造，开业以来一直生意火旺，其中周边白领的重复消费率接近 100%。

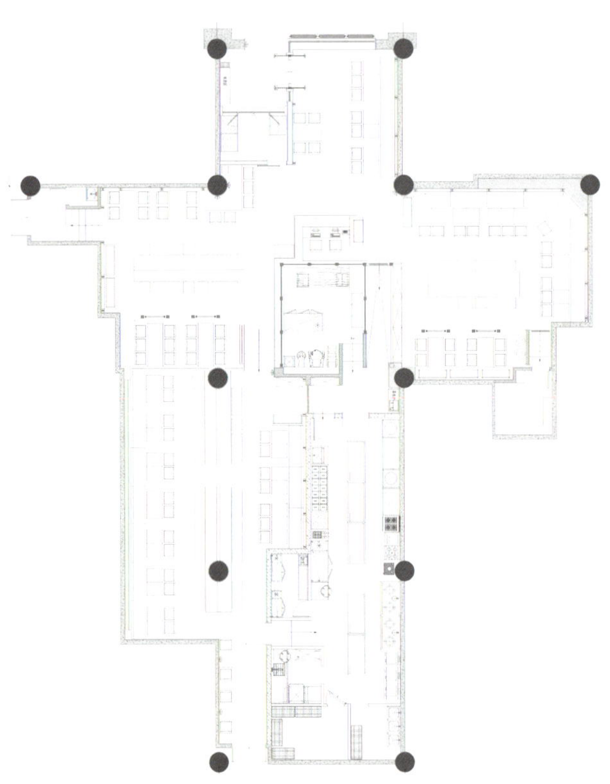

一层平面图

B12

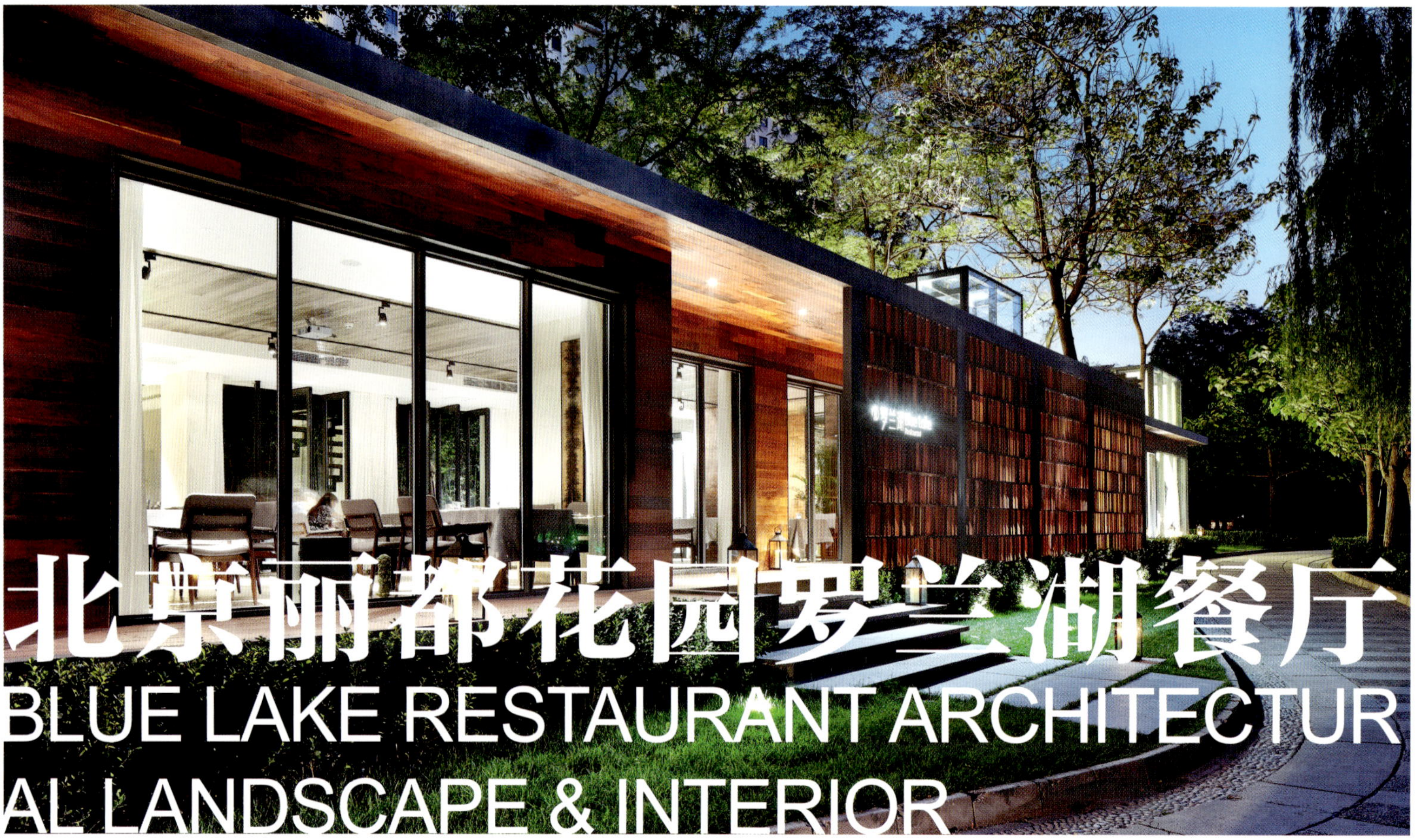

北京丽都花园罗兰湖餐厅

BLUE LAKE RESTAURANT ARCHITECTURAL LANDSCAPE & INTERIOR

项目名称 _ *北京丽都花园罗兰湖餐厅* / **主案设计** _ *陈贻* / **项目地点** _ *北京市朝阳区* / **项目面积** _ *900 平方米* / **投资金额** _ *1000 万元* / **主要材料** _ *大理石*

A 项目定位 Design Proposition

掩映环绕在密林缓坡上的一座既现代又极富自然体验感的建筑体。对于那些身心疲惫而想要暂时逃离喧嚣都市并纵情于自然同时又想体验时光慢慢流淌的人们来说这里绝对是一个足够吸引人的名副其实的宁静场所。

B 环境风格 Creativity & Aesthetics

他是一个独特的能够融合周边自然环境，从树林中生长出来，并且仍能使得原有建筑生命气息不受任何干扰而继续自然而然的运行并流淌出来的全新建筑。把自然协调成建筑背后的驱动力，将一个保留历史记忆的但却是跟周边的花园景致完全融合的建筑空间呈现给使用者。

C 空间布局 Space Planning

结合了东方的阴阳合一理念，构筑了明馆（玻璃馆）和暗馆（实体馆）两部分。并同时在整体平面布局中规划出一个私密的室内庭院。

D 设计选材 Materials & Cost Effectiveness

建筑外立面大量的运用透明中空玻璃及菠萝格防腐木，使整体建筑看上去虚实结合。

E 使用效果 Fidelity to Client

使用方结合此项目自然清新的特点，策划了众多的婚礼及宴会活动，使整个空间的运用更加的具有多变性和丰富性。

Blue Lake
Restaurant

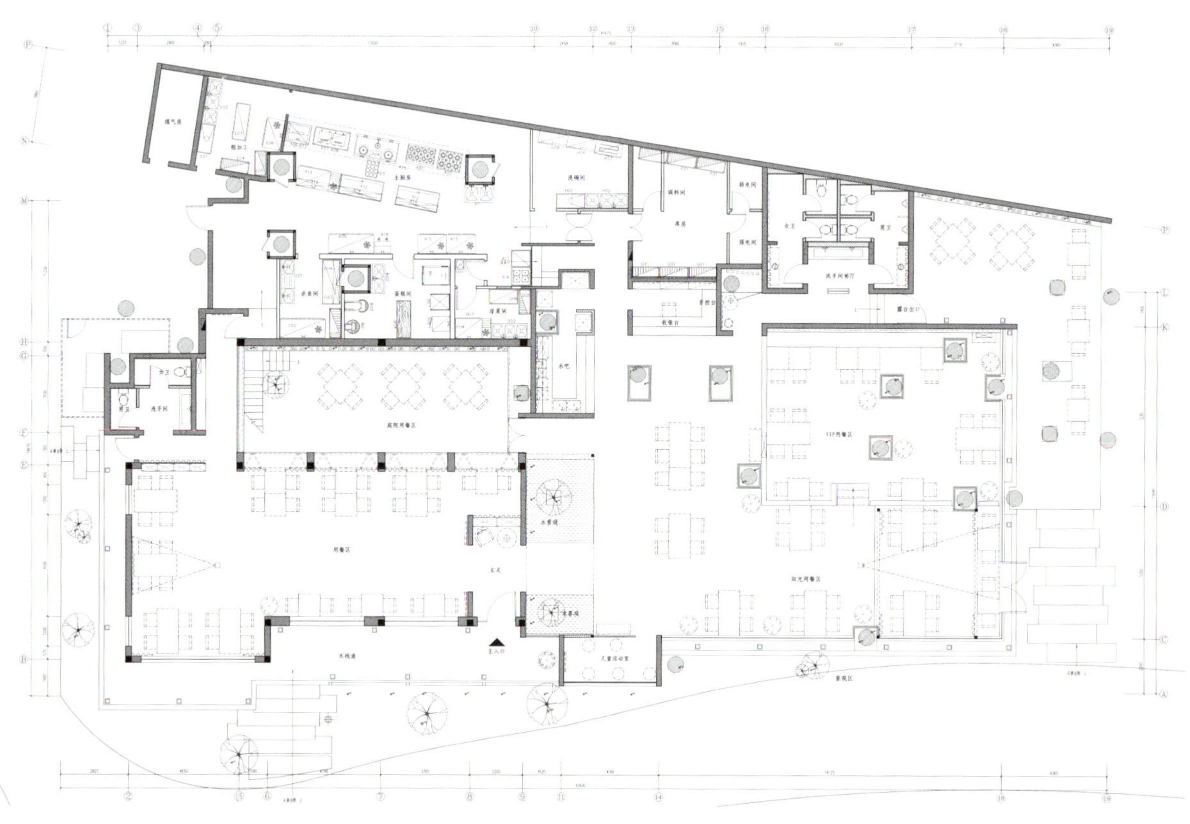

一层平面图

北京侨福芳草地小大董店

XIAO DAODONG ROAST DUCK RESTAURANT

项目名称 _ 北京侨福芳草地小大董店 / **主案设计** _ 刘道华 / **参与设计** _ 陈亚宁、张怀臣、马东阳、陈双喜 / **项目地点** _ 北京市朝阳区 / **项目面积** _400 平方米 / **投资金额** _160 万元 / **主要材料** _ 高级定制家具

A 项目定位 Design Proposition

小大董，位于优雅购物、艺文荟萃的“侨福芳草地”内。亦小或大，小文艺青年的惊鸿一瞥，摇不尽的繁花迷离，在唇齿之间，为自己找个家，留恋，回味。

B 环境风格 Creativity & Aesthetics

小大董就好像大董的少年版，带着一丝青涩走出来的全新品牌，既文艺又带着大董精益求精的味觉体验。和商场一派现代气息不同的是，小大董给人感觉是中式风格里面带着怀旧及禅意的气息。

C 空间布局 Space Planning

聚落的架构理念，牵引着各区域的衍生。动线的韵律指引、及徽派建筑形式移入室内，仿若我们行径在村落的小巷内，忘却世间百态，只留得一身“清”。小空间大智慧，外看简洁内看细节，虚实相生，加以当代艺术的配饰点缀，赋予空间摇不尽的繁花迷离。

D 设计选材 Materials & Cost Effectiveness

水泥、锈板、仿旧木作。

E 使用效果 Fidelity to Client

大董的品质，雅致、轻松愉悦的就餐氛围，实惠的价位，评价自然高。

户外木地板
原石材踏步
消防
烟道
8m²
292.77m²
备餐间
蒸煮间
厨房
烤鸭间
118m²
洗碗间
10m²
粗加工间
10m²
14.21m²
冷荤间
12m²
保鲜库
6m²
冷冻库
6m²
更衣室
水吧台

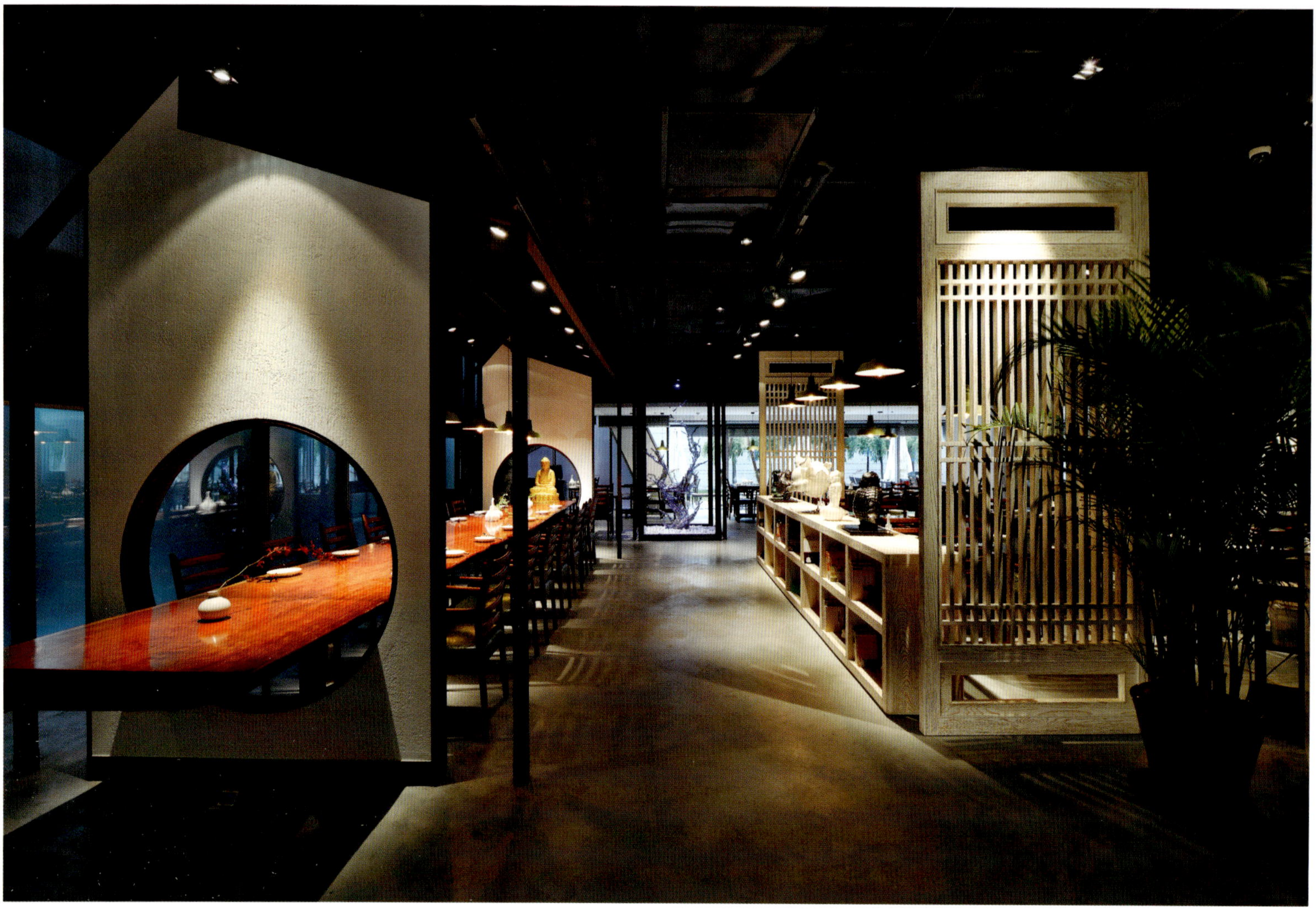

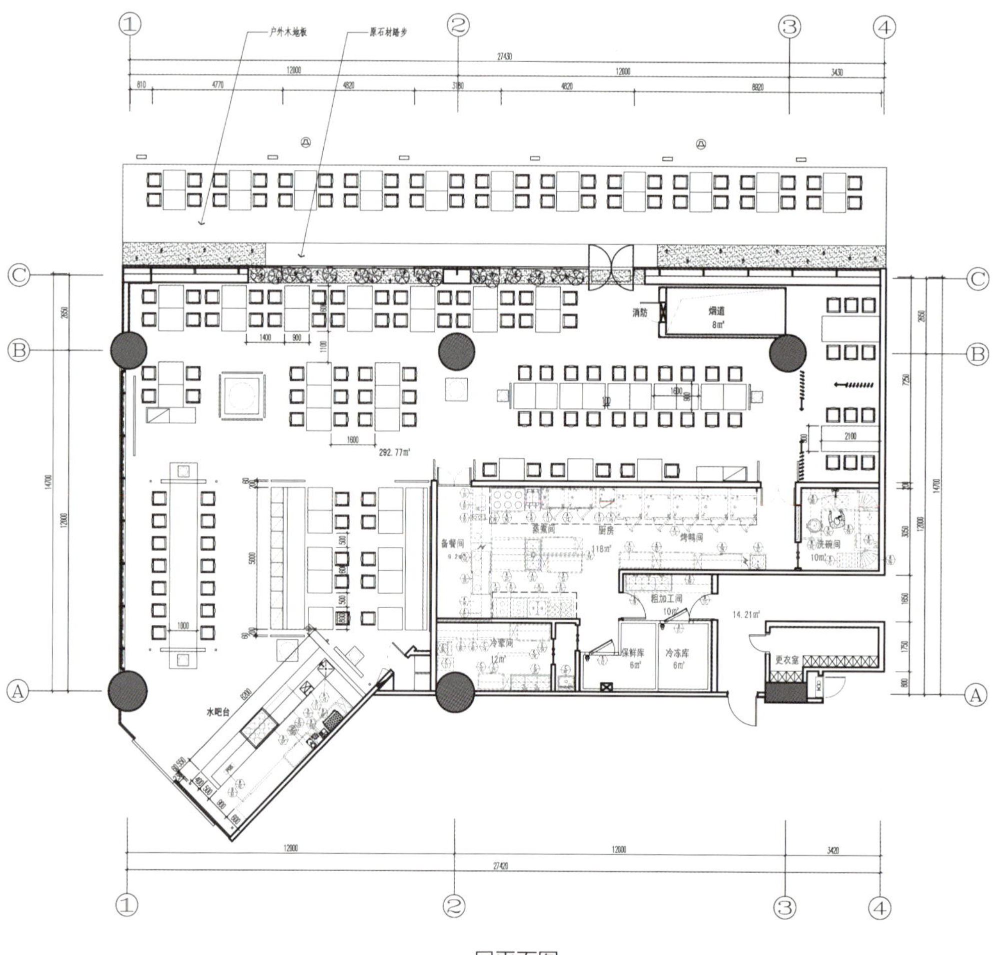

一层平面图

葫芦岛食屋私人餐厅
FOOD HOUSE

项目名称 _ *葫芦岛食屋私人餐厅会所* / **主案设计** _ *赵睿* / **参与设计** _ *燕群、刘方圆、曾庆祝、李龙君、伍启雕、邓猗夫、黄迎、郭春兴* / **项目地点** _ *辽宁省葫芦岛市* / **项目面积** _*2101 平方米* / **投资金额** _*500 万元* / **主要材料** _ *多乐士、雷士照明*

A 项目定位 Design Proposition

营造一个与环境融于一体的情感化建筑。

B 环境风格 Creativity & Aesthetics

设计师根据海边的地形面貌，以梯级线的设计手法来弱化建筑，让建筑更好的融入环境之中。保留了完整的植被，保持了原始生态而且让建筑更为松散自由，形成自然和谐的景观环境。

C 空间布局 Space Planning

在室内的空间设计上，为了增加情感和体现生活的痕迹并与时间的交错，设计师将建筑周围的树枝、贝壳、破碎的陶瓷等再次设计融入到其中，增强自然气息和生活本身的亲和力。

D 设计选材 Materials & Cost Effectiveness

许多装饰材料就地取材，应用该地区的资源，自然的材料，废旧的材料，经过自己加工改造再应用与建筑中，比如当地的海边贝壳，旧瓷器，树枝等等。该建筑为私人会所，主要为接待朋友旅客，不作主要商业行为，造价和选材上有所考虑且进行更为细致的筛选。

E 使用效果 Fidelity to Client

自然和谐，从同一个地方孕育出的环境。

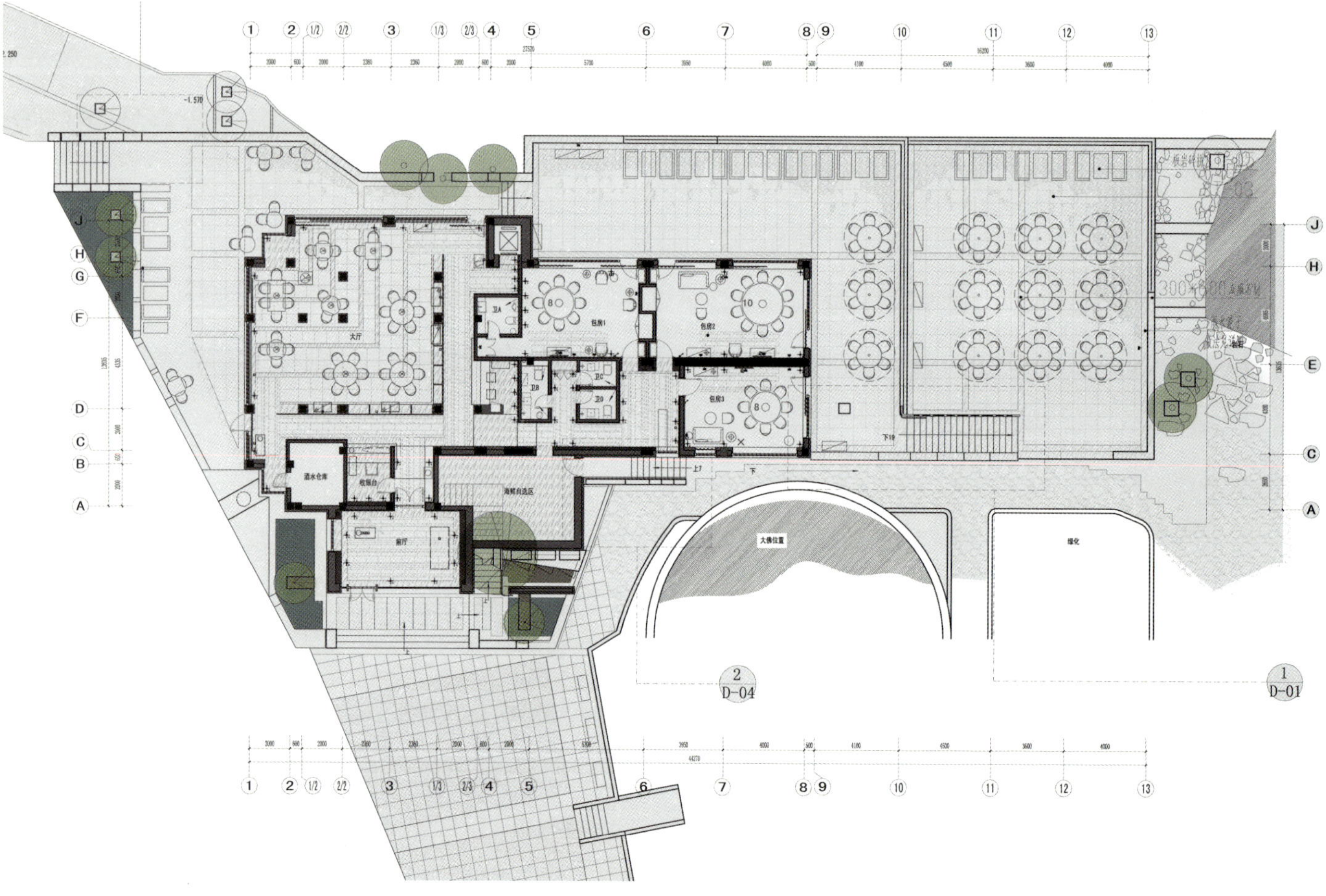

一层平面图

安全出口
EXIT

烟台九十海里新派火锅

YANTAI NINETY NM NEW HOTPOT

项目名称 _ *烟台九十海里新派火锅* / **主案设计** _ *王远超* / **参与设计** _ *王凡、王远超、何勇、庄鹏* / **项目地点** _ *山东省烟台市* / **项目面积** _ *2200 平方米* / **投资金额** _ *500 万元*

A 项目定位 Design Proposition

90 海里是一家新派火锅餐厅，浪漫的地中海风与中国传统饮食文化相融合的食尚空间。海蓝色旧木条板．锈铁与白色涂料结合船桨、浮漂、舵轮、仿真旗鱼、古帆船模型等航海风格配饰，营造了一种蔚蓝色的浪漫。复古栀灯，旧木吊灯的应用令人遐想。餐厅入口处船型服务台与古造船图背景墙相映成趣。

B 环境风格 Creativity & Aesthetics

海蓝色旧木条板．锈铁与白色涂料结合船桨、浮漂、舵轮、仿真旗鱼、古帆船模型等航海风格配饰，营造了一种蔚蓝色的浪漫。复古栀灯，旧木吊灯的应用令人遐想。餐厅入口处船型服务台与古造船图背景墙相映成趣。一层“东经区”，感受漂浮在岛上的风情与浪漫，放眼窗外，翻滚的波涛，翱翔的海鸥尽收眼底。

C 空间布局 Space Planning

一层“东经区”，感受漂浮在岛上的风情与浪漫，放眼窗外，翻滚的波涛，翱翔的海鸥尽收眼底。一层“北纬区”可以欣赏璀璨的星空，繁星的点缀使就餐环境更贴近自然。二层包房以岛命名，岛名印在仿古书封面挂于包房厚重的木门上。神秘的航海图，经典老海报的点缀使餐厅处处散发着悠闲浪漫的情怀。三层的“夏威夷群岛”，几艘木船隔出了宽敞而又相对独立的餐位，让孩子有足够的空间在身边玩耍，厚重的木梁结构充满原始的粗犷美。凭窗望去，依旧是那片海，只因所处环境不同，感受才不同。

D 设计选材 Materials & Cost Effectiveness

使用做旧木板、锈铁与白色涂料结合，各种仿真模型。

E 使用效果 Fidelity to Client

得到了业主的肯定。

4500
950
2277
950
等候区 10M²
上坡道
订餐收银
库房 9M²
酒水展示
标志物艺术品
服务工作台
调料自选台
1/F八角厅 (60餐位) 144M²
(18M²) 男
女 (18M²)
上17步
1600
1200
2300
备餐间 21M²
功能由使用方布置
烧烤房 10M²
1/F南厅 (38餐位)

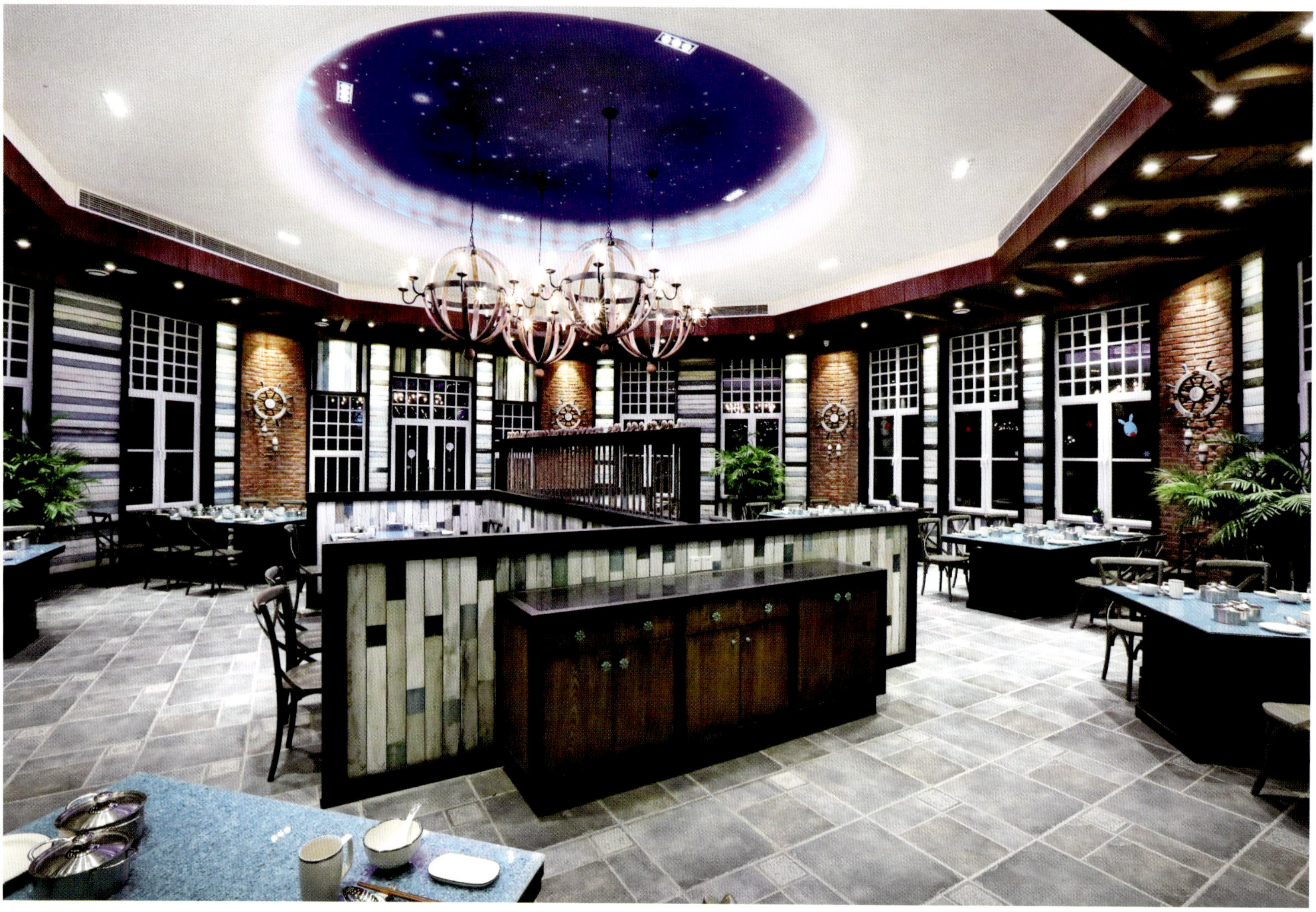

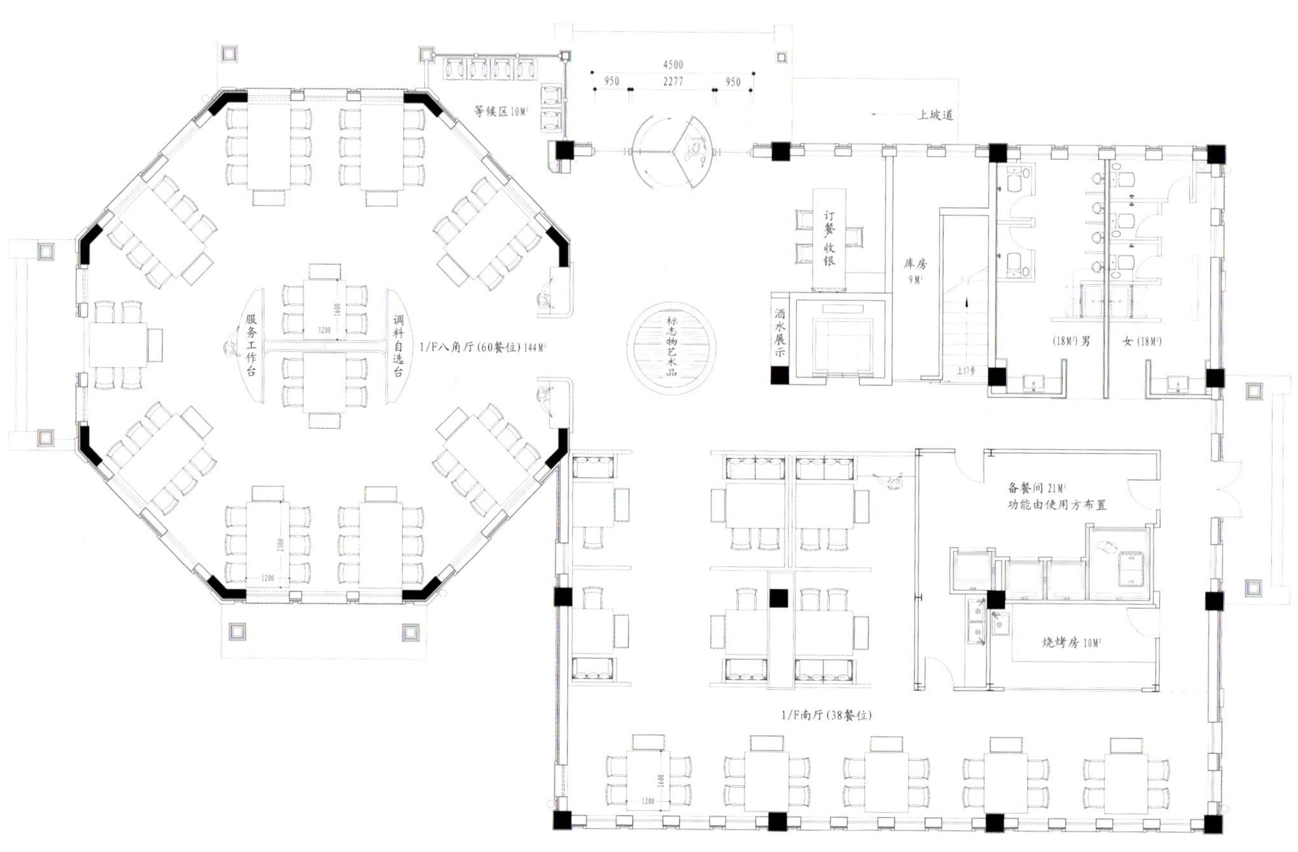

一层平面图

东经41°

VBR
07

MICHAEL
JACKSON
Pinocchio

209 (33M²)
208 (33M²)
207 (33M²)
206 (19M²)
男 12M²
女 8M²
酒水库 (16M²)
201 (35M²)
下
上
2/F包房层 (84餐位)
205 (19M²)
备餐间 (22M²)
204 (35M²)
203 (35M²)
202 (37M²)

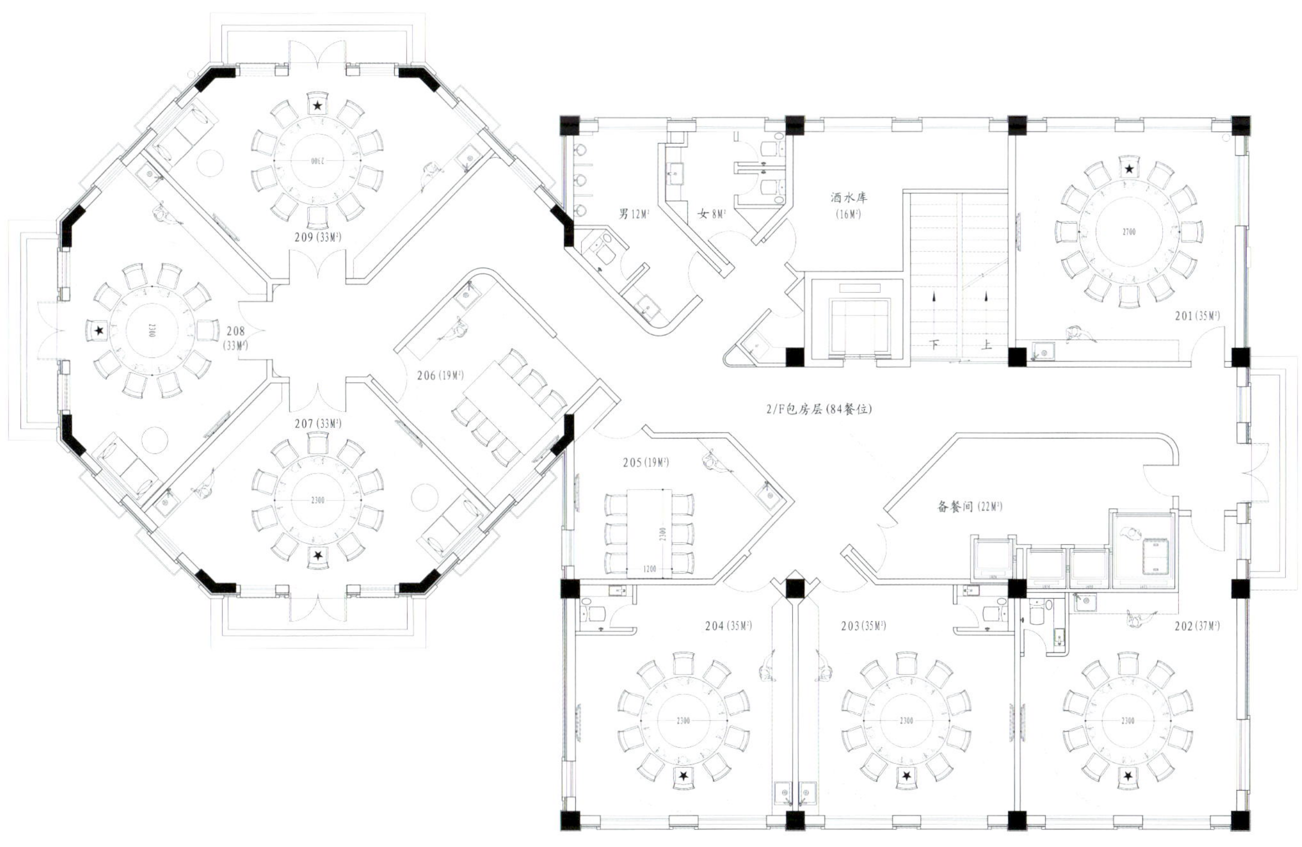

二层平面图

长临河－徐州淡水渔家

LONG KANAWHA - XUZHOU FRESHWATER FISHING

项目名称_长临河－徐州淡水渔家/**主案设计**_冯嘉云、陆荣华、铁柱、刘斌/**参与设计**_/**项目地点**_徐州云龙万达广场三楼/**项目面积**_280平方米/**投资金额**_250万元/**主要材料**_水泥板、石材、钢板、玻璃、老木板、墙纸打印图案

A 项目定位 Design Proposition

与很多餐饮业态不同，在设计策划与市场定位上，“淡水渔家”不是完全遵照万达广场国际化调性，而是另辟蹊径形成差异特色，即勾画了一个散发历史韵味的“都市里的渔村”，整个空间充盈着野趣与自然意向，既符合徐州区域气质（历史名城），又一目了然主题鲜明点出业态属性一以鱼为主打。在消费层次定位上，价格与服务特色吸纳“快食尚”餐饮的精髓，通过空间体验提高“翻台率”，促进经营利好。

B 环境风格 Creativity & Aesthetics

在空间环境塑造上，注重了情境意识的表达，境渔村、渔船、船桨以及大面积做旧老木头等陈设与主材，自然而然让目标客群进入“渔歌互答，渔舟唱晚，宠辱皆忘”的渔文化氛围及相关的厚重记忆感当中，使就餐环境纳入到温馨、放松又不乏江湖的古道热肠。

C 空间布局 Space Planning

在空间布局考量上，吸收了渔船的内部特征，并针对购物中心客群基数大、流动性强的特点进行了统一中有变化的空间切割，如等候区的适当比例放大、秩序感的横竖向半虚隔断与似然散点的空中陈设交融、虚墙与实墙的交叉对比等，着意与“船”意向的营造。

D 设计选材 Materials & Cost Effectiveness

水泥板、老木板、石材的大面积使用，奠定了整体的空间基调——自然、粗狂富余内在张力，散发原始蓬勃的视觉感染力，非常契合“渔事”的历史维度，而绿色、橘红色家具大胆点彩，又使整体灰度的空间散发出生动的靓丽。

E 使用效果 Fidelity to Client

投入运营的前期阶段，通过店面视觉感染和营销上的“蓄水”及特色菜品，淡水鱼家的生意在三个月后出现大幅度激增，已经成为万达广场内餐饮业态口碑与重复消费的前三甲，消费频次与销售额后续发力强劲。

D18
D19

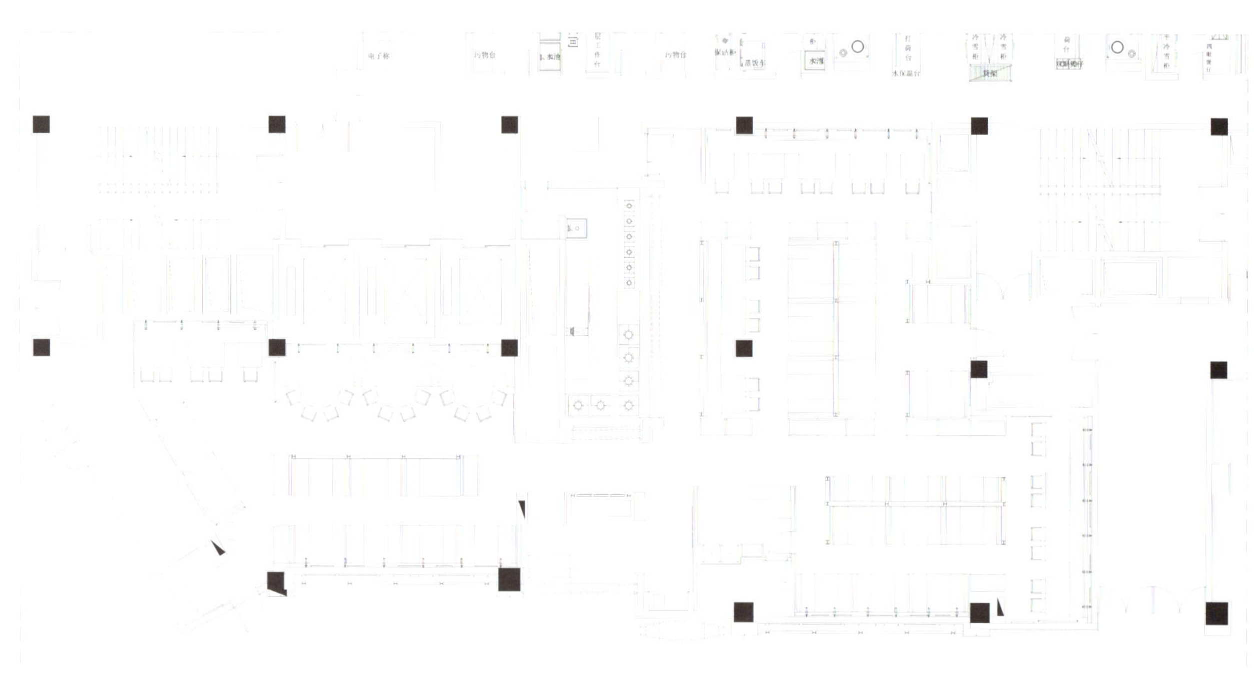

一层平面图

D33

同楽 WITH JOY

项目名称 _ *同楽* / **主案设计** _ *胥洋* / **项目地点** _ *江苏省镇江市* / **项目面积** _ *170 平方米* / **投资金额** _ *40 万元* / **主要材料** _ *旧杉木、多乐士*

A 项目定位 Design Proposition

老街的房屋都是老中式的旧屋，业主做的餐饮是本地第一家一新概念的餐厅，餐厅以接受预定一对一服务的方式，给一群要聚会的顾客，做一些便饭但菜品的样式比较独特，不局限于家常菜，也不局限于西餐，就如这个设计一样。老屋子自带的一些粗糙的特质，加之北欧的纯粹，无杂乱的干净度，高低家具的混搭，融合贯通了整个空间。

B 环境风格 Creativity & Aesthetics

该空间营造了一种既休闲又耐人寻味的气氛，保留住原来老宅子过高的顶，未去过分的修饰它，反而利用它原有的优势更好的帮助了这个空间的造诣。西津渡是条老街，为了回应整个老街营造出一种文化的感觉，在设计上保留了宅子里原有的四个柱子和一面青砖墙，让房屋的某些地方回归到最原始的状态去融合了整个空间。让北欧里掺杂着不同的文化元素少部分。却又不显得整个空间凌乱。

C 空间布局 Space Planning

宅子里空间之间贯穿的深远层次，是打破了原先一间一间封闭的结构，加之后面的天井也是，这些都是老宅子固有的，为了让房子的空间更大，显得整个区域感觉是一体的，还要做到满足每个区域的功能性，这里的布局采用了避重避轻，用建筑的手法来演绎了室内。设计营造出了一种文化的气氛，看似是一种形式为一种神式服务，其实是做到了神形兼备。

D 设计选材 Materials & Cost Effectiveness

该项目用了保留的青砖、购买了些旧木杉和大量的白乳胶材料，在空间里不同的变化着，利用了三种元素来做成了一种特殊的氛围，加之特意选用了精致度的现代感家具来烘托了整个餐厅的品位和品质，在气氛营造上又有了让人对家的一个向往主题。

E 使用效果 Fidelity to Client

空间做完后业主满意度就已经很高了，加之餐厅只是网络运营，当很多顾客都是先冲着设计去消费，在空间里又久久不愿离去时，业主自然就更开心了。

17230
1800
1600
1800
10250
10350
4993
1800
979
1908
1800
979
3280

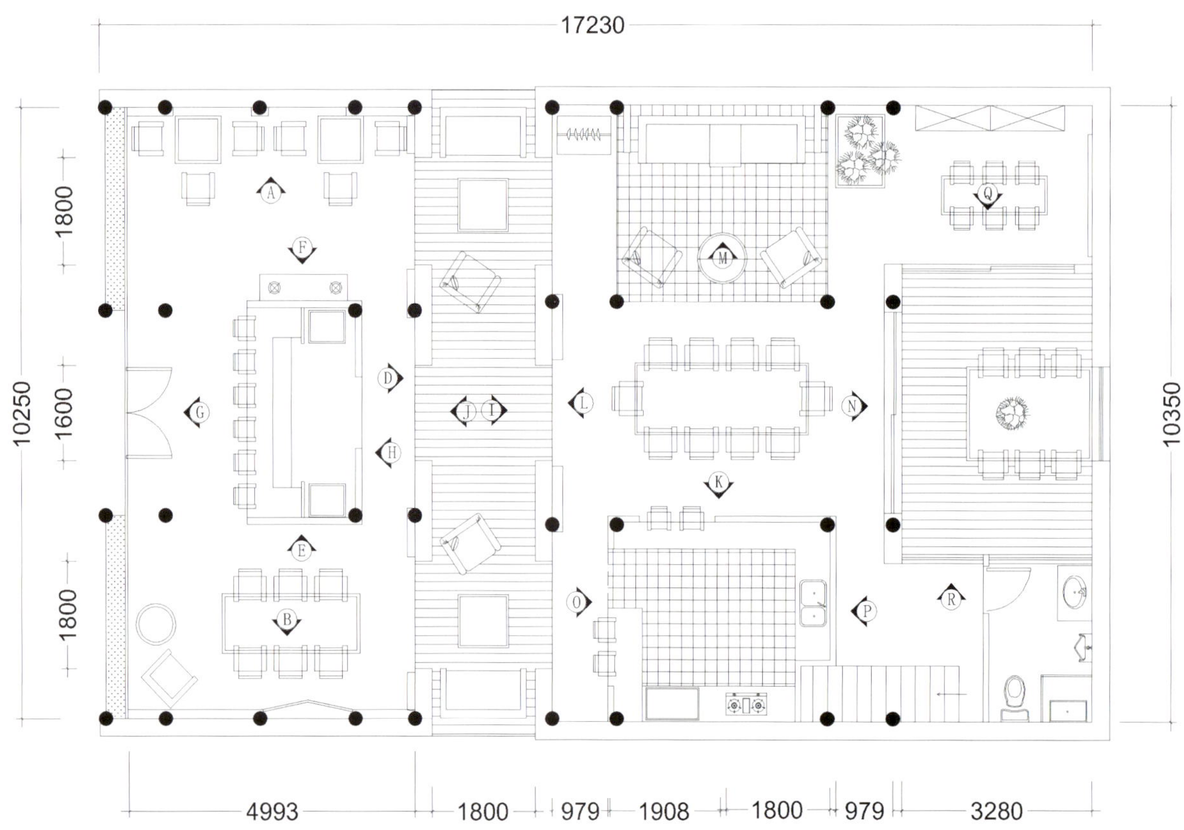

一层平面图

1.果香鸭腿
6.香煎鸭
送西瓜汁
菠萝紫米

宁静致远

SILENCE MAKES DISTANCE

项目名称 _ 宁静致远 / **主案设计** _ 王晚成 / **项目地点** _ 江西省南昌市 / **项目面积** _1000 平方米 / **投资金额** _210 万元

A 项目定位 Design Proposition

餐饮空间在外围为节省成本又做到美观，钢筋混泥土的结构裸露在表面。木质作为外墙。云境崇尚生态，绿叶和古门都能体现古韵气息。

B 环境风格 Creativity & Aesthetics

中西结合的时尚餐厅，空间的旧门为甲方早年间在乡下收集，餐饮空间大量运用早年间收集的材料，其他更多为淘宝材料。

C 空间布局 Space Planning

空间画布的挥洒、泼墨体现着宁静。灯光的运用恰如其分，宁静安详。墙面直接用青砖加白色石灰修饰，既做到了节约成本，又能大胆让人接近原生态。

D 设计选材 Materials & Cost Effectiveness

外墙的设计、空间布局错落有序，最大利用空间，座位紧凑有秩。

E 使用效果 Fidelity to Client

业主十分喜欢，效果很不错。

韩熙载夜宴图

露会所
LU CHAMBER

项目名称 _露会所 / **主案设计** _潘冉 / **参与设计** _易红 / **项目地点** _江苏省南京市 / **项目面积** _780 平方米 / **投资金额** _390 万元 / **主要材料** _WAC 灯具、科勒洁具、大津硅藻泥

A 项目定位 Design Proposition

创造一个满足多重营业功能叠加要求的复合型空间，为宾客提供高质量服务的会所类体验。在并不充裕的建筑本体内，最大效率的挖掘空间的可能性，同时兼顾到空间创作的艺术美感。

B 环境风格 Creativity & Aesthetics

一层卡座区域临窗而设，可以直接观赏到院落景观以及一街之隔的明城墙。

C 空间布局 Space Planning

一层功能区域以及流线走向清晰明朗，吧台区位于左侧最显眼的位置，散座区环绕吧台布置，在相对开阔的中心位置是供多人使用的拼接长桌。穿过那片“雨后森林”为主题的楼梯通过空间来到二层，红酒包厢和中餐包厢设立于此。

D 设计选材 Materials & Cost Effectiveness

1. 将艺术元素融会贯通到设计中
2. 乡野材料的点缀利用。

E 使用效果 Fidelity to Client

用 MIX&MATCH 的手法创作的气质清新感。

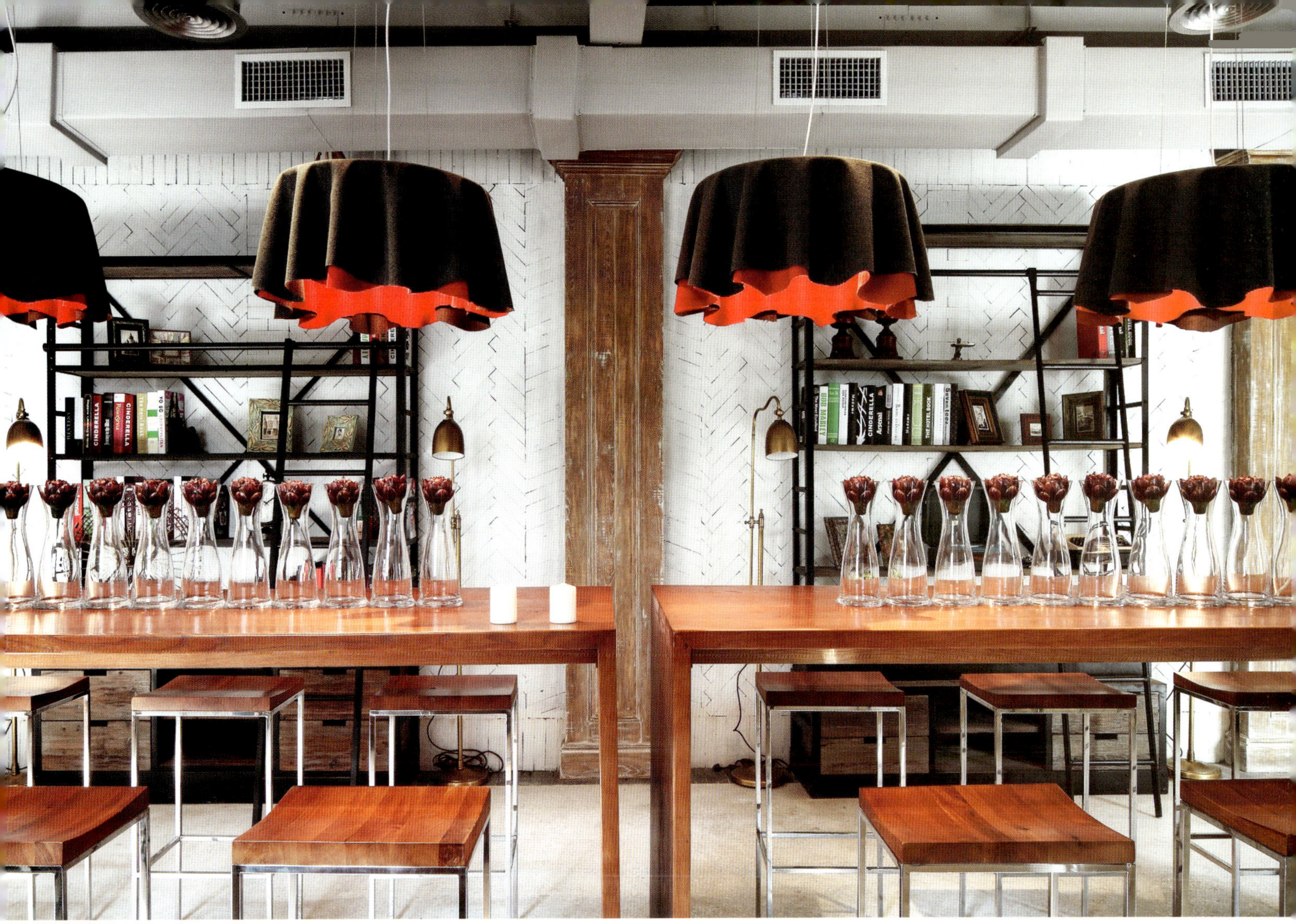

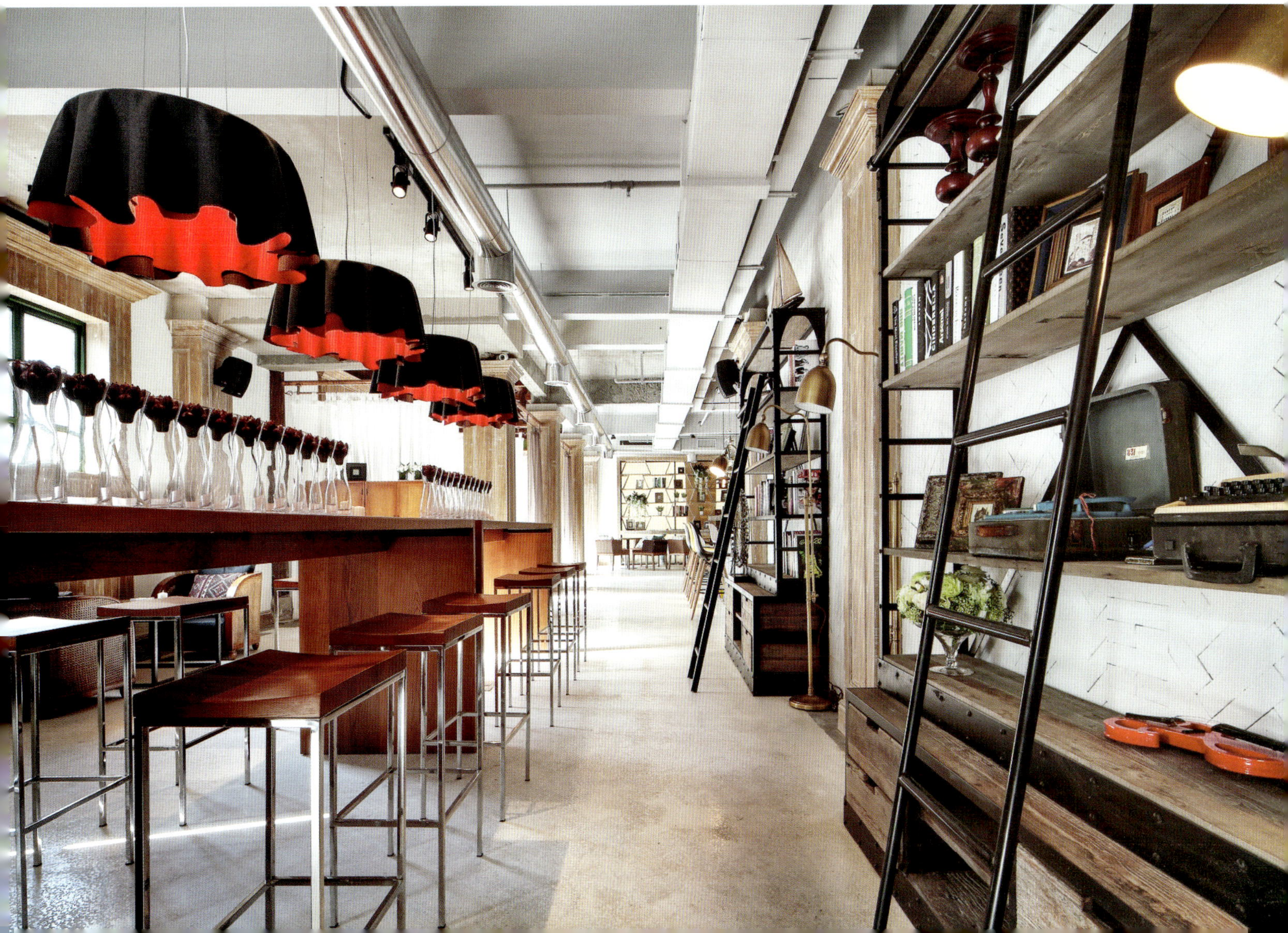

薄水池
0.100
-0.150
-0.150
±0.00
主入口
道
廊
次入口
男卫
女卫
盥洗区
吧台区
散座区
厨房
原有门常闭
水
水
±0.00
下
1.350

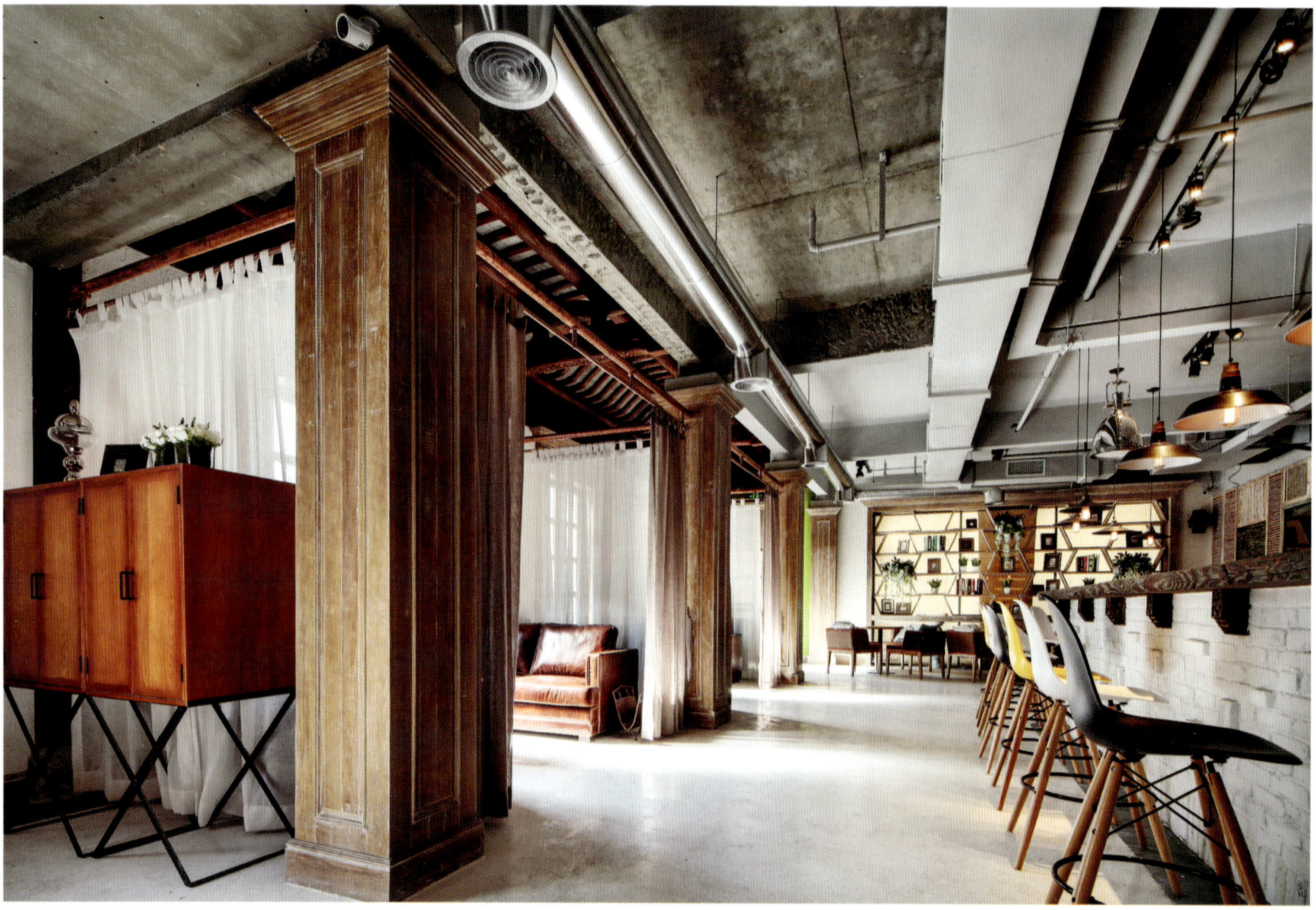

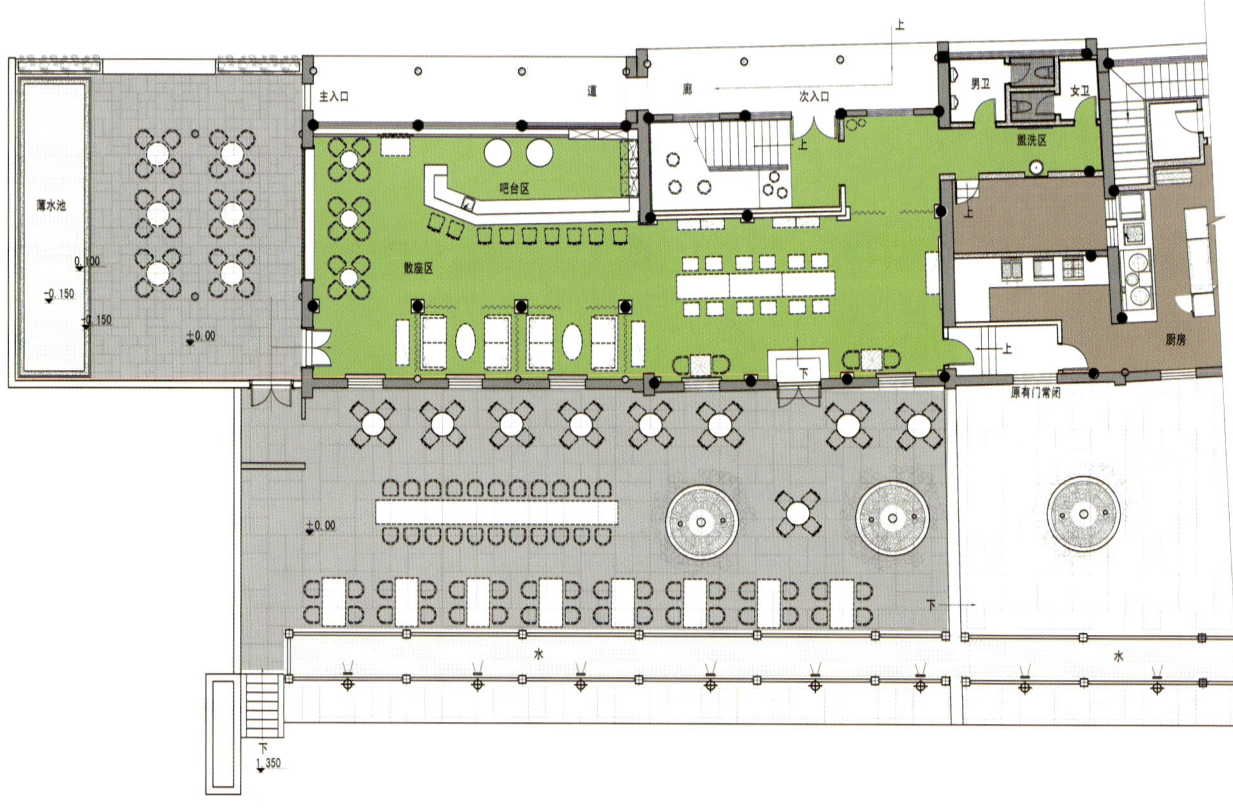

一层平面图

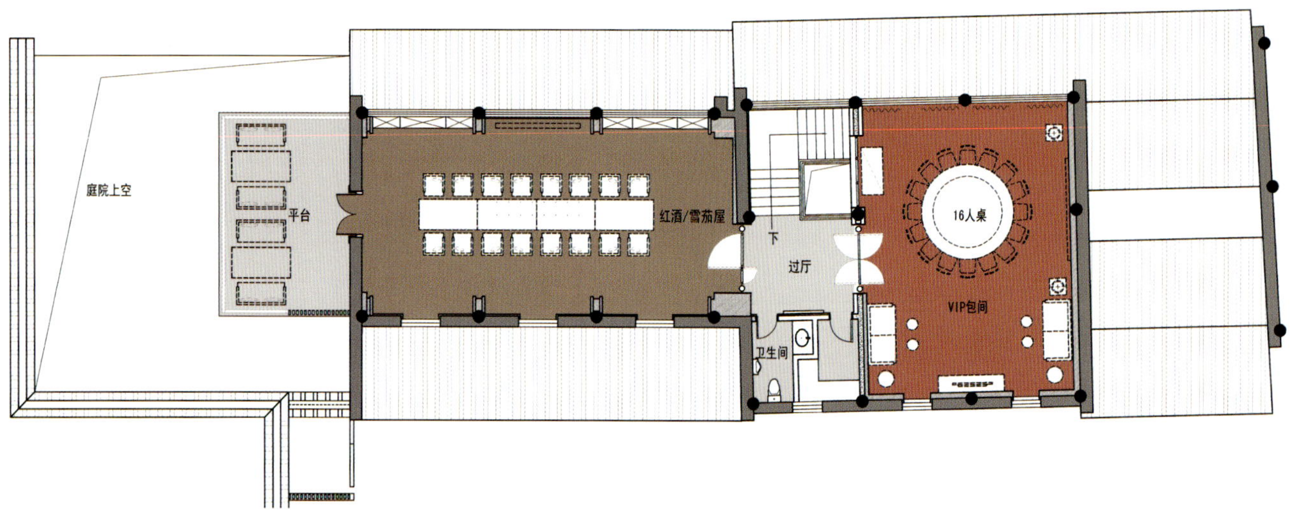

二层平面图

淮上豆腐酒店

HUAISHQNGDOUFUJIUDIAN

项目名称 _ 淮上豆腐酒店 / **主案设计** _ 张承宏 / **参与设计** _ 张承宏、徐川 / **项目地点** _ 安徽省淮南市 / **项目面积** _3229 平方米 / **投资金额** _1200 万元 / **主要材料** _ 自主品牌

A 项目定位 Design Proposition

本案是对既有建筑的改造，90 年代大楼的马赛克，本身就带有浓郁的时代特点。我们用同样原生态且更加古老和“简陋”的黑瓦、土胚墙、青砖，对建筑外立面进行了新的解构。最洋派的城市人，上溯三代，八成都是农村出身。这些元素构建的画面，恍如穿越，不张扬，却更有动人心扉的效果。方案所大量使用的瓦片、土胚墙砖、青砖、老木头、竹席，都是在当地收集到的旧建筑“破烂”。

B 环境风格 Creativity & Aesthetics

复古是永远的时尚，因为我们始终以时尚的语言去诠释和阐发传统。徽派建筑尤为注重设计和装饰元素的寓意，本案也不例外。例如用酒店门脸的色彩基调只用了青白两色，蕴含着“青菜豆腐保平安”的祈福。而几何构图的门廊屋顶轮廓，则采撷自“安”字的“宀”，结合下方的女性装饰图案，表达了对平安幸福的诉求。

C 空间布局 Space Planning

徽文化的根在村镇——安静的小街，灰瓦白墙，清晨伴随着炊烟，传来家家户户磨豆腐时石磨转动的声音，混合着柴火燃烧的味道，锅烧豆腐的味道，还有早餐的味道。设计团队想要在这个酒店的设计中表达的，就是对过去的回味。 安徽淮南是座煤炭重工业城市，也是皖北乡土文化色彩浓郁的城市。为淮南的本土餐饮企业设计，追溯汉朝王族的奢华，或者渲染道家玄学的飘渺，或者用当前时髦的“简约古韵”，我们觉得都不是最佳选择。

D 设计选材 Materials & Cost Effectiveness

本案的内装饰，也沿袭了建筑改造的整体设计风格。天花满铺竹席、设计灵感来源于竹毛刷的灯饰装置、石磨、土缸、土盆、土缸、土布篓、平子格——所有这些设计语言，营造的氛围都是古拙的、简单的、乡土的幸福味道。

E 使用效果 Fidelity to Client

本案的最大设计心得，是我们发现，能用简单、朴素的语言，能够引发更多的人对旧时光的留恋与共鸣，也是莫大的成就与快乐——而这与设计费和造价之间，其实并无干系。

厨房(由厨房厂家深化设计)
S:338㎡
体验区
S:156㎡
散座区(78人)
S:136㎡
客房电梯
备餐柜
大厅
S:217㎡
过厅
豆腐文化展示

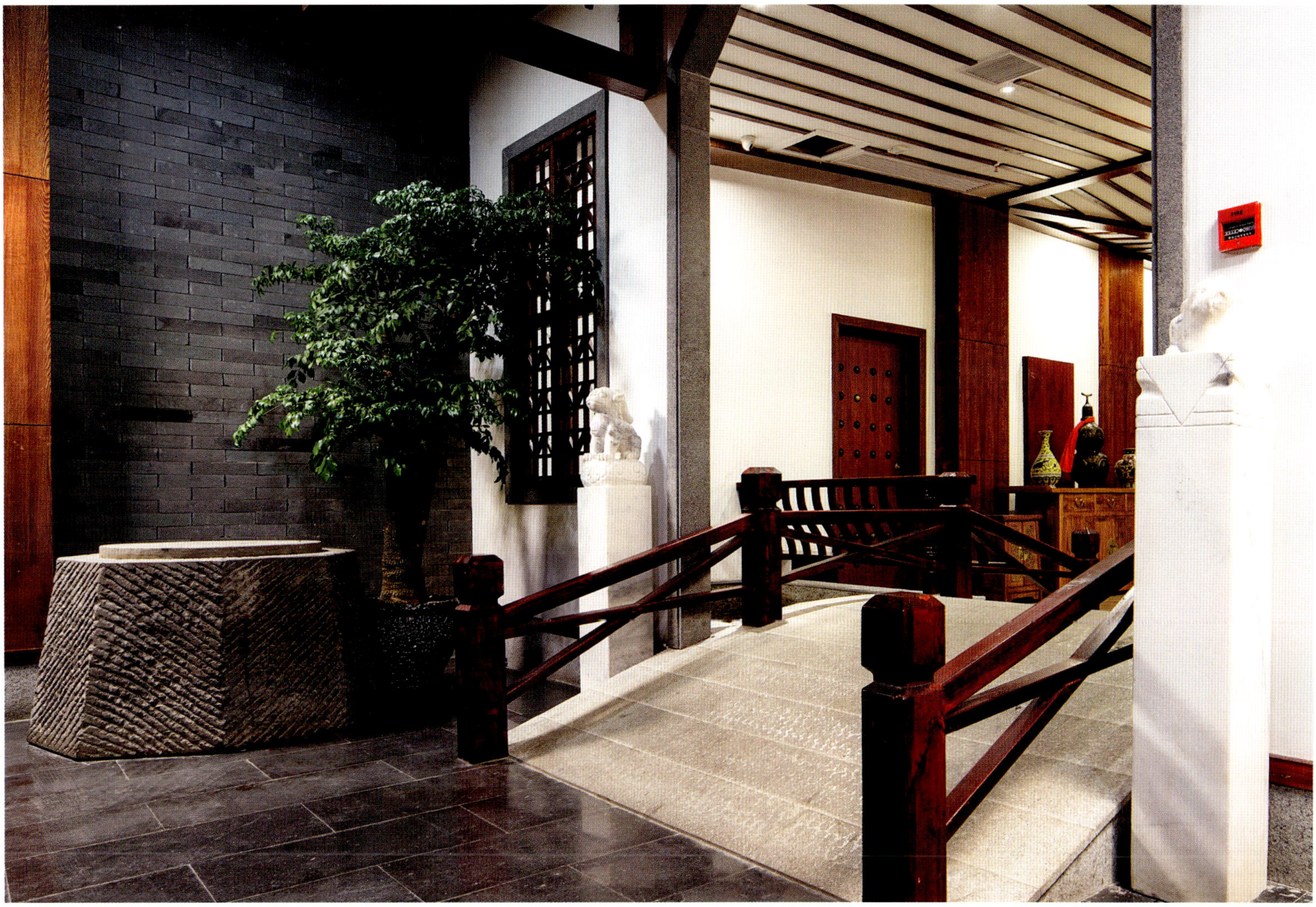

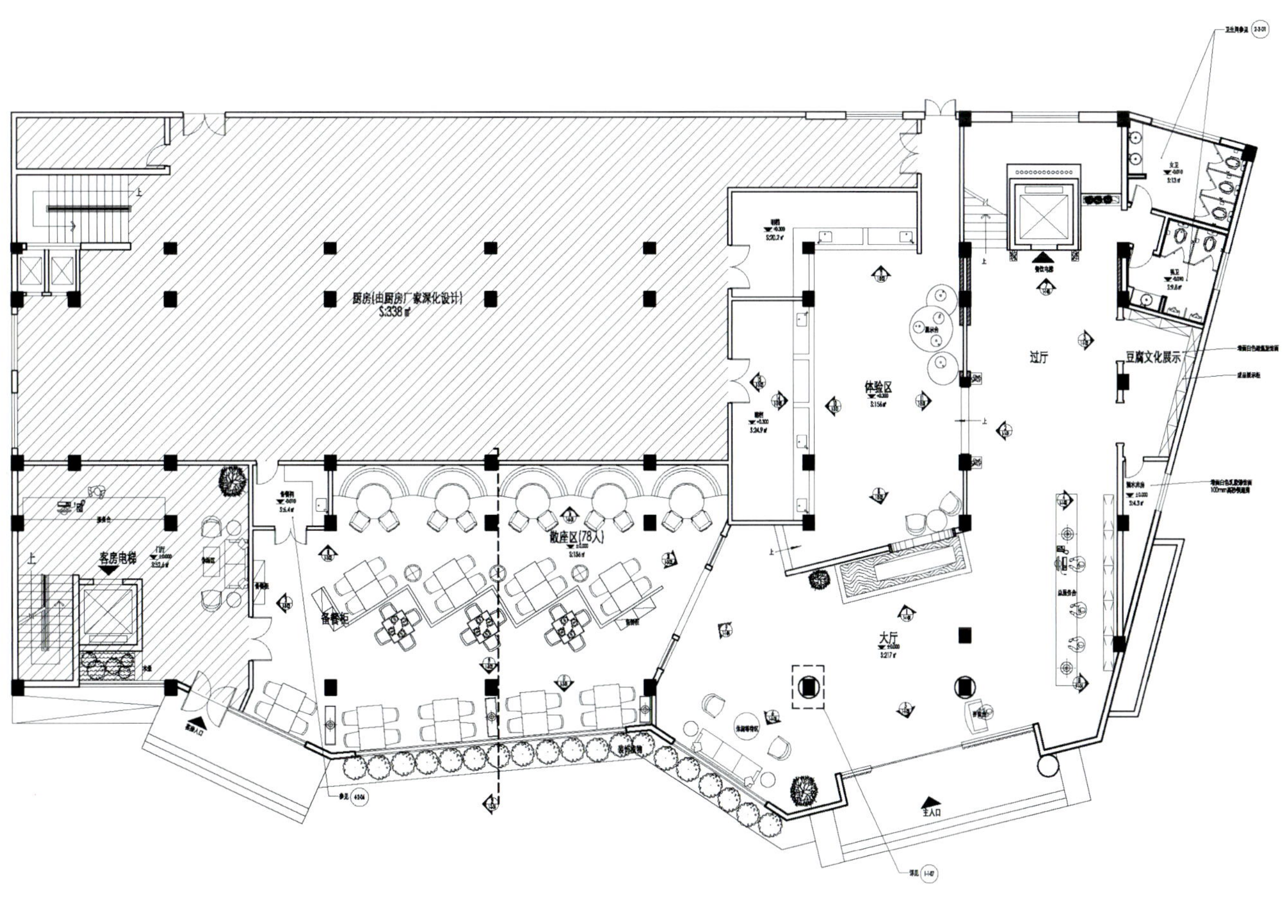

一层平面图

Shopping
购物空间

泡泡艺廊
P.p Design Gallery

苏州自在复合书店
Suzhou Zizai Bookstore

流动·厦门ALVIN高级定制摄影会所
Xiamen Alvin Bespoke Photography Club

西安大明宫万达广场
Xi'an Daming Palace Wanda Plaza

邱比特之舞·金吉泰光之廊
LIGHT GALLERY

新世纪食品城世博源店
NEXTAGE FOOD MARKET (ShiBoYuan)

宁波狮丹努集团面料展厅
Sedunno Material And Product Center

芝度法式烘焙馆·建政路店
Chido French Bakery(JianZheng Road)

寻茶
DISCOVERSAVOU

保利·珠宝展厅
POLY JEWELS

泡泡艺廊

P.P DESIGN GALLERY

项目名称 _ 泡泡艺廊 / 主案设计 _ 毛桦 / 项目地点 _ 深圳 / 项目面积 _340 平方米 / 投资金额 _78 万元

A 项目定位 Design Proposition

泡泡艺廊，它位于深圳市南山区华侨城 OCT 创意文化园北区。这个漂亮时尚的艺廊汇集了来自世界各地极具创意的设计品牌，将国际炙手可热的设计产品呈现于世人的眼前。

B 环境风格 Creativity & Aesthetics

在他们的设计中，我们能够强烈地感觉到经典的欧洲风格与东方审美相互融合，而那些直接源自国际品牌的独具匠心及高品质的家具和家居饰品更为他们的设计锦上添花。

C 空间布局 Space Planning

泡泡艺廊的开设是为了让更多的国内同行、客户、设计爱好者以及年轻的学子们能够足不出户与世界同步，及时了解最新的设计潮流，获得最前沿的原创设计理念。

D 设计选材 Materials & Cost Effectiveness

店内陈设的产品类别涵盖室内外家具、高品质的装饰品、极具设计感的灯具以及其他家居生活用品等，很多都是出自名家之手，为人们的生活带来别样的惊喜。

E 使用效果 Fidelity to Client

很好。

30185
200 3945 1333 5127 1050 6780 1320 150 900 4625 3395 1110 250
200 3945 1190 9000 8410 7190 250
30185
11280
200
8000
3080
200
2480
1110
120
5665
155
1550
11280

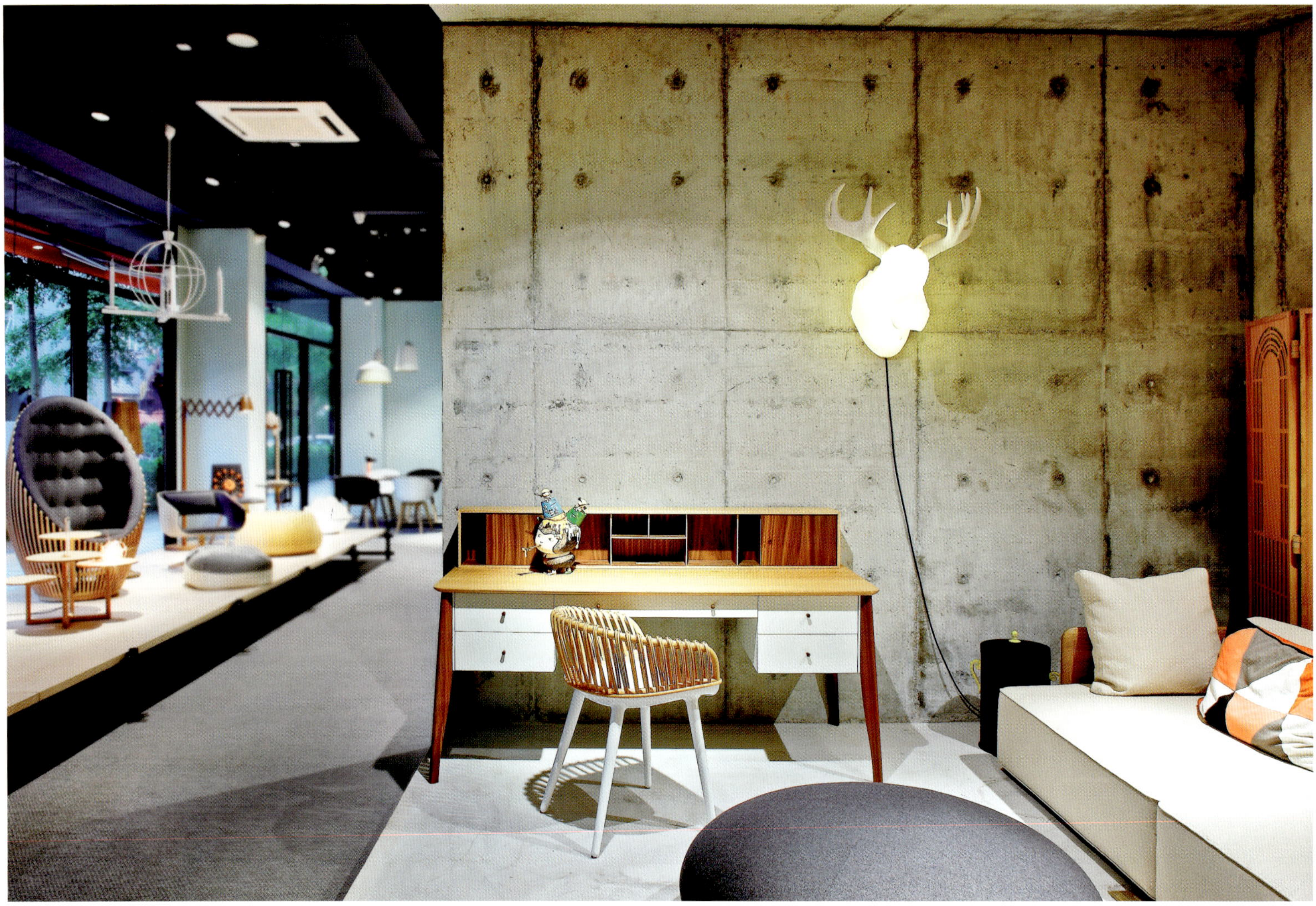

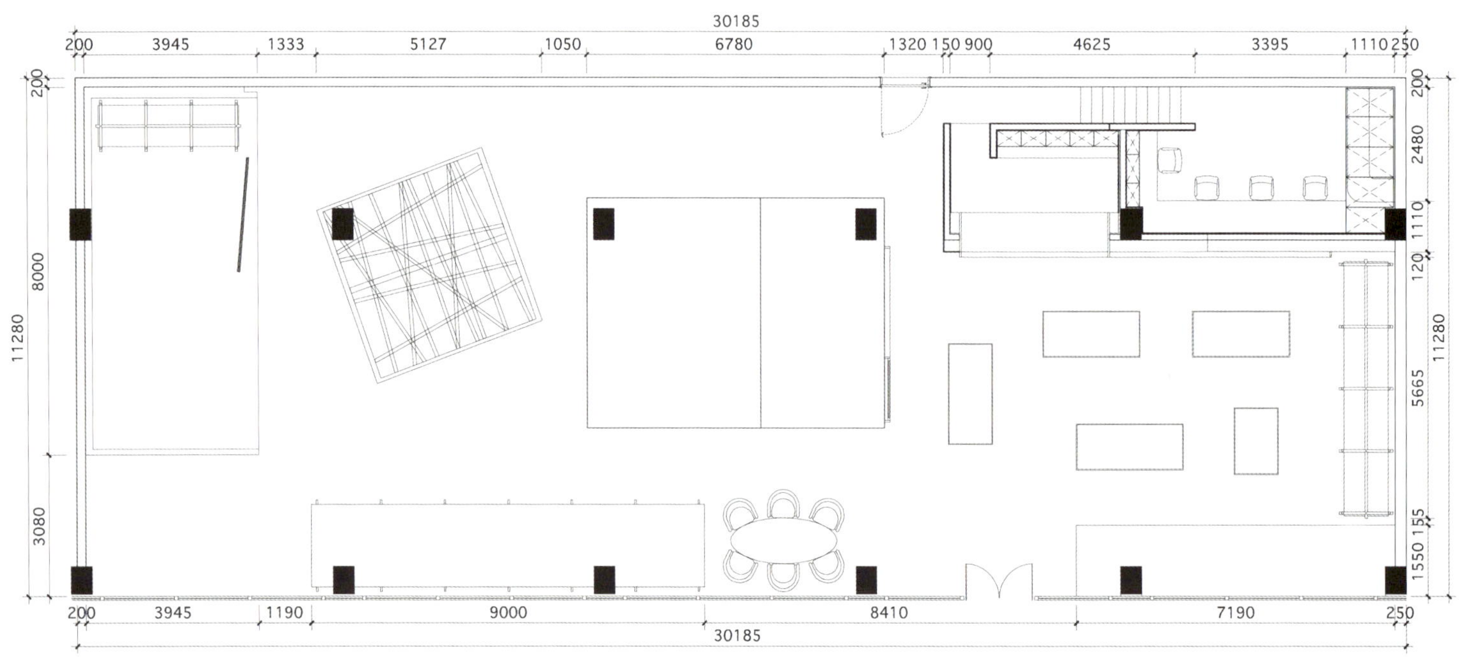

一层平面图

苏州自在复合书店

SUZHOU ZIZAI BOOKSTORE

项目名称_苏州自在复合书店 / **主案设计**_ASMA HUSAIN / **项目地点**_江苏 苏州市 / **项目面积**_13000 平方米 / **投资金额**_390 万元 / **主要材料**_威盛亚防火板

A 项目定位 Design Proposition

自在复合书店是凤凰传媒打造的新的独立书店品牌，位于苏州凤凰文化广场，融合出版物、文创产品、咖啡、传统手工艺品，是一个全新、创新的文化场所。

B 环境风格 Creativity & Aesthetics

凤凰苏州书城阅读区。繁华竞逐地，唯心清宁。阅读无忧，运筹帷幄。

C 空间布局 Space Planning

取名“自在”，顾名思义一切按照自己的心意，可以安静的看书，悠哉的闲逛，或者坐在窗口品味一杯咖啡，都是一件惬意的事情，坐在窗口就可以望见星海广场至湖滨广场的众多高大建筑，在这种氛围下，感觉安静舒适。

D 设计选材 Materials & Cost Effectiveness

书店内部书架，书柜，家具，桌椅均采用原色木制品，在品味书香的同时给人清新自然的感觉。

E 使用效果 Fidelity to Client

开放以来，受到各方关注，被称赞为“中国最美书城”。店内商品面向城市中高阶层消费者。

办公室
储藏室
合作品牌专柜区
合作品牌专柜区
接待台
检修储藏室
书架区
书架区
书架区
VIP咖啡区
杂志架
橱窗展示区
杂志架
橱窗展示区
杂志架
产品展示区
IT机房
咖吧
蛋糕柜
咖啡散座区
书架区
咖啡厨房操作区
入口
入口
咨询台
等位
写字台
明信片架
产品展示区
原文书籍
储藏室
储藏室

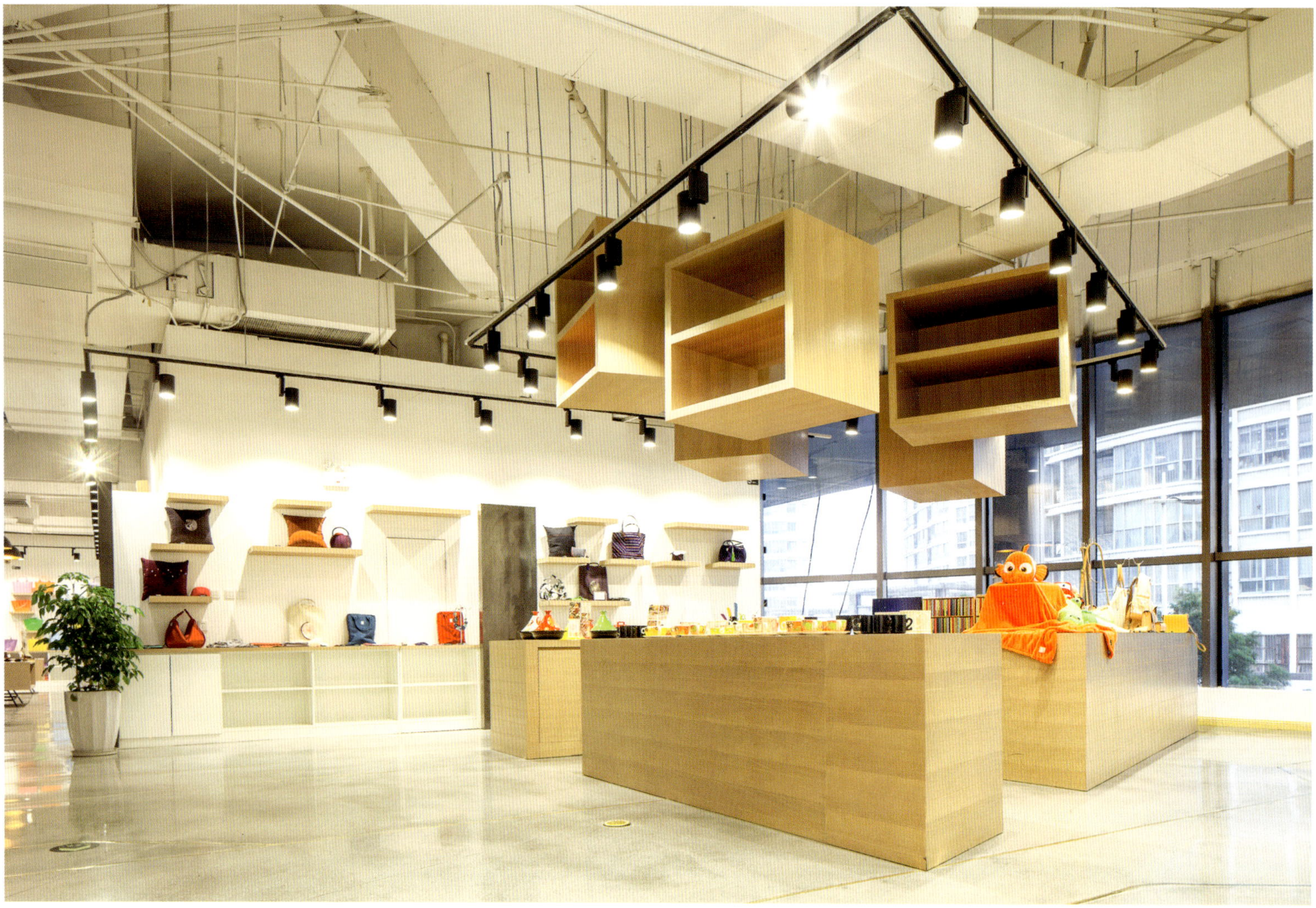

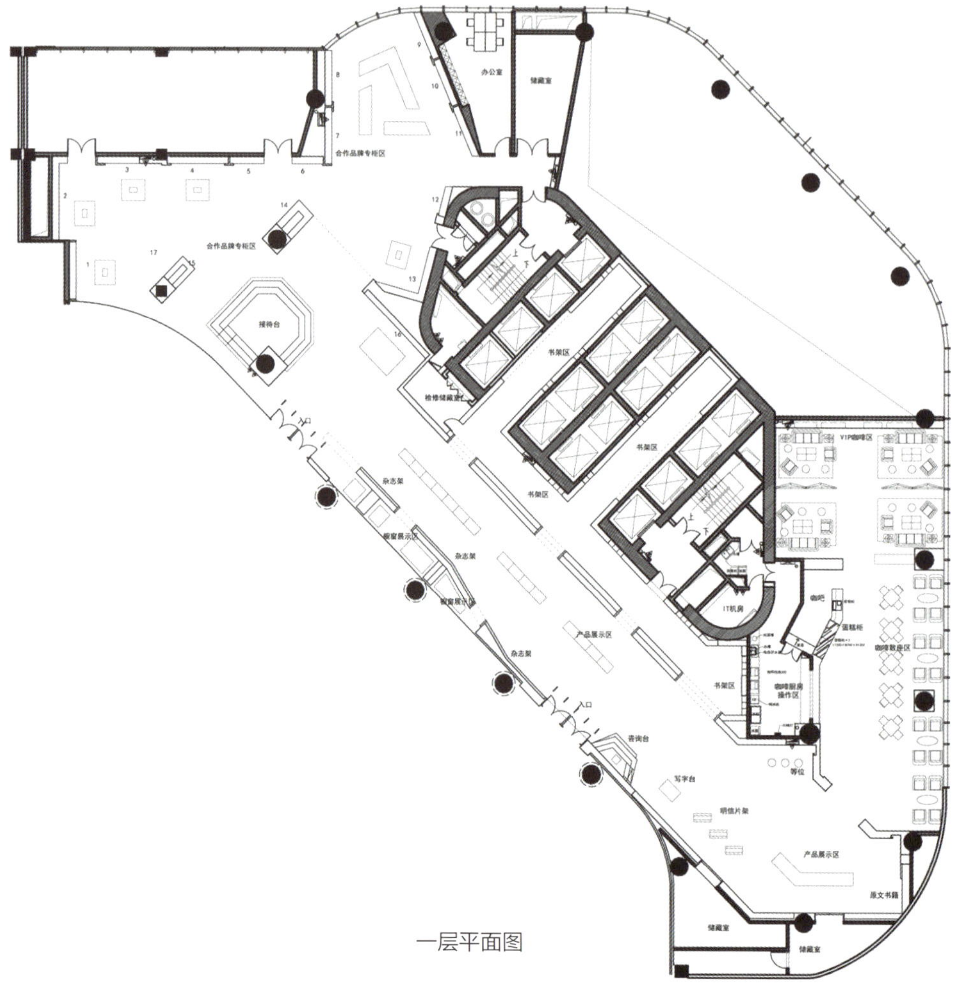

一层平面图

流动·厦门 ALVIN 高级定制摄影会所

XIAMEN ALVIN BESPOKE PHOTOGRAPHY CLUB

项目名称 _ *流动·厦门 ALVIN 高级定制摄影会所* / **主案设计** _ *翁德* / **参与设计** _ *梁剑峰* / **项目地点** _ *福建省厦门市* / **项目面积** _ *130 平方米* / **投资金额** _ *70 万元* / **主要材料** _ *德国马宝壁纸、黑白根大理石、古木纹大理石、亚克力垂直帘、钢化玻璃、明镜、西顿照明*

A 项目定位 Design Proposition

ALVIN VISION 已被公认为是婚纱摄影的行业指标，任何一个看过 ALVIN VISION 婚纱摄影作品的人都会被其唯美的色彩和自然的幸福美感所打动。 ALVIN 定制摄影会所，市场的定位是局限于高端群体特定目标的服务，这里隐藏的是一种品牌的态度和方式：高贵性、私密性的享受，宁静内敛。提供着与个人身份相符或更高级别的服务、带来人文文化和商业化的环境，也给客户在此获得最高的服务附加值。

B 环境风格 Creativity & Aesthetics

无论流行风格如何变迁，现代奢华始终是人们的心中的最爱。奢华不是一种风格，不是镶金戴银而是一种态度，目的是为了一个可感受的，而非想象中的生活。奢华的空间定义不是高不可攀，而是细腻的风格描写加上丰富的设计机能贯注。因而让空间不再只是单纯的空间，它让人们再其中体验到一种有意义的空间感受。

C 空间布局 Space Planning

此次为 ALVIN 会所进行室内设计，企图解决客户那五十件顶级婚纱的收纳与展示，既满足了客户的功能需求同时，在规划上的布局灵感源自于集装箱体，整个平面布局就是一个个的集装箱，每个箱体有着它独特功能，每个功能同时又表达着它特有的性质。

D 设计选材 Materials & Cost Effectiveness

为了解决每个箱体的不受压迫与通透感，所以每个箱体都是采用玻璃围合。地面都是流水，在流水的映衬下犹如水中浮出的建筑概念。运用暗色亮面石材、金属、镜面、皮革等极具现代感的材质去表现高调奢华特有的素材。 以暗调灯光氛围来表达高雅品牌的形象，它不过于前卫，也不会过于华丽，它继承了日式的设计精细、欧式华美的传统，用凝练的色彩与线条构筑起最简单与华丽的感受方式。

E 使用效果 Fidelity to Client

投入运营后，该会所获得客户的交口称赞。吸引了很多潜在客户。为了更加强化人们对这个新开的定制摄影会所品牌的认知，设计师也无处不在设计中融入了 ALVIN 几个设计字母为设计元素，令整个设计概念更引人遐思。来凸显整个品牌，提升其品牌价值。

14140
210
570
7580
610
4960
610
210
VIP休闲会所
伴水过道
单品展示区
婚纱陈列区
更衣室
化妆间
入口
10390
10600
5120
5940
120
1660
120
5880
13720

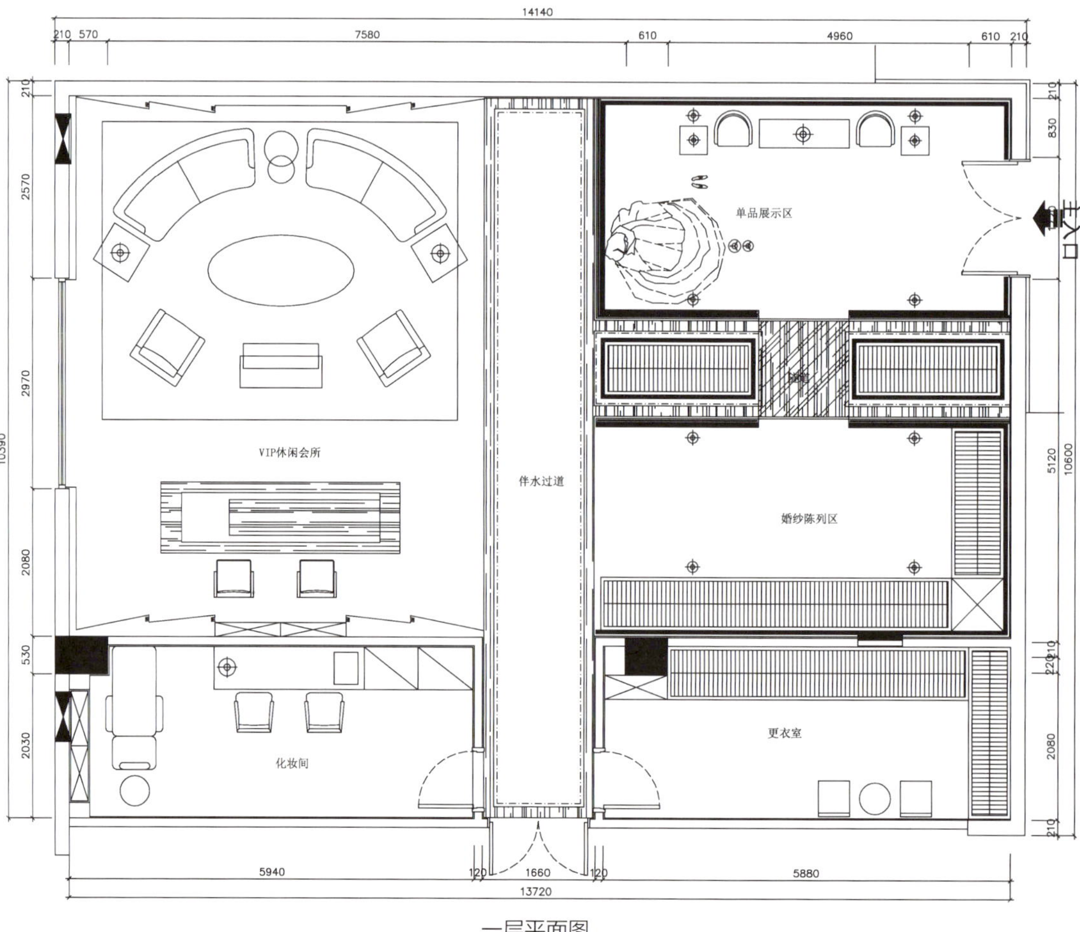

一层平面图

西安大明宫万达广场

XI'AN DAMING PALACE WANDA PLAZA

项目名称 _ 西安大明宫万达广场 / **主案设计** _ 冯厚华 / **参与设计** _ 谢贯荣、何家乐 / **项目地点** _ 陕西西安市 / **项目面积** _650000 平方米 / **投资金额** _100 亿元 / **主要材料** _ 九牛、三雄、TCL、东陶、汇泰龙

A 项目定位 Design Proposition

开启了西安综合体时代，建成后成为李家村改造后新的商业核心，全方位满足和创造新的消费需求，有效拉动和刺激了消费，同时也带动了区域的产业结构调整。

B 环境风格 Creativity & Aesthetics

在注重商铺效益利用的同时，结合西安地域特色与流水的设计理念，将现代和古韵融合一体，为西安古城带入了现代购物体验的新风潮。

C 空间布局 Space Planning

整个商场的细部设计呈现“行云流水”的理念，其中扶梯设计在构思时，匠心独运地设计成由冲孔图案形成的流水图案，远看又像一个个古钱币的集合，又如雨滴从天幕中散下，放在中庭位置既象征财富的聚集，又给人视野增添了活泼的元素，为画龙点睛之笔。

D 设计选材 Materials & Cost Effectiveness

电梯厅设计时以块面处理的设计手法为了吸引人流，以及达到交通上的导示作用，利用超白玻璃整体透光的形式，细节上结合当地文化的图案元素，在玻璃上处理成镜面效果，让消费者在购物同时享受不一样的味道。

E 使用效果 Fidelity to Client

与西安古都文化气息相融，引导城市新一轮的消费格局更新。辅以万达集团 24 年商业品牌和客户的积累，以其“不动产运营城市”的经营哲学，全方位满足区域群众的消费需求，提高北城人民生活品质，带动北城新经济中心成为西安国际化大都市的“国际时尚潮流商业中心”，助推西安城市发展和商业升级。

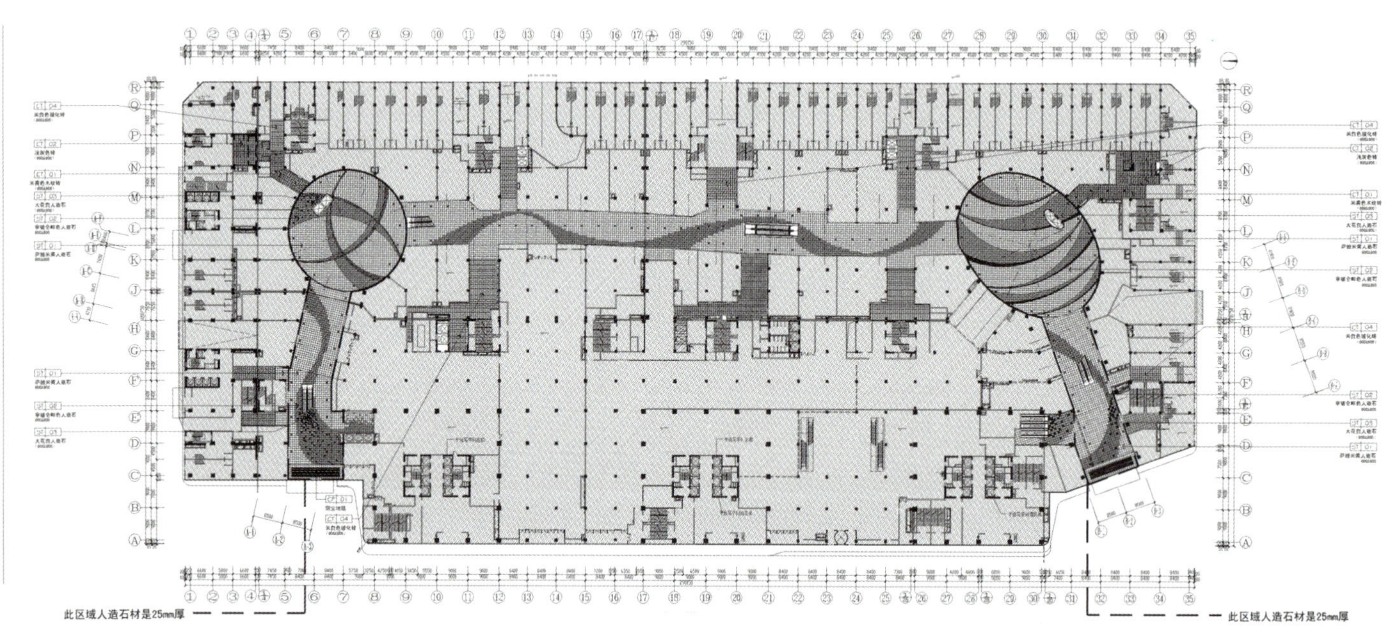

一层平面图

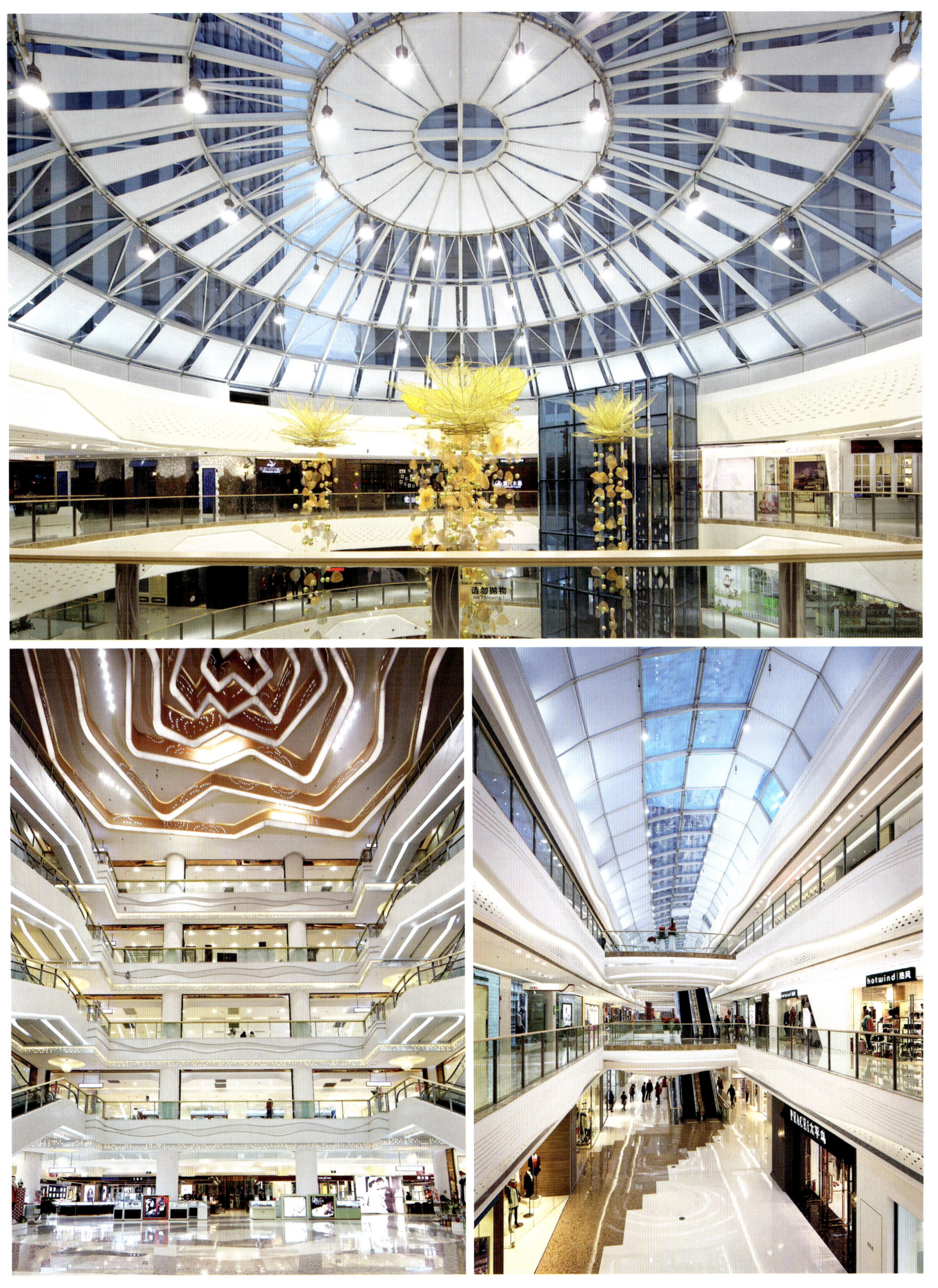
请勿抛物
hotwind 热风
太平鸟

邱比特之舞·金吉泰光之廊

LIGHT GALLERY

项目名称 _*JITAISAPPHIRE 的光之廊* / **主案设计** _ *林琮然* / **参与设计** _ *李本涛、姚生、涂静芸、文世友* / **项目地点** _ *江苏泰州* / **项目面积** _*70 平方米* / **投资金额** _*37】 万元* / **主要材料** _ *水泥、不锈钢管、LED*

A 项目定位 Design Proposition

JITAISAPPHIRE 男装总监对话，提出了光之廊的概念，研究八心八箭又名邱比特车工，把钻石的切割比例解构为空间的密码，让代表邂逅、锺情、暗示、梦系、初吻、缠绵、默契、山盟这八个美丽意境与空间结合，产生蓝线分割空间以表达那男人最美丽的承诺，线条在空间内飞舞展出了几何构线，配合服装呈现出三度立体陈列观感，再由地面切分出的水泥多角块体，制造出高低有致的中岛与服务台，完美表现空间多重视觉的变化性，开创服装店一种经典与时尚美感。

B 环境风格 Creativity & Aesthetics

空间内用色简约，质朴的水泥灰与宝石蓝组成一前卫视觉画面，自然切割线条构成的空间藏有中国老子的东方哲学，不绣钢管所包藏光芒，如同老子所说的暖暖内含光，粗中带细圆中带芒的设计，使得店面粗旷中带有著细腻的韵味。“超现实的光之廊，由蓝与灰构成，满天光芒的线，展现出神秘的宇宙。”

C 空间布局 Space Planning

设计师有与设技流程，代表中国极高设计与工艺水准的进步，最终作品完美反应泰州这诞生梅兰芳大师的细腻工底，也开启了本土化与国际性的连结点，成熟的关注了自然(nature)、艺术(art)与设计(design)这三者合成的空间DNA内涵，开启了泰州时尚新地标。

D 设计选材 Materials & Cost Effectiveness

设计师有著高度实验且Moma先峰精神的设计，符合年青潮流的显明形像，在JITAISAPPHIR实验店上如此大胆妙思，着实考验当地工匠的手工艺，直径3cm圆管内放入LED光带，随机1cm的开孔间接露出来的光芒，不同角度与长度的圆管组构成多角形，由内而外组成整体网线，藉由现代的数位设计，使用BIM去做有效的节点控制，首创的特殊施工与设技流程，代表中国极高设计与工艺水准的进步，最终作品完美反应泰州这诞生梅兰芳大师的细腻工底。

E 使用效果 Fidelity to Client

作品设计投入以来获得多加媒体的赞誉，纷纷登入其室内杂志，尤其在美国室内设计中文网等得到良好的评价。

JITAISAPPHIRE
EST. MILANO 1998

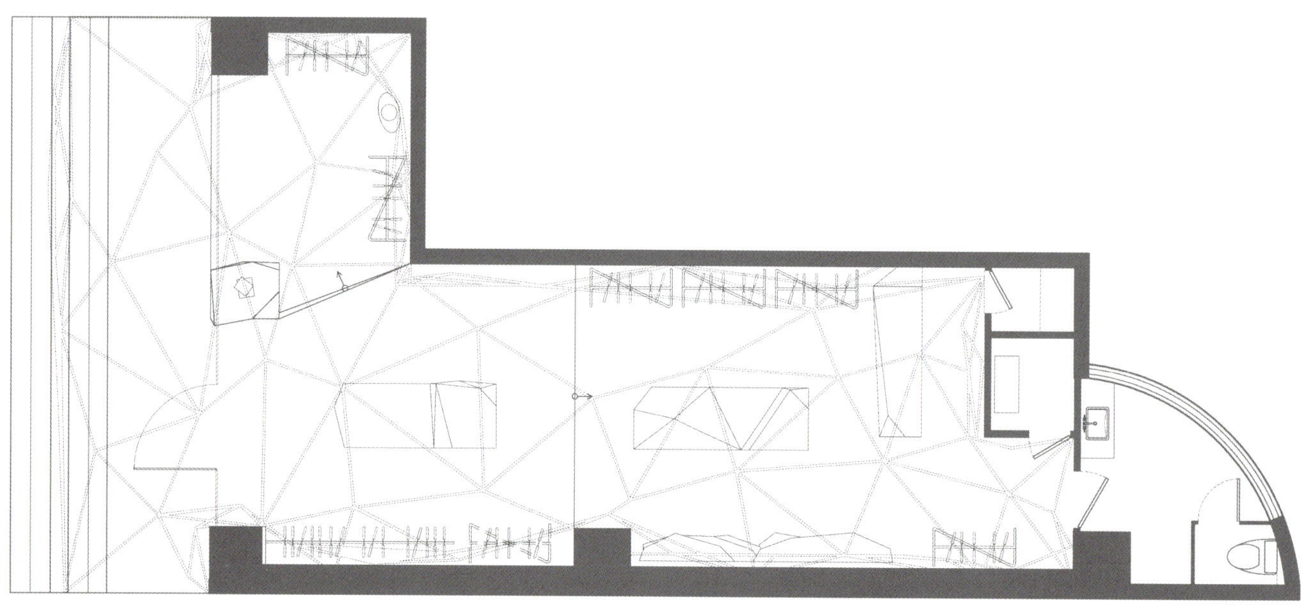

一层平面图

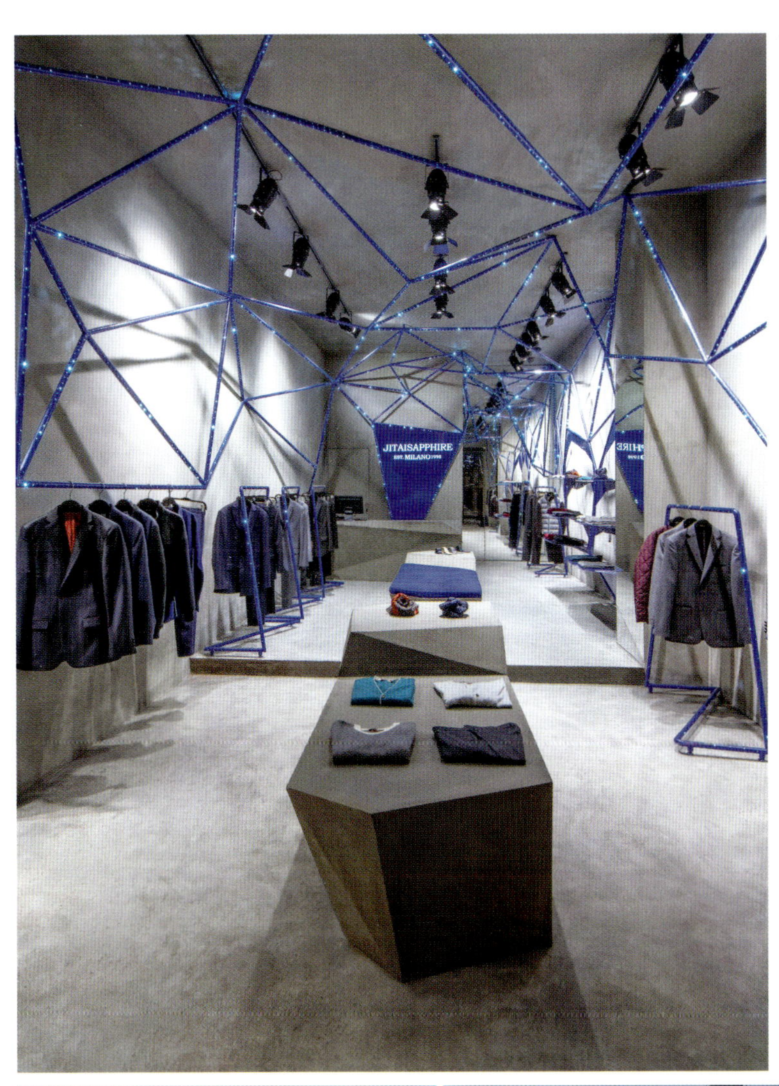

JITAISAPPHIRE
EST. MILANO 1998
JITAISAPPHIRE
EST. MILANO 1998
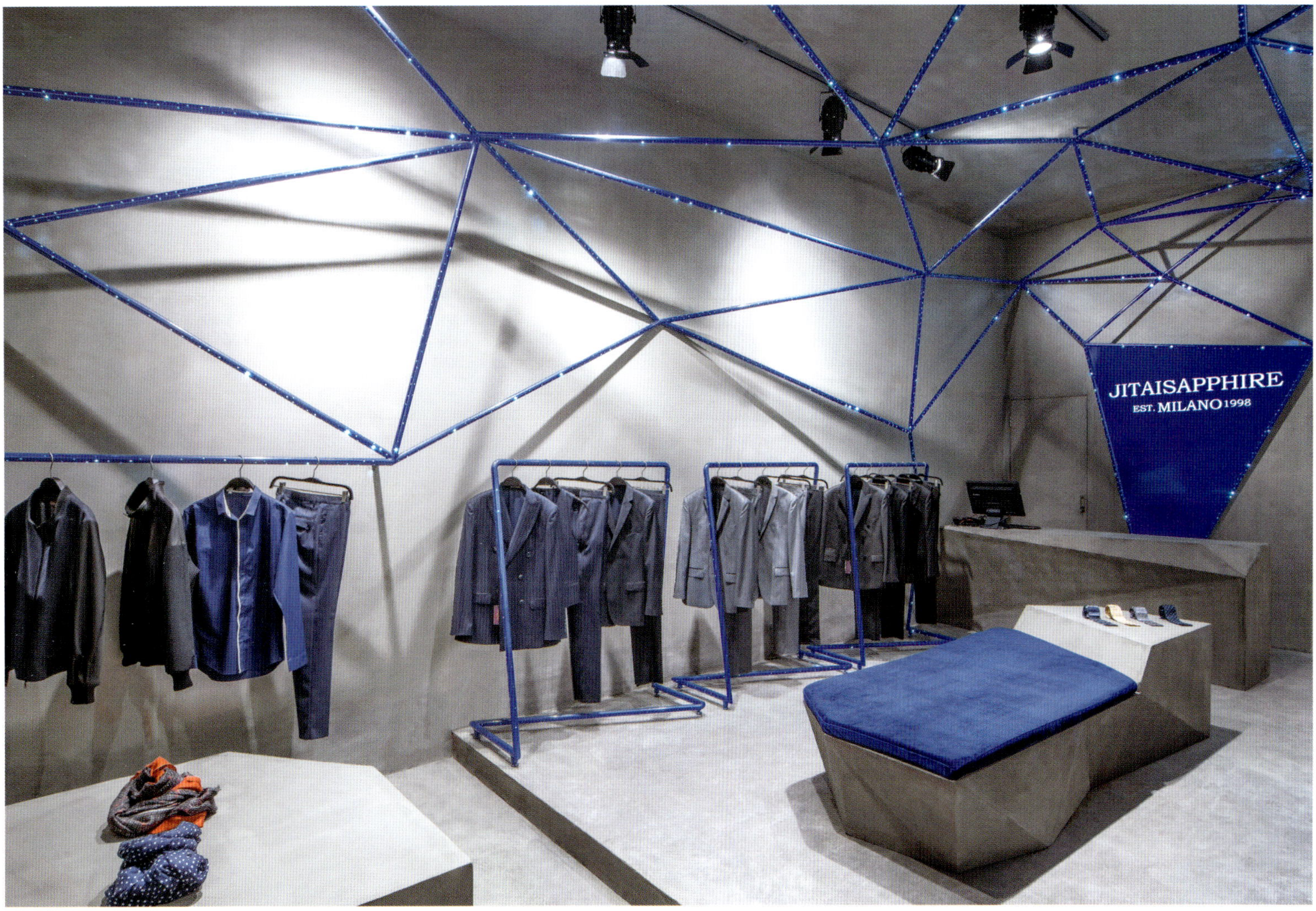
JITAISAPPHIRE
EST. MILANO 1998

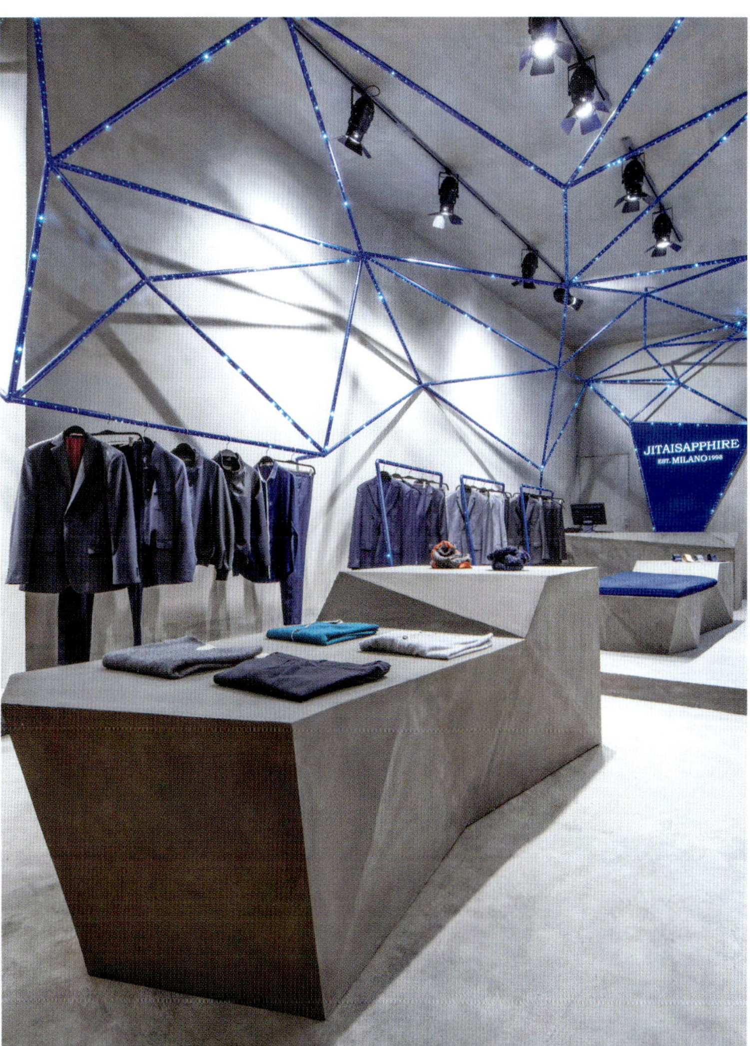

新世纪食品城世博源店

NEXTAGE FOOD MARKET (SHIBOYUAN)

项目名称_新世纪食品城世博源店 / **主案设计**_平野裕二 / **参与设计**_三枝信雅、贺炜、张志峰 / **项目地点**_上海市 / **项目面积**_5000平方米 / **投资金额**_3000万元 / **主要材料**_地面：通体砖（深灰、浅灰、米色）；墙面：ICI乳胶漆（灰）、木纹金属装饰、玻璃砖隔墙、；吊顶：系统金属天花（灰色、白色、木纹色）

A 项目定位 Design Proposition

精品超市和餐饮店业态相结合，打造一站式服务，作为目前上海最大购物中心的主力店，解决不同顾客的饮食需求。

B 环境风格 Creativity & Aesthetics

采用《圣经》创世纪初伊甸园的“生命之树”为主题，传说吃了生命之树果实可以长生不老的美好寓意。设计创意主题性强、意义深刻，以食品城项目做概念非常贴切。

C 空间布局 Space Planning

根据业态主动线分区明确，通过巧妙设计的手法，不同业态间相互交融，达到大空间的整体设计统一。

D 设计选材 Materials & Cost Effectiveness

采用大量玻璃砖、水晶装饰条、玻璃装饰贴膜配合渐变色LED照明，最大限度营造通透梦幻的场景气氛。

E 使用效果 Fidelity to Client

担负起目前上海最大购物中心的主力店，很好解决了顾客的饮食需求，为提升整体商业品牌做贡献。

神家
保健品 HEALTHPRODUCTS
极草
WELCOME
RICHORA
RESH MEAT
59

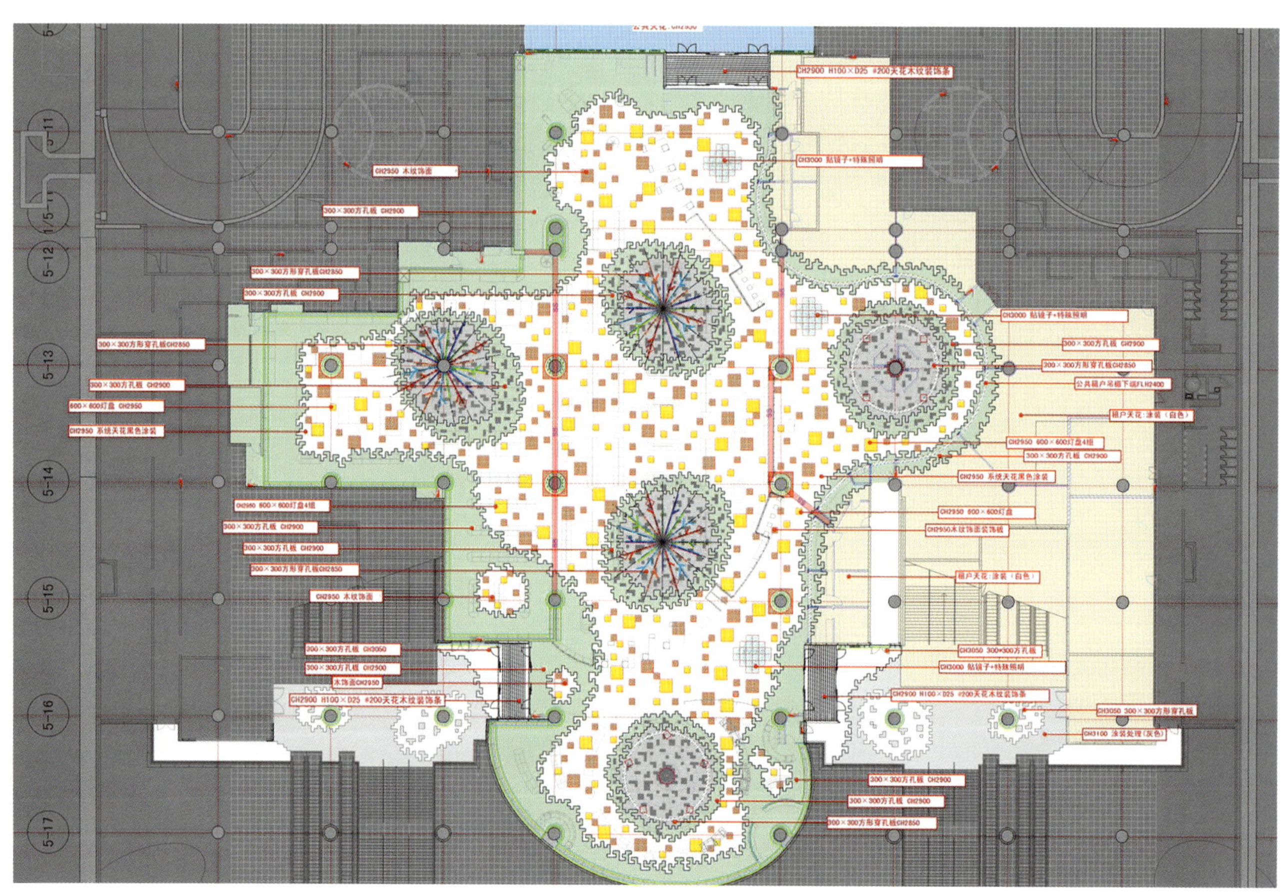

一层平面图

HOUSEHOLD
NECESSITIES

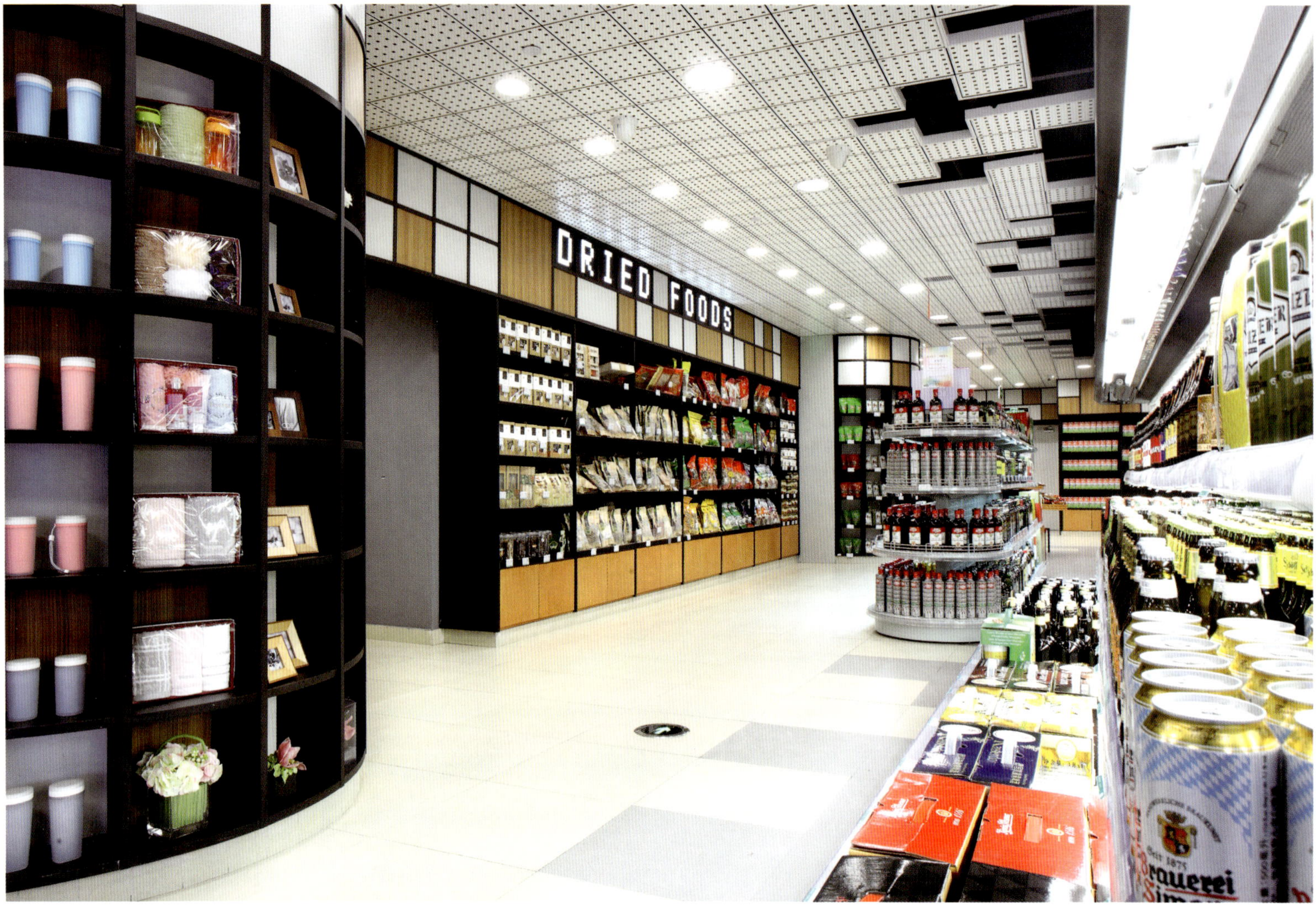
DRIED FOODS

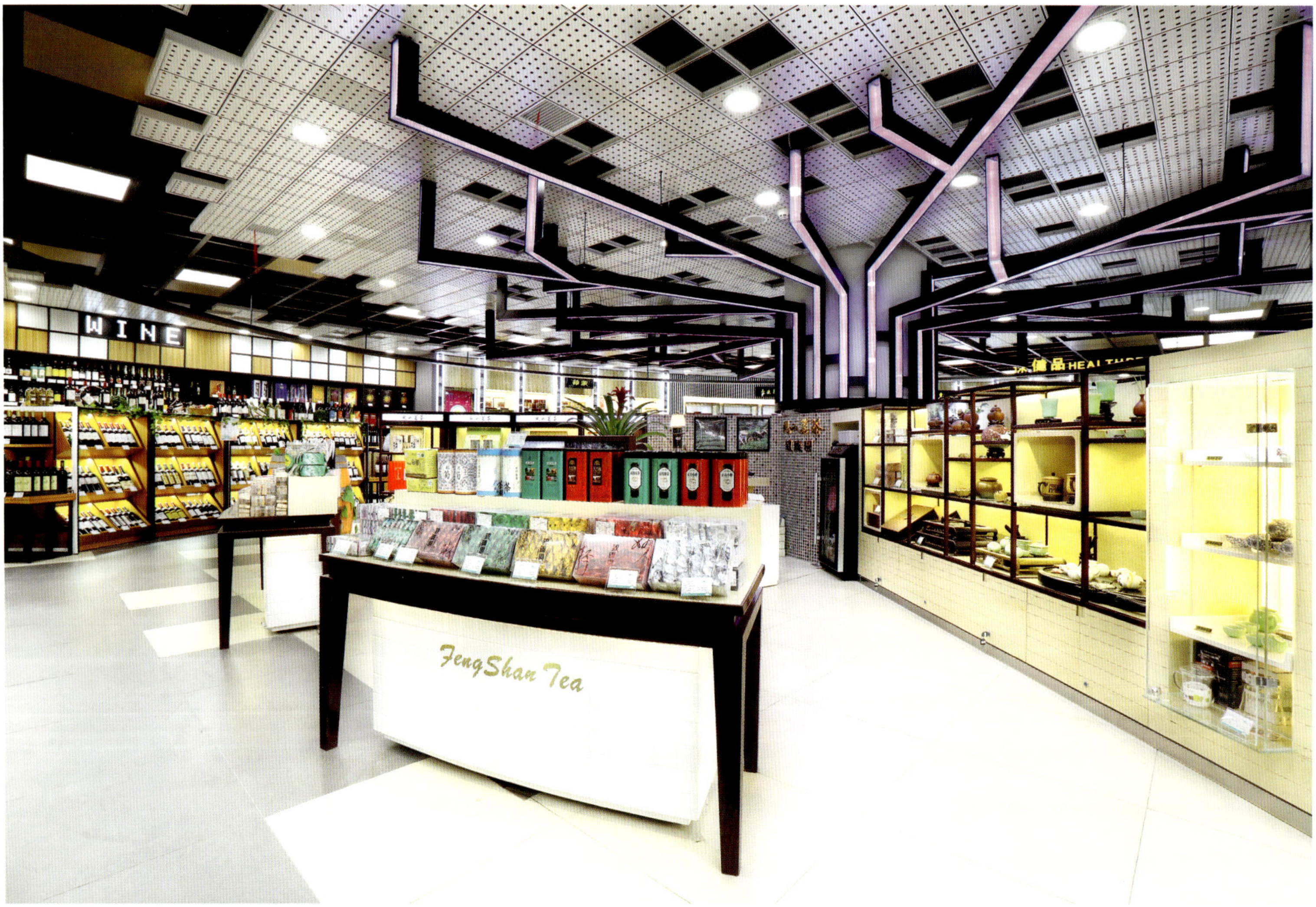
WINE
FengShan Tea

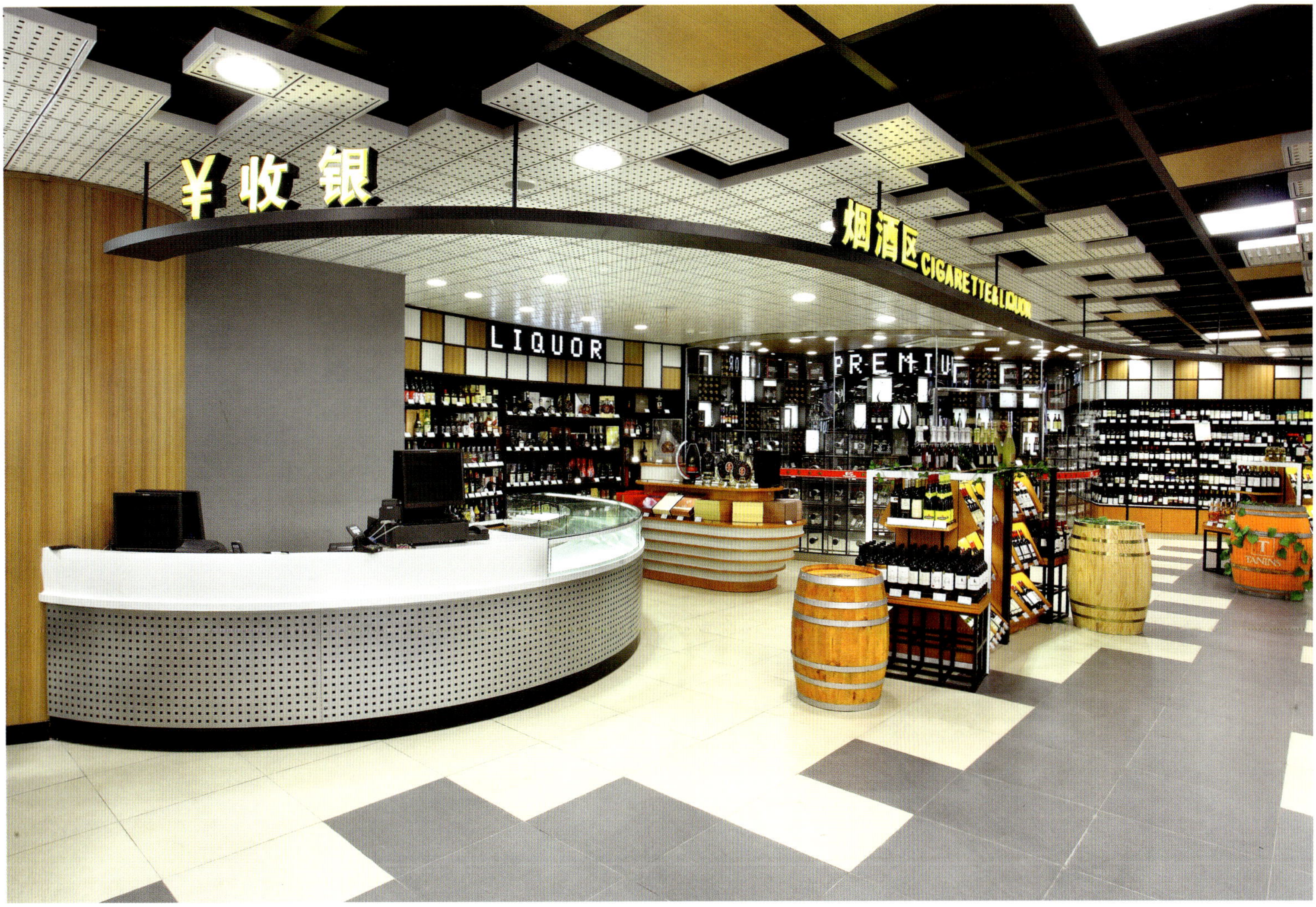
¥收银
烟酒区 CIGARETTE&LIQUOR
LIQUOR

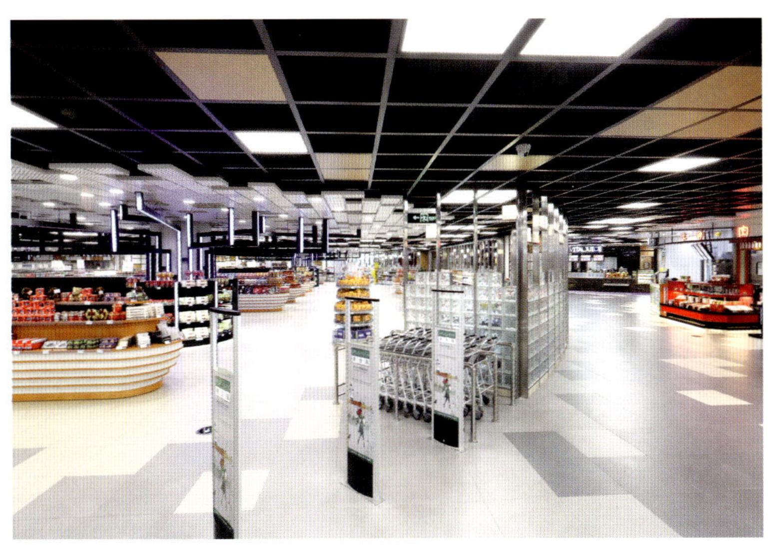

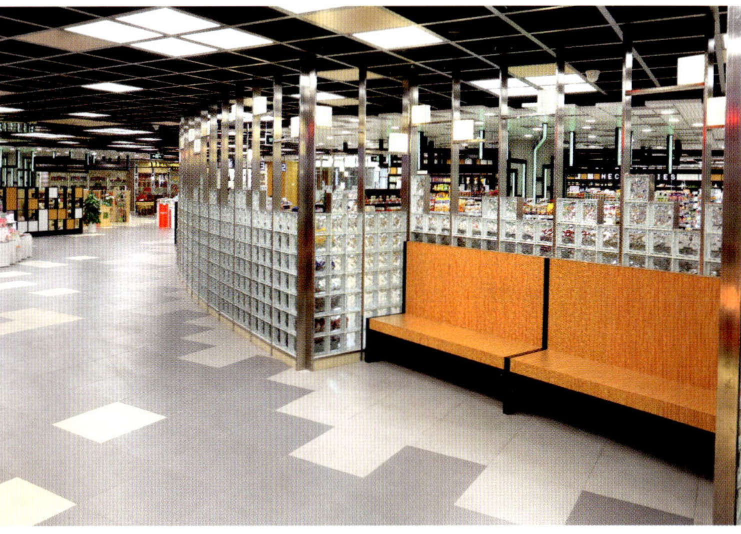

宁波狮丹努集团面料展厅

SEDUNO MATERIAL AND PRO[illegible] CENTER

项目名称_宁波狮丹努集团面料展厅 / **主案设计**_卓稣萍 / **参与设计**_卓永旭、覃小莉、徐群莹 / **项目地点**_浙江省宁波市 / **项目面积**_200 平方米 / **投资金额**_60 万元 / **主要材料**_金斧道具

A 项目定位 Design Proposition

应对当下面料市场的创新和品质需求，塑造一个纯粹、时尚，具有科技感的面料展厅，展现其节能环保、时尚创新、高科技高品质的产品，整合资源，发挥优势。通过设计、研发、整合推广，提高品牌影响力。作为极具设计感的面料展厅领跑者，独占市场制高点。

B 环境风格 Creativity & Aesthetics

设计以产品原料、产品展示为主题，在设计中突出展厅的“现代、经典、创新”。 在设计表现手法上采用原创的理念，通过动态和静态来展示企业的产品形象。

C 空间布局 Space Planning

橱窗展示：延续面料展示的主题，采用彩色隔断，使空间富有张力，极具设计感。

三个创意场景展示：① 创意场景展示一：出样通过长岛台和圆管喷碳灰色金属漆面料，丰富面料展示形式；② 创意场景展示二：此空间是成衣和面料的综合体出样。设计通过不同方式的陈列柜组合， 顶面采用爱迪生灯泡装饰，形成天地合一的感觉（深灰色、原木色、白色、暖光）；③ 创意场景展示三，可以说是展厅出样的尾声也是中间部分，他的展示背景是一个精彩的动态画面墙，所以场景展示三的道具整体性非常强，但不失细节。

服装道具展示：延续创意场景展示一和展示二的元素采用原木色及圆管碳灰色组合成道具。

D 设计选材 Materials & Cost Effectiveness

① 进门采用做旧铜板作为形象背景墙，使整个空间富有力量感和沉淀感；② 延续面料展示的主题，采用彩色布料隔断，使空间富有张力，极具设计感；③ 墙面通过原创石材与乳胶漆的对比，体现出原材料到成品面料展示的质变过程。

E 使用效果 Fidelity to Client

在纯粹、时尚，极具有科技感的环境中，赋予了面料更多的附加值，提升了品质。企业通过这样的设计、研发、整合推广，不但业绩大幅度上升，更是成为该行业的风向标。

22630
820
4870
540
7810
540
6951
1100
面料出样一
面料出样二
面料出样三
消防通道
橱窗一
橱窗二
橱窗三
创意场景展示一
创意场景展示二
创意场景展示三
动态摄影
设计与创意
男装、女装出样区
童装出样区
机房
形象墙
入口形象厅
900
2590
630
2800
630
3105
4325
14980
300
1245
120
4200
120
1240
240
7465
7900
540
6950
120
1700
270
17480
820
3205
1875
240
6140

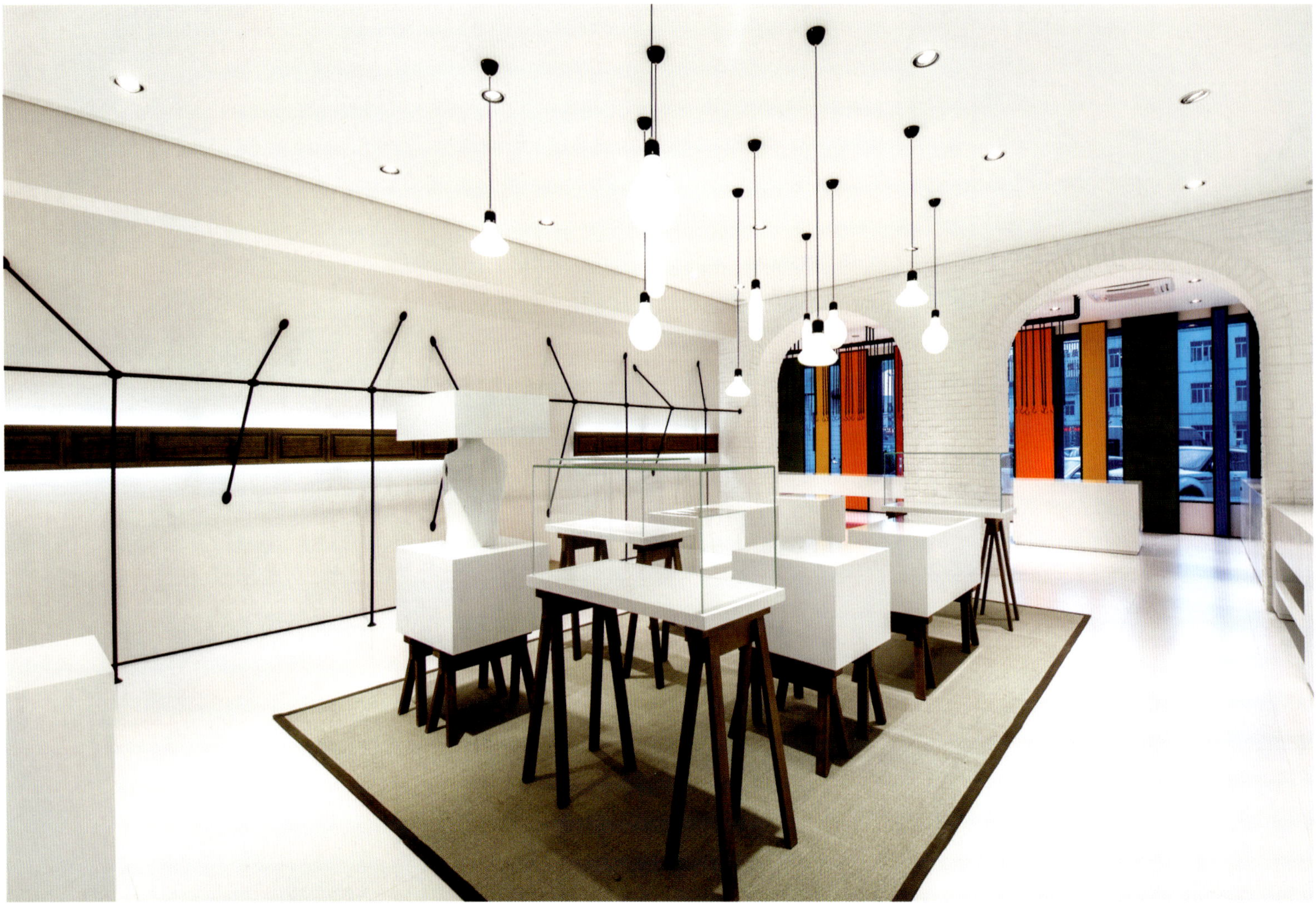

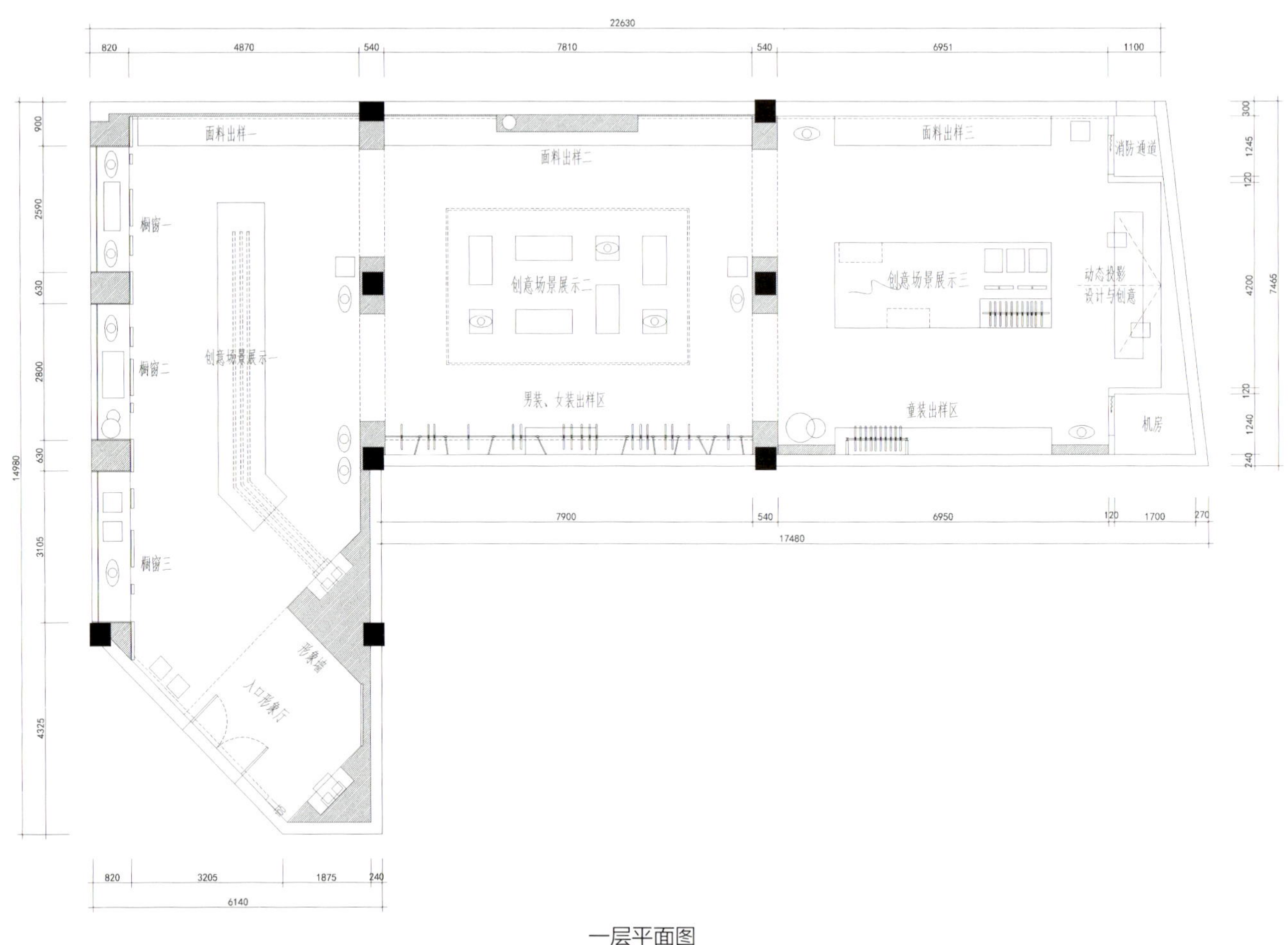

一层平面图

4m

芝度法式烘焙馆·建政路店

CHIDO FRENCH BAKERY(JIANZHENG ROAD)

项目名称_*芝度法式烘焙坊（建政路店）* / **主案设计**_*徐代恒* / **参与设计**_*周晓薇、吴青青、黄仲谋* / **项目地点**_*广西省南宁市* / **项目面积**_*70平方米* / **投资金额**_*30万元* / **主要材料**_*品尚灯具*

A 项目定位 Design Proposition

芝度的品牌定位是中高档的蛋糕店。因此设计师以精品店的品质来打造蛋糕店，每个店的设计风格都不尽相同，但都各有特色，各有惊喜。

B 环境风格 Creativity & Aesthetics

设计师以LOFT风格为主打，希望在闹市中打造出一处回归自然的宁静。

C 空间布局 Space Planning

在狭长的空间中，既要满足货品的摆放又要保留足够的活动空间供顾客走动，并非易事。设计师此次把壁灯和货架组合到了一起，很好的利用了有限的空间解决了照明功能与放置功能，并使整体效果事半功倍。

D 设计选材 Materials & Cost Effectiveness

大面积使用水泥材质与白墙，一改传统蛋糕空间的风格，看似硬朗而冷酷，但加入了实木面板，这些材质的强烈对比让空间性格更为鲜明，更为独特。

E 使用效果 Fidelity to Client

独特的设计风格、多样化的空间功能和烘焙品牌的独特理念，以及高品质的产品，使得芝度法式烘焙坊在投入使用后，每天都能保持较高的人流量，也带来了不错的营业额。

面包展示台
蛋糕中岛柜
陈列高柜
陈列高柜
800
精品陈列柜
慕斯花出品柜
收银台
咖啡机
封口机
沙冰机
奶昔机
热水及
冲茶机
水池
制冰机
员工储物柜
二次更衣
水池
操作台冷柜
裱花间
二门冷柜
面包高柜1
面包高柜2
面包高柜3
吧台
库房

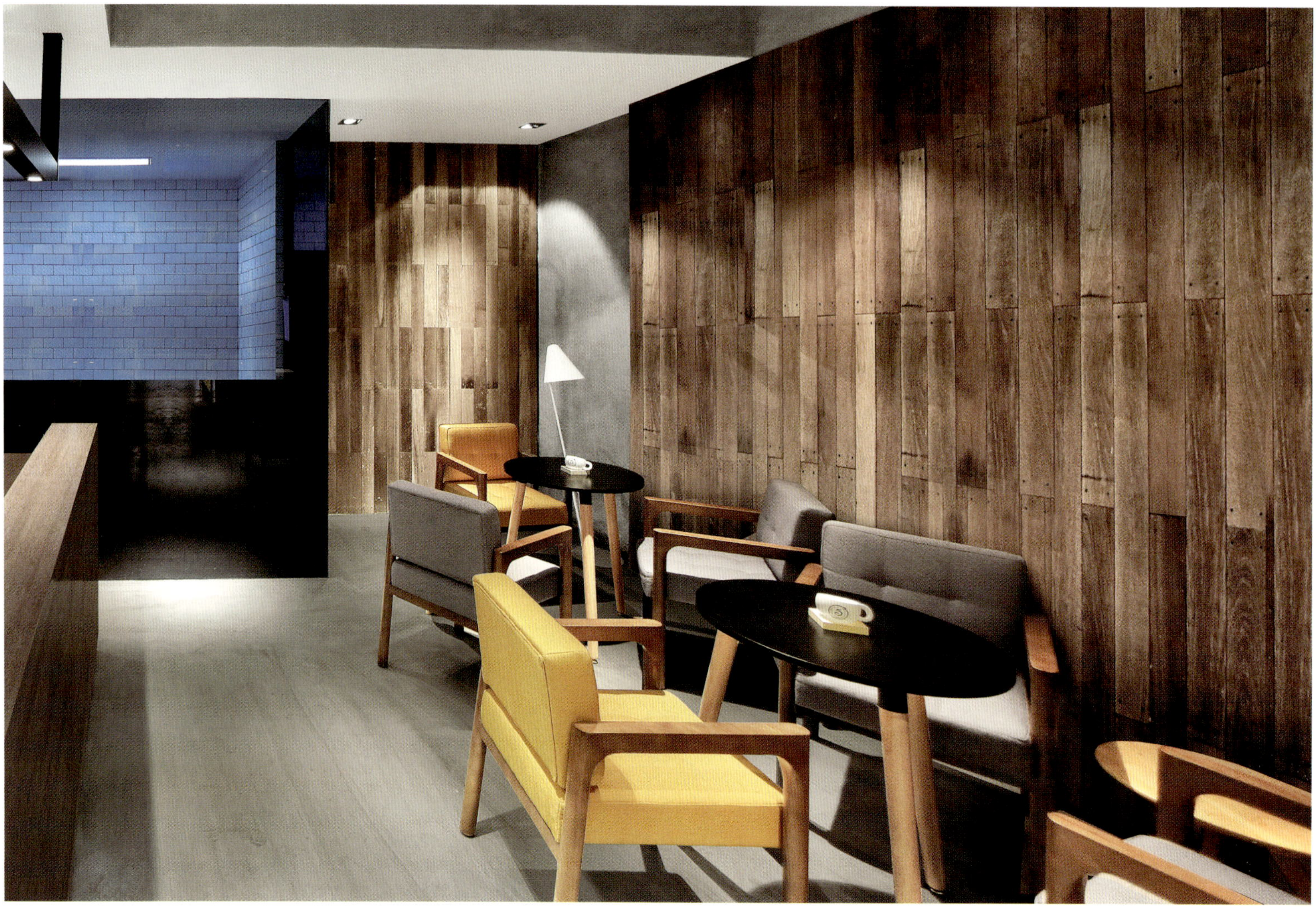

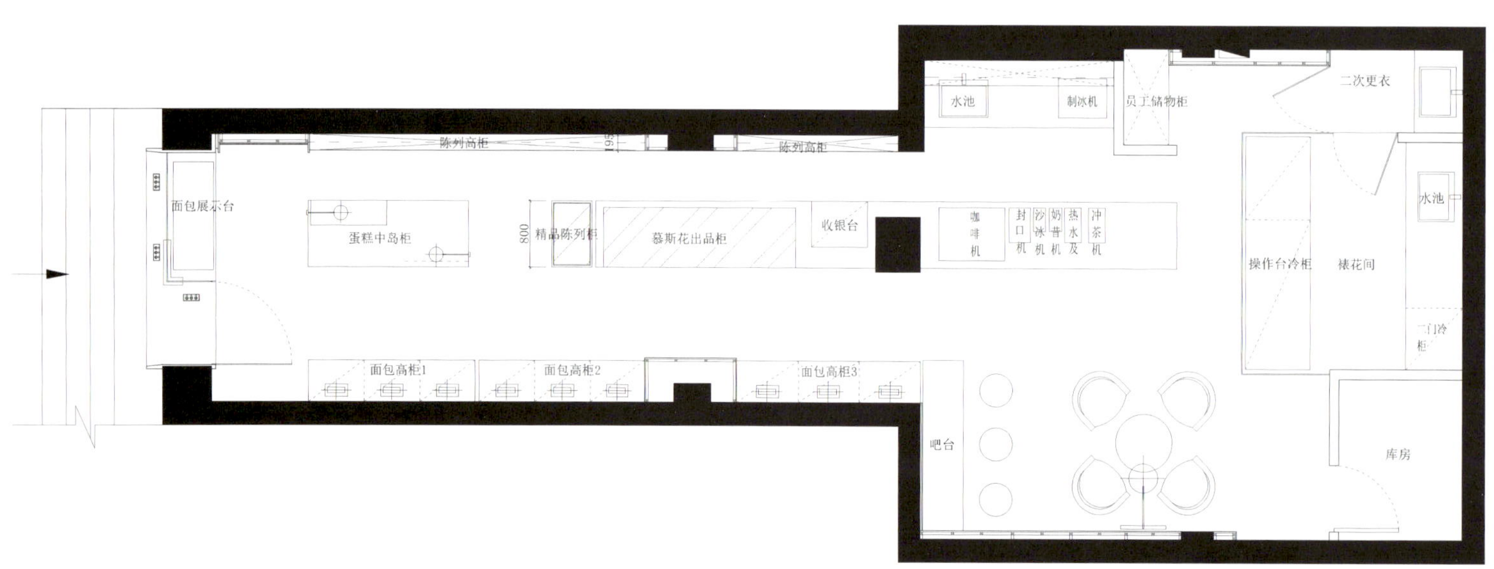

一层平面图

寻茶

DISCOVER SAVOU

项目名称 _ *寻茶* / **主案设计** _ *张瑞* / **参与设计** _ *黄雄斌* / **项目地点** _ *湖南省株洲市* / **项目面积** _ *80 平方米* / **投资金额** _ *12 万元* / **主要材料** _ *多乐士、西顿、道格拉斯*

A 项目定位 Design Proposition

委托方希望设计方案在加盟商加盟时，要便于各种尺寸的店面灵活使用．所以中岛的原型来源于自然石块，本身无形，劈开形成客流通道．可以一分为二，也可再分为四，三分也行，遇到狭小铺面，独立一块也能成立，本身无形，则可适应各种变化．墙身展展架由预制的转接构件和旧船木板组合而成，增减木板长度，如同竹节之间的生长，依不同尺寸的墙面进行调节，只需要一个规格的转接构件就能够完成．遇到不同条件的店面，都能够运用。

B 环境风格 Creativity & Aesthetics

萃取茶乡的古茶韵味，用抽象的手法表现都市“茶”的艺术空间。

C 空间布局 Space Planning

利用异形柜岛增加空间的变化、旧船木板的组合增加收纳、强化茶韵的艺术性。

D 设计选材 Materials & Cost Effectiveness

选材方面，选择便于异形岛柜的加工，同样材料的地面运用加强了销售区的整体感．旧船木，锈钢板的质感，映衬着手工陶的器物之美和福建茶岩骨花香的独特茶韵。

E 使用效果 Fidelity to Client

很符合品牌的产品理念，空间更有韵味，来店购茶客户可以从空间感受到茶韵。

保利·珠宝展厅
POLY JEWELS

项目名称 _ 保利·珠宝展厅 / **主案设计** _ 陶磊 / **参与设计** _ 康伯州 / **项目地点** _ 北京市 / **项目面积** _ 150 平方米 / **投资金额** _ 120 万元 / **主要材料** _ 松木板

A 项目定位 Design Proposition

在打造高端、私人定制、高品质、稀缺性强的尚品展示空间的同时，为文化交流和产品推广提供个性化的平台。

B 环境风格 Creativity & Aesthetics

希望作品在环境风格上表达出与众不同的自然与人文气息，从自然形态中吸取灵感，创造出时尚与先锋的艺术氛围。

C 空间布局 Space Planning

在空间的布局上创造性地利用连贯的非线性的内衬，退让出展示与服务性空间。两种空间互为内外，形成了一个多变的极简空间，同时满足了对自然光线和人工光源的不同需求。

D 设计选材 Materials & Cost Effectiveness

作品在选材上，为了营造出更具人文特色的珠宝展示效果，主体选用了纯实木为建造主体，希望将原始森林的气息带入现代都市，同时镶嵌少量的金属与透明亚克力，这不仅是构造的需要，也是与珠宝的工艺取得一种默契。

E 使用效果 Fidelity to Client

投入运营后，使观众得到的是自然、宁静、时尚、高雅，富有艺术感的高级珠宝观展体验，与普通商场的珠宝店富丽堂皇的观感截然不同。

① 珠宝展览 / Jewellery Display
② 红酒展览 / Wine Display
③ VIP接待 / VIP
④ 办公室 / Office
⑤ 鉴定室 / Appraisal Room
⑥ 茶水间 / Tea Room
⑦ 橱 窗 / Display Window
①
②
③
④
⑤
⑥
⑦

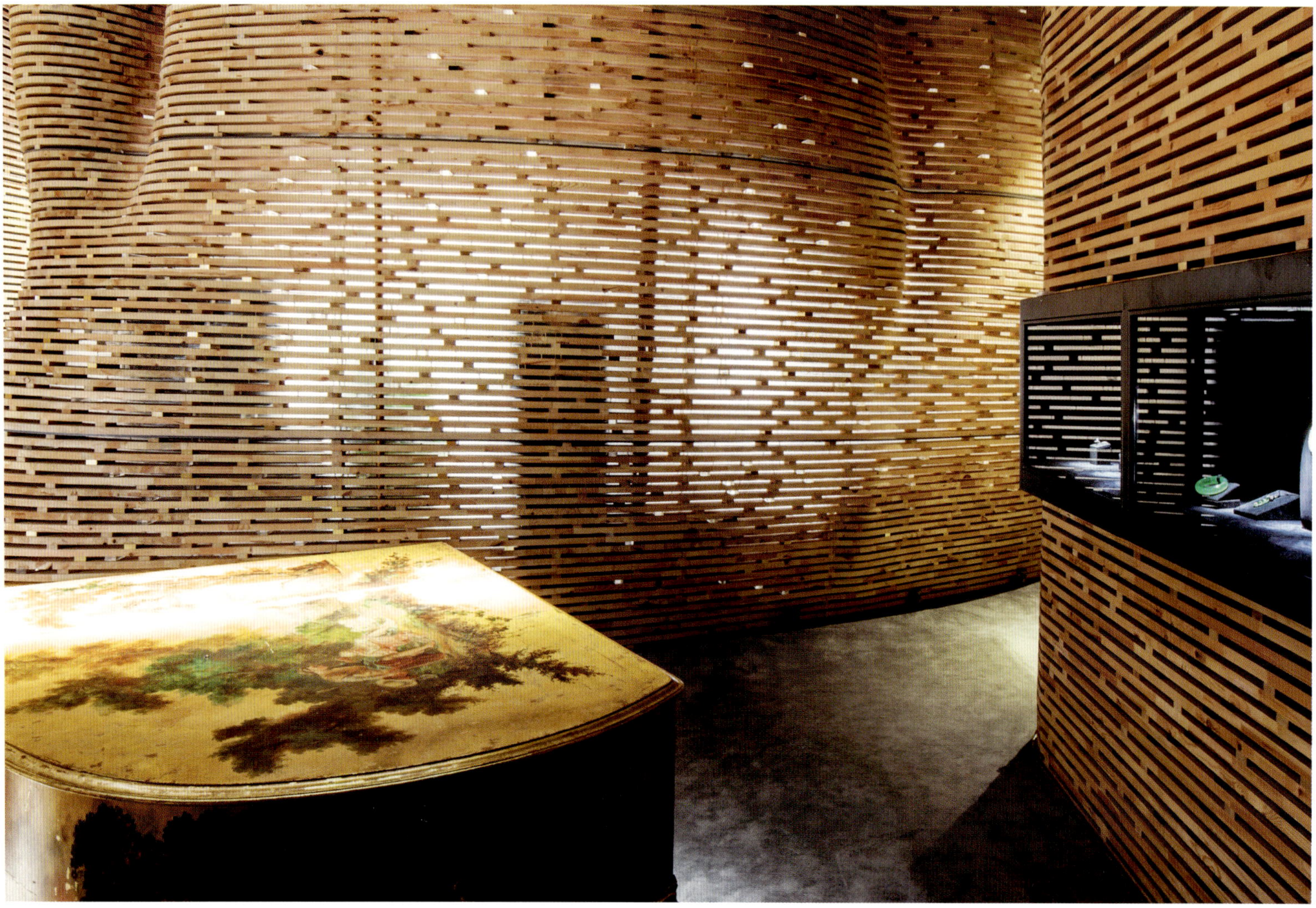

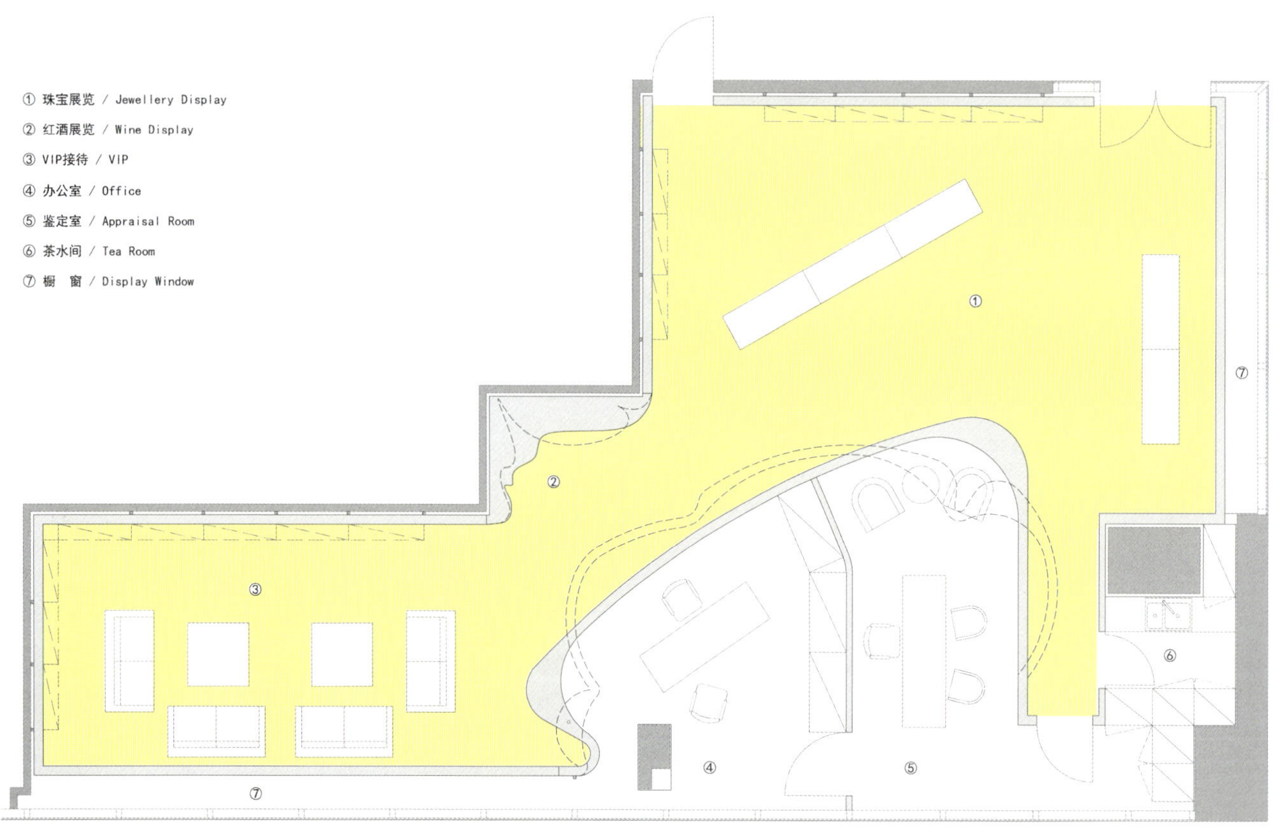

一层平面图

慕思总部展厅
DE RUCCI HEADQUARTERS SHOWROOM

项目名称 _*慕思总部展厅* / **主案设计** _*陈飞杰* / **参与设计** _*夏春卉 Tracy Ha* / **项目地点** _*广东省东莞市* / **项目面积** _*3000 平方米* / **投资金额** _*1800 万元* / **主要材料** _*亚迪石材，KD 科定木饰面，燎原玻璃，达明壁纸，ZU 布艺，东升地板，高比不锈钢等*

A 项目定位 Design Proposition

此次的门店设计定位区别于过往既成的习惯性商业店铺模式，摒弃罗列式的呆板卖场，设计为集合慕思产业文化及产品"体验式"销售的综合展示空间，便于客户在此接受来自于慕思全方位的渗透服务，塑造客户真实的感官体验及充分的心理认同。

B 环境风格 Creativity & Aesthetics

我们认为：好的商业环境设计一定是满足商业运营特点及投资回报率的设计，因此，在本项目的设计中，我们将建筑设计语言、慕思企业文化、销售产品流程以及投资回报率做了充分的结合，使其相互促进、相互依存，成为紧紧相扣必不可少的一环。

C 空间布局 Space Planning

慕思总部的第一层设计为多媒体演示触动体验层：功能上特别设置了洽谈演示区及新产品推广发布区，以多媒体的全新视角给来访客户第一时间的感官触动体验。

项目第二层为度身定制式的智能化体验测试层：将其意大利"以人为本"的人体工程学设计风范和瑞士严谨的工艺制造精神展现得淋漓尽致。

项目第三层为立体"3D"式的睡眠体验空间：打造出七种适合于不同年龄、职业、性别的睡眠空间（成熟女性、中产骨干、高端精英、时尚新贵、儿童、酒店及专业床品专区），让客户体验到对其自身生活方式的认同与归属感。

D 设计选材 Materials & Cost Effectiveness

倡导节能环保的选材及施工方式：设计采用工厂统一定制标准化的构件进行拼接装配式施工，减少环境污染，缩短施工周期，大大提高时间效率；灵活的空间重组；给展厅的可复制性提供了必要而充足的条件，可以轻松地控制各经销商展厅品质的一致性；灯光系统采用不同的场景模式提供功能性照明与环境氛围照明，并且可以在无人情况下提供一键式场景切换，便捷的操控能更有效地达到节省能耗的目的。

E 使用效果 Fidelity to Client

慕思总部旗舰店的打造，为市场提供了一种新型的卖场销售模式。慕思为消费者提供"更全、更精、更专"的产品，以高端的形象、简约时尚的风格和过硬的品质、一站式的家居购物体验迅速俘获了中高端消费者，客单价远超中高端知名家纺品牌，成为目前市场上最具竞争力的家纺家居品牌之一。

de RUCCI
de RUCCI
慕思

睡眠系统
健康睡眠
de RUCCI
EALTHY SLEEP
TASTE
CENTER

入口
橱窗一
产品展示区一
地面
镜面不锈钢
夹层投影线
控制室
广告灯箱
产品展示区二
de RUCCI
新品发布区
概念区
LED大屏幕
发布台
水吧
店长办公室
床品柜
广告灯箱
床品柜
套房一
套房二
配电箱位置
参照大样
床品储物间
储物间
楼梯间
套房三
de RUCCI
橱窗
FM乙2032
FM乙2032
外墙：灯箱
灯箱
绿植
三层楼板
产品展示区三
电梯（橱窗二）
产品展示区四
接待区
接待 / 收银
入口
橱窗三
产品展示区五
广告灯箱
广告灯箱
玻璃
12000
12000
11350
35350
12000
24000
12000
25
27
29

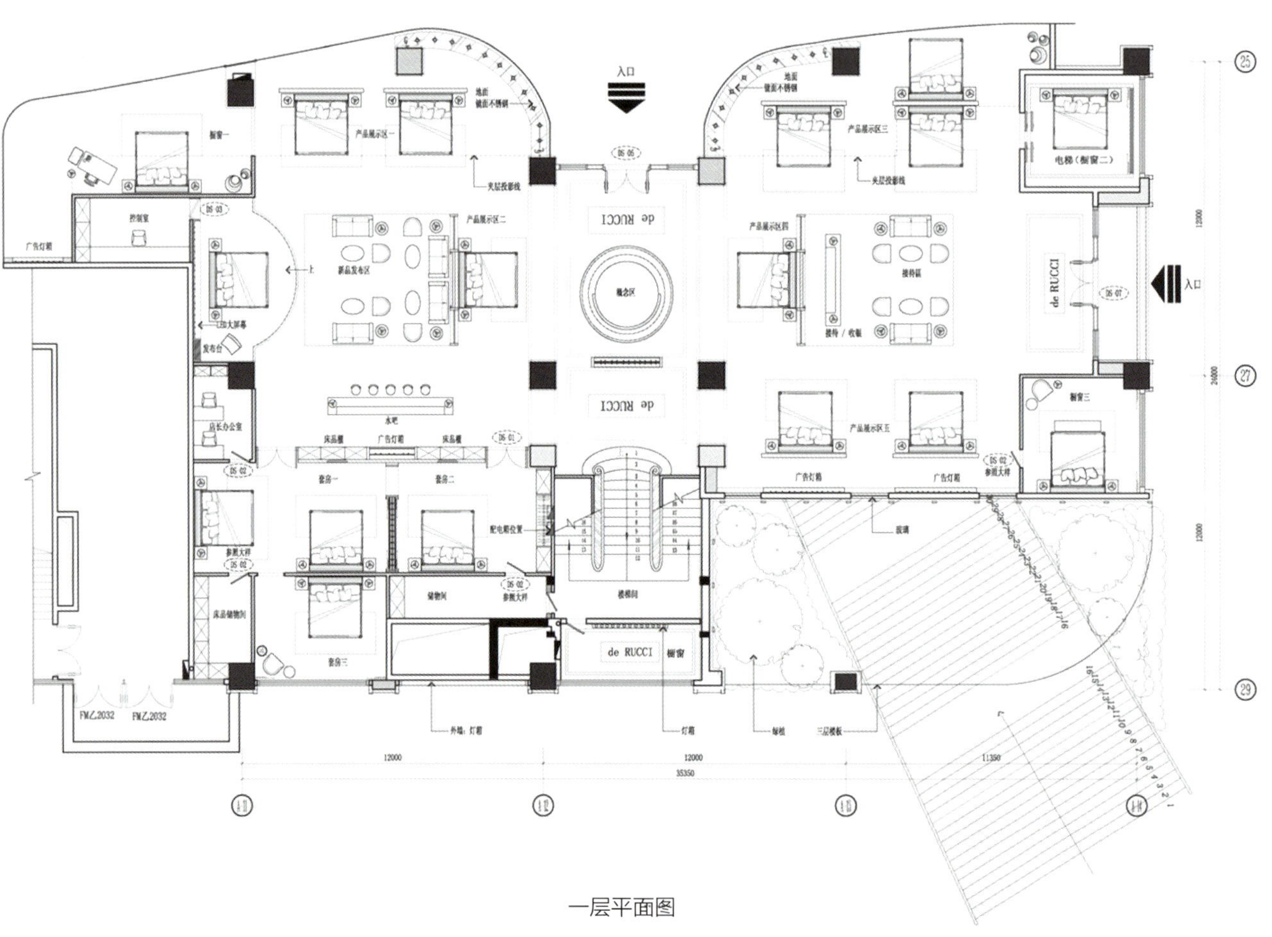

一层平面图

永利奢侈品店

YONGLI LUXURY SHOPS

项目名称 _ *永利奢侈品店* / **主案设计** _ *蔡进盛* / **项目地点** _ *江西省南昌市* / **项目面积** _ *600 平方米* / **投资金额** _ *600 万元*

A 项目定位 Design Proposition

永利名品汇落户在南昌春晖路 CBD 的核心区域，定位高端时尚、优雅，在日新月异的城市变化中，奢侈品让更多都市人感受到一份高端品质生活气息，名品店在空间设计上会渲染出更多专属的优雅华丽气质，让每一位顾客在雅致的购物环境中选购自己的喜爱之物。作为一个新贵奢侈品专营店，永利名品汇所想带给世人的不仅是优雅的尊荣礼遇，更寄望于以时尚的理念激励人们去发现和体会生命的每一处不同。用梦想的光芒引领现在，以创新的思维发现未来。

B 环境风格 Creativity & Aesthetics

本案整体十分开阔，细节之处更见真章。整体基调以偏冷明快色调为主，主要是为了凸显名品汇的高贵优雅，而又不失亲和力的理念，复古感强烈的仿古砖与高贵的实木家具搭配在一起，营造出复古怀旧的空间氛围。主要设计理念还是遵循产品本身所寄托的新贵这种理念，突破传统，优雅中更显时尚。追求一种简洁雅致，避免繁文缛节的设计。

C 空间布局 Space Planning

整体设计以欧式为主旋律，依然会加入一些其他的设计元素，譬如说，在展示区使用中式镂花隔断进行空间分隔，即美观大方又通透，用以引导流线划分，除了使整个空间的划分更加明确和简洁。大气的设计也吸引顾客穿越长廊，通向里面的时尚殿堂旨在以优雅和时尚来凸其新贵所在，男士服装展示区相对于男士展区相对更加简洁但又不失尊贵。

D 设计选材 Materials & Cost Effectiveness

简洁设计使得空间更显时尚优雅为寻找各式高质生活品质的顾客提供了愉快的购物体验大至整体布局，小至家具摆件，均以优雅的姿态呈现。各种时尚优雅陈列在兼容多元文化时尚房间中，并以最和谐的方式展现多样化的产品。跳脱的蓝色，使得整个空间不至于乏闷单一，突破传统的“鸟笼”休息区让人眼前一亮。

E 使用效果 Fidelity to Client

业主对这种打破惯性思维的设计很满意。突破传统的设计，避免了繁文缛节，优雅中时尚的感觉让人眼前一亮。

27170
370
10960
150
370
240
3210
320
3070
310
3990
200
1800
2180
试衣间
试衣间
收银区
休闲区
卫生间
洽谈区
仓库
7090
7470
7600
620
4270
1800
150
250
30860

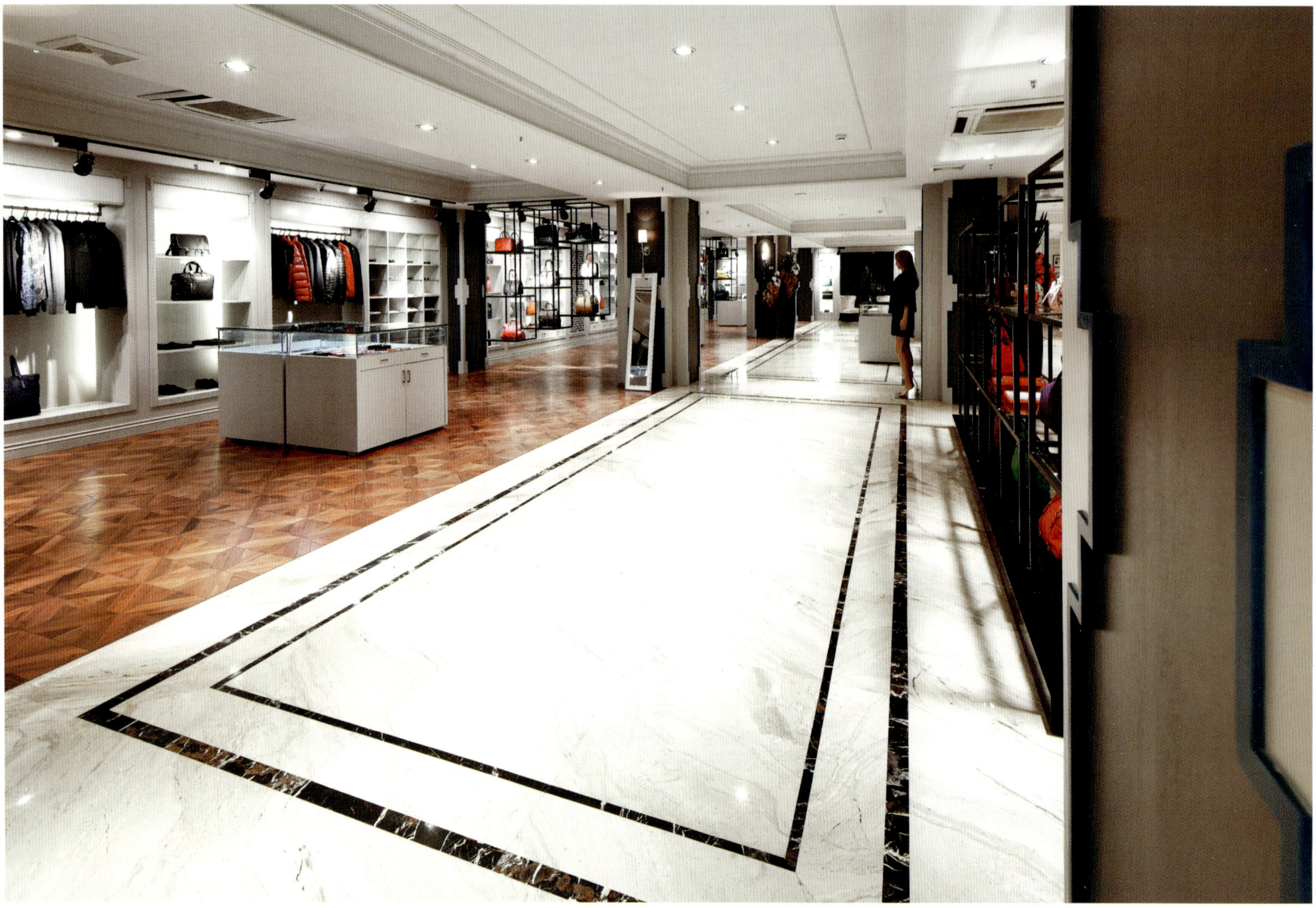

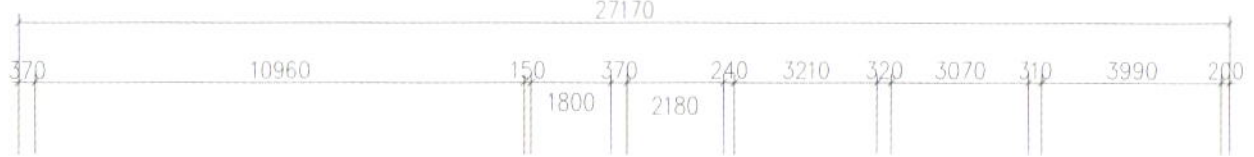

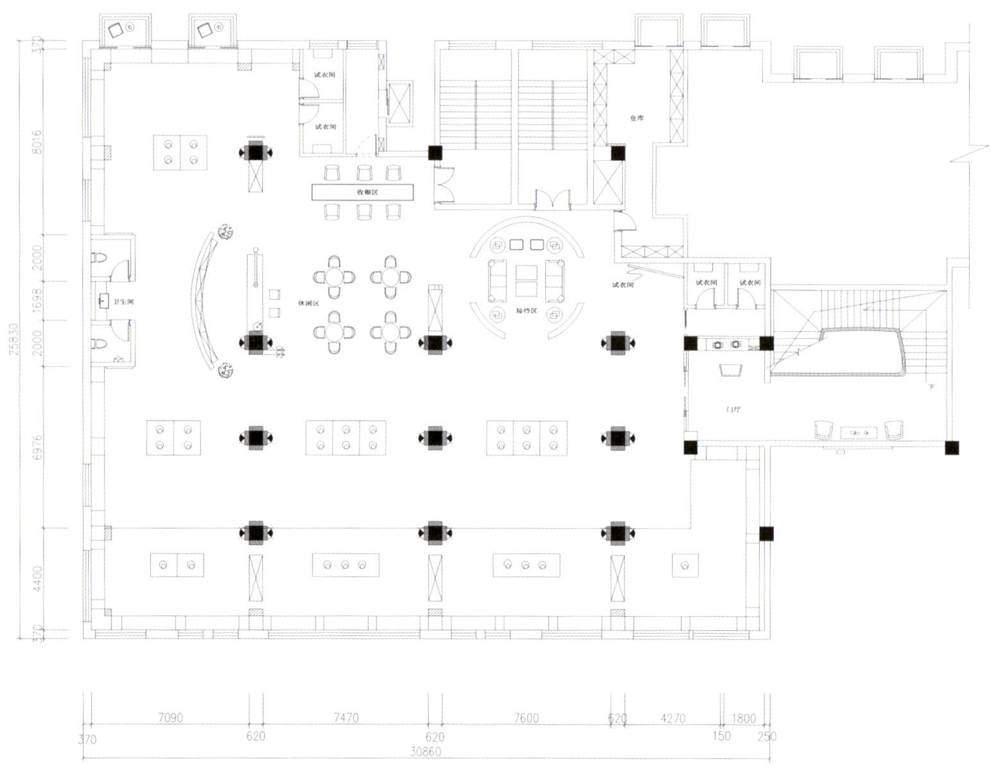

一层平面图

香港潞施集合店

THE FASHION NOUS STORE

项目名称_香港潞施集合店 / **主案设计**_唐列平 / **参与设计**_黎广浓 / **项目地点**_广东省佛山市 / **项目面积**_80平方米 / **投资金额**_30万元 / **主要材料**_西顿灯具、豪然墙纸、菲林格尔复合地板等

A 项目定位 Design Proposition

本案例位于佛山繁华的市中心地带，重在塑造香港潞施集合店的品牌形象。

B 环境风格 Creativity & Aesthetics

专为时尚、高贵、典雅的女性量身订造有个性的穿着。多元化的设计风格，零星的色彩元素搭配，各色衣服，鞋子，手提包的穿插展现，自由的流露在环境当中，以外放的魅力淋漓尽致地突出现代女性柔媚典雅的美。

C 空间布局 Space Planning

字母“S”，唤起了人们对女性优美身材的遐想。设计师希望通过空间设计突出现代女性典雅的美感来表现潞施（NOUS）集合店的品牌形象，打造各种现代元素整合而成的概念空间。

D 设计选材 Materials & Cost Effectiveness

设计师的灵感就来自于女性对美的追求和女性的美感，使用了玻璃、不锈钢、大理石、木皮、布艺等材料。订制的艺术灯饰以多个“S”形状曲折折叠而成，以中轴线作为空间切割，层层递进，每个面的组成，都基于空间，与光线的延伸与镜面的运用结合起来丰富了空间的层次感。

E 使用效果 Fidelity to Client

潞施（NOUS）是一个承袭优雅典雅经典元素并与现代简约生活风尚和时尚潮流完美结合致力于追求当代新经典式优雅时尚的女装品牌。

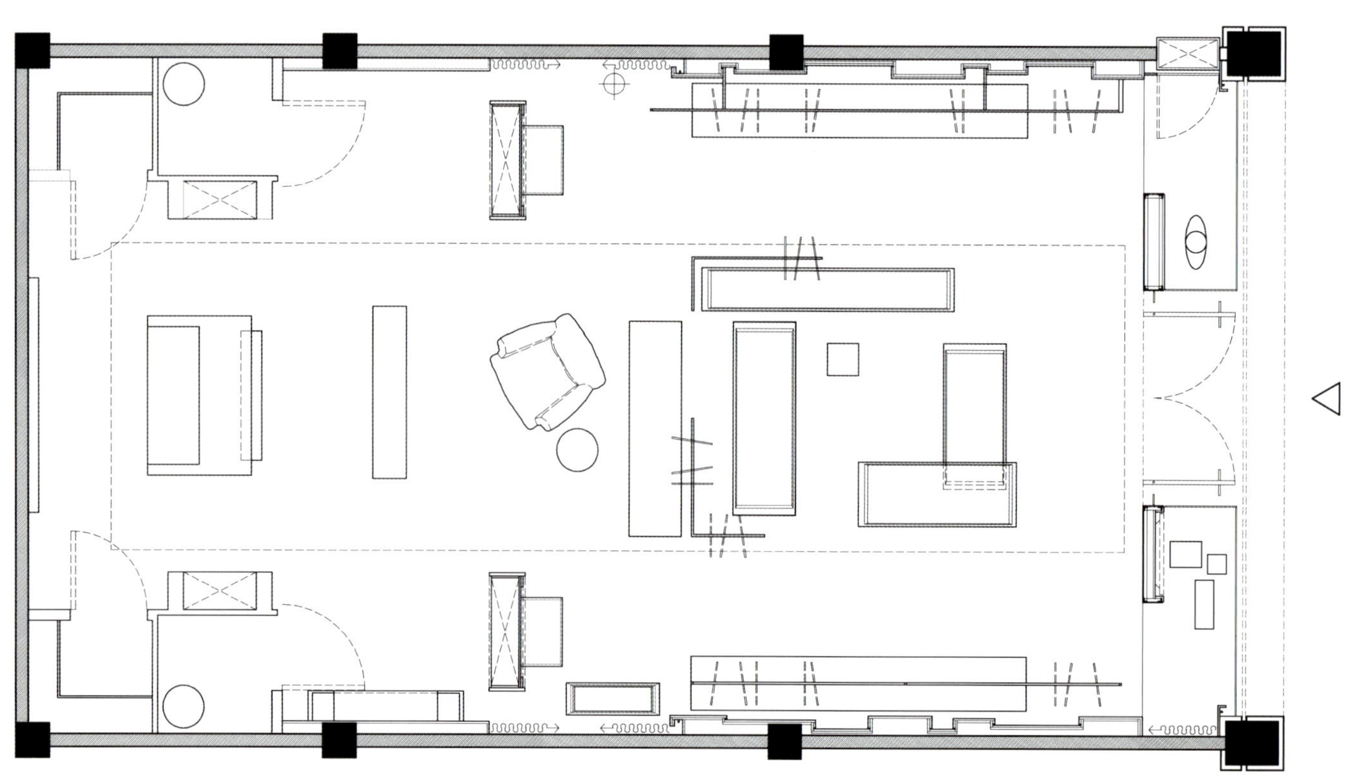

一层平面图

筑韵厨具展售门市

LEICHT

项目名称 _ *筑韵厨具展售门市* / **主案设计** _ *陈建佑* / **项目地点** _ *台湾省台中市* / **项目面积** _ *298 平方米* / **投资金额** _ *110 万元* / **主要材料** _ *Villeroy & Boch 磁砖及洁具、SILESTONE 赛丽石*

A 项目定位 Design Proposition

能够讲究吃的艺术，是需要藉由长时间累积而来的一种文化素养，当面对美食已有强烈执着地要求，对于烹调料理空间 -- 厨房的重视，自然也不言而喻；从此为起点，进而延伸至整体居家、甚至是个人的生活品味，则相对地互有连贯且有迹可循。让消费者更懂得营造好生活、享受好生活，正是设计者的使命。

B 环境风格 Creativity & Aesthetics

特别强调让德国制造的严谨能合理且精准地被执行于每个购买者家中，传达 LEICHT 厨具从 1928 年成立以来，所推广的现代美学与普及性，并使人聚焦在生活的举足动静间，细细品尝生活的美感。

C 空间布局 Space Planning

空间的架构以层递性作为缩放，在建筑的空间范畴内，将灯光系统 . 空调系统 . 音响系统 . 机电系统整合贴附于建筑物的内在皮层，就像厨具嵌入家具的概念一般，让所有系统自然地与空间融为一体。其次，置入厨具的尺度，以系统化的数据转化为独特设计与配置自由的 LEICHT 美学，强调空间安排的逻辑性与便利。

D 设计选材 Materials & Cost Effectiveness

为了一个销售门市能快速的投入到市场营运，在本案中选择大量使用木纹面美耐板，除了可减少油漆施作时的污染，达到环保的效益，使施工的时间减短，其耐火的特质更增加了安全性。

E 使用效果 Fidelity to Client

空间的规划为厨具提供了对比性与自由配置的绝佳表现，很好的呼应了德制厨具简练阳刚却细节完美的工艺。

STORAGE
RECEPTION
BOX D
OPERATING AREA
BOX B
BOX E
BOX F
BOX C
TALKING AREA
BOX G
PARKING AREA
SIDEWALK

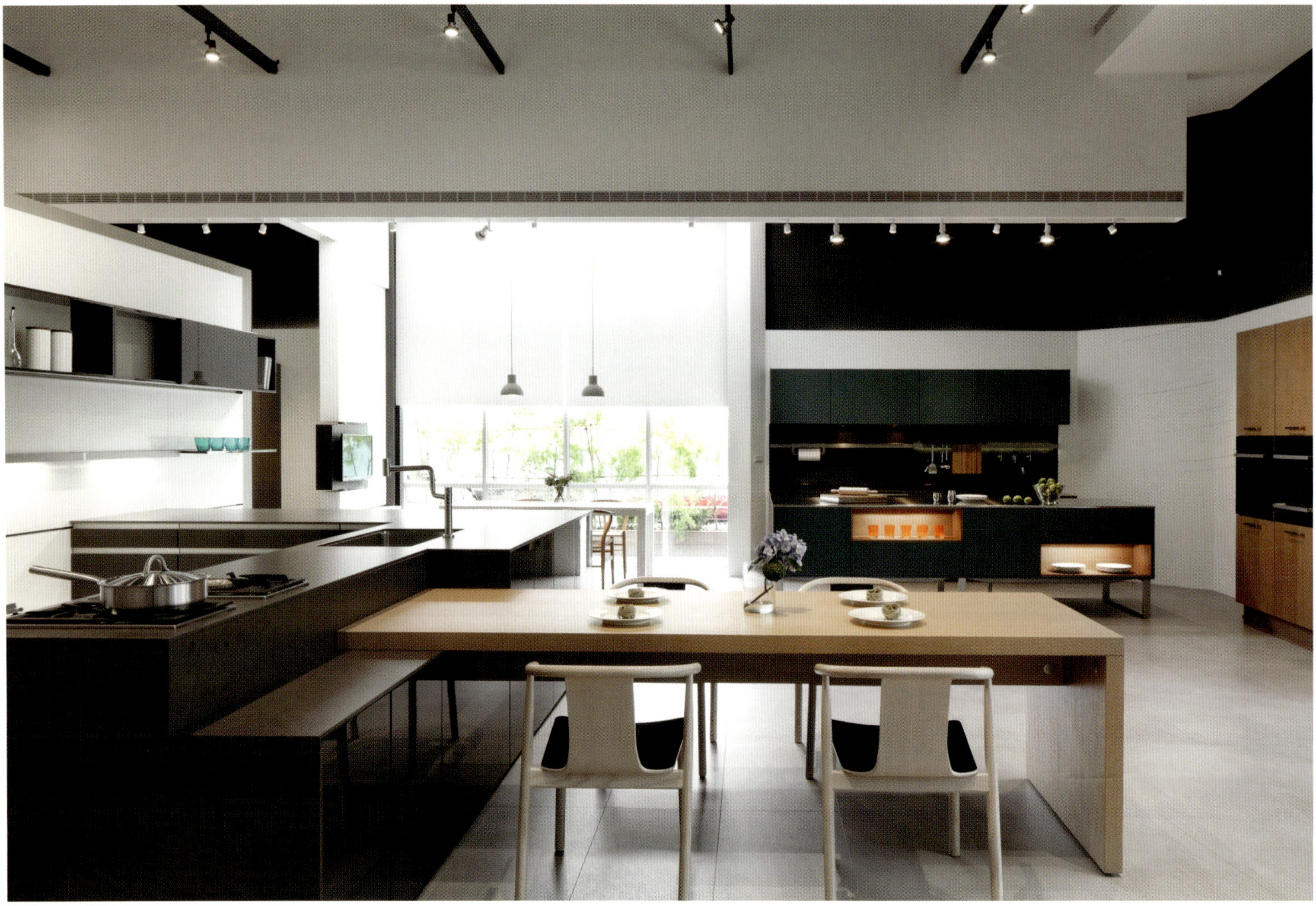

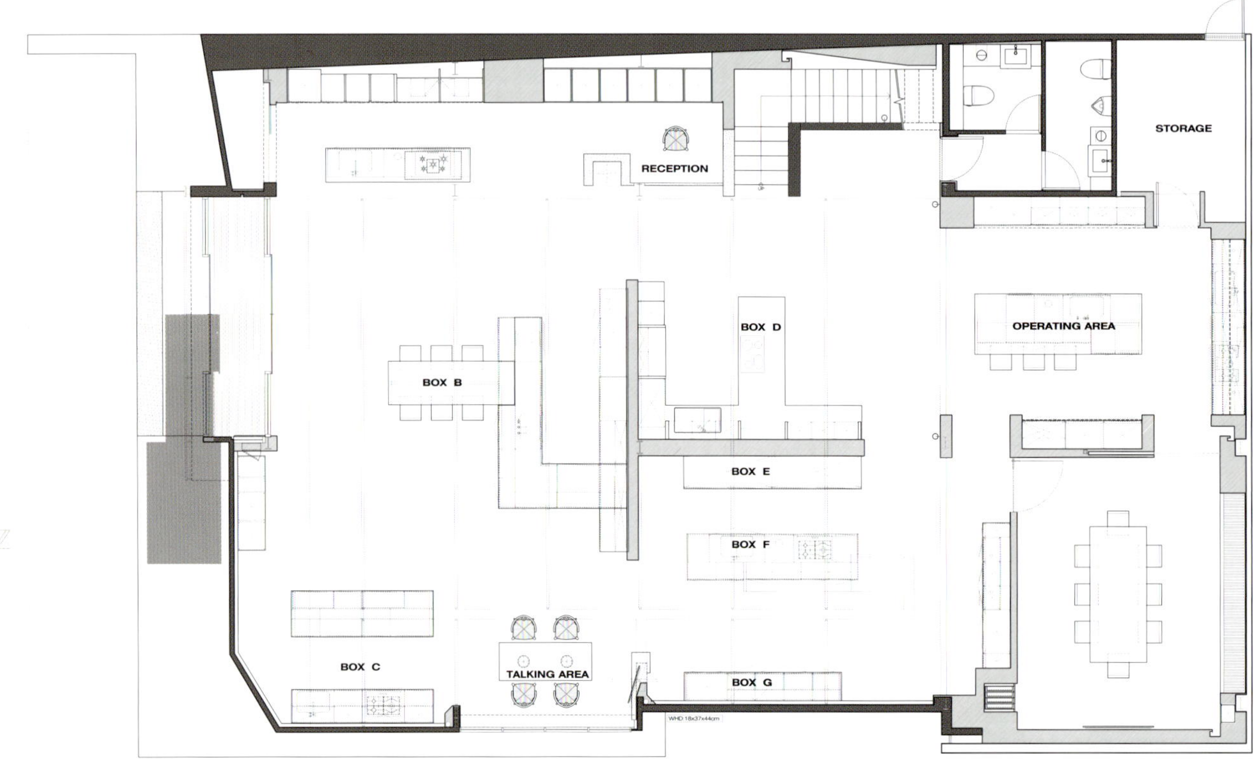

一层平面图

GO fashion 成都主题店

TRANSFORMATION OF MONROE SPACE

项目名称 _GO fashion 成都主题店 / 主案设计 _ 余颢凌 / 项目地点 _ 四川省成都市 / 项目面积 _135 平方米 / 投资金额 _60 万元 / 主要材料 _A/X 家具，米多彩涂料、凌尚舍软装

A 项目定位 Design Proposition

1，针对家居商场消费者定位多是知识女性，我们选择主题为化茧成蝶的女性主题作为 Go fashion 瓷砖店的主题定位。

2，因为客户群多为成功人士，所以在门店体验上强调客户体验感觉，不断地优化设计方案提高客户到访的舒适度，通过 A/X 家居，JBL 音响，CHANEL 配饰，斐济水，伯爵红茶等提高客户对品牌价值的认同。

3，在主题和动线确认下，深挖别墅空间布局，集中在客户对别墅多空间的心理暗示，提升客户空间感受。

B 环境风格 Creativity & Aesthetics

1，强调空间动线的平衡和合理性，通过双通道和灯光布局的合理性来提高客户到店停留时间，通过初步统计，良好的动线布局和陈列把客户到店时间从 2 分钟到 5 分钟以上。

2，通过国际象棋盘的背景墙过渡，通过灰度对比的玄关，有感染力的书籍空间，涂鸦的年轻人忧虑的不同环境组合，让我们真正进入欧洲一线瓷砖品牌的文化思考，而不是所谓的行而上学的模仿。

C 空间布局 Space Planning

1，空间布局上有明显的分类，门店右边是样板间组合（保证客户体验度），在左侧是有效的谈判和样品空间，有效错落的结构分工，保障客户到店的体验舒适度。

2，在色彩上的跨界和对撞美，尤其体现在衣帽间，玄关，休闲空间上大胆跨界，在色调上也借力欧洲生活态度的表现。

D 设计选材 Materials & Cost Effectiveness

1，在只有 135 平方米的商业空间中，要兼顾新古典，美式，欧式等不同风格的空间，在瓷砖选择上是会有一定压力的，如别墅空间的样板间对比，展架空间的使用，都在尝试使用一些新材料，新技术的应用来保证短时间完成。

2，设计上要表现出国外瓷砖时代的内核，尤其在文化上。通过二战后厌战情绪的风干木系列，欧洲时装周概念的花瓣系列，还有欧洲经济危机的涂鸦系列，也许产品背后的文化内核才是让我们深刻思考的下一步。

E 使用效果 Fidelity to Client

西班牙工厂设计师来过门店后，将在 2014 年导入工厂设计标准（中国设计标准化设计），尤其在文化内核上的理解和优雅体验感。

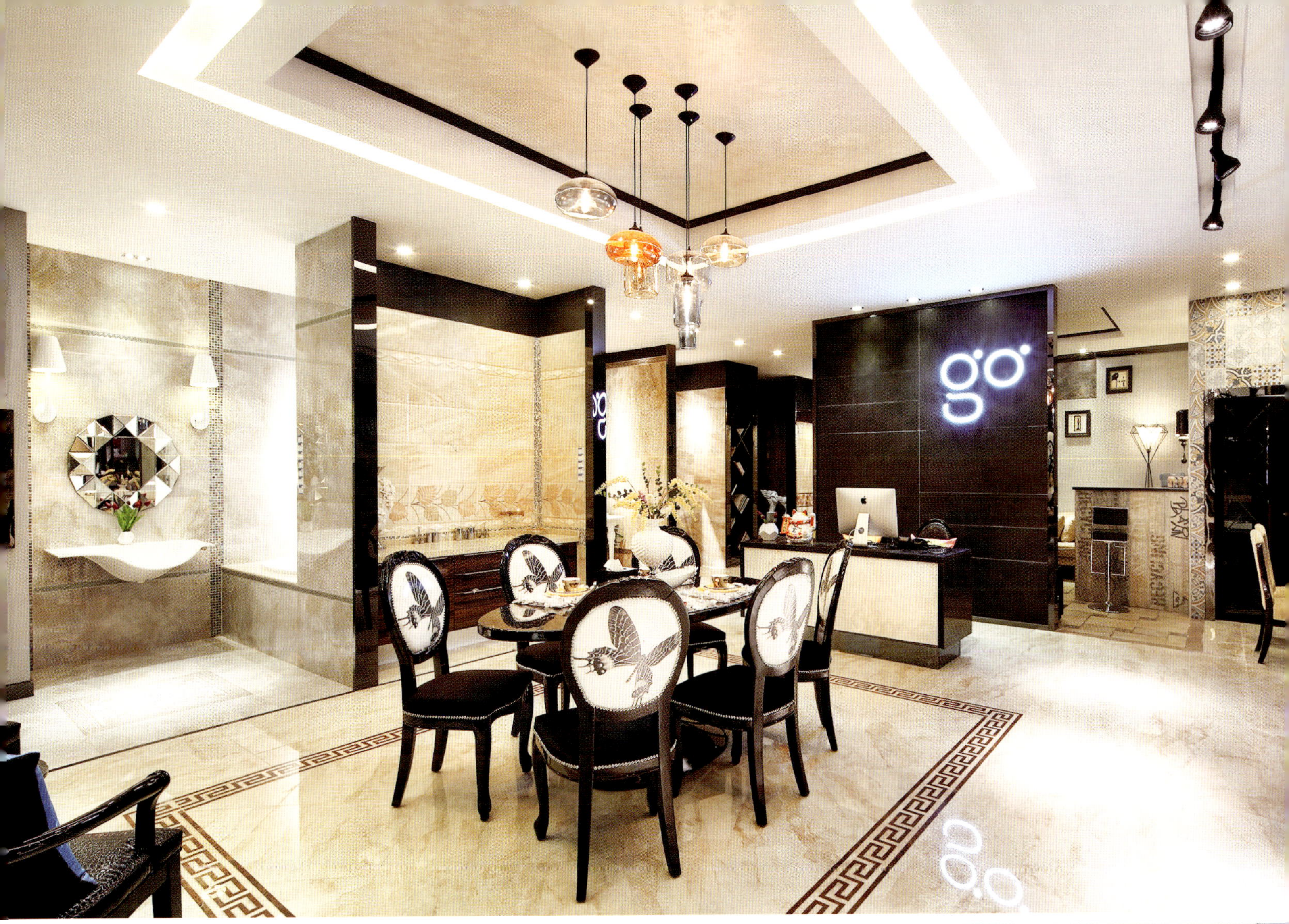
go

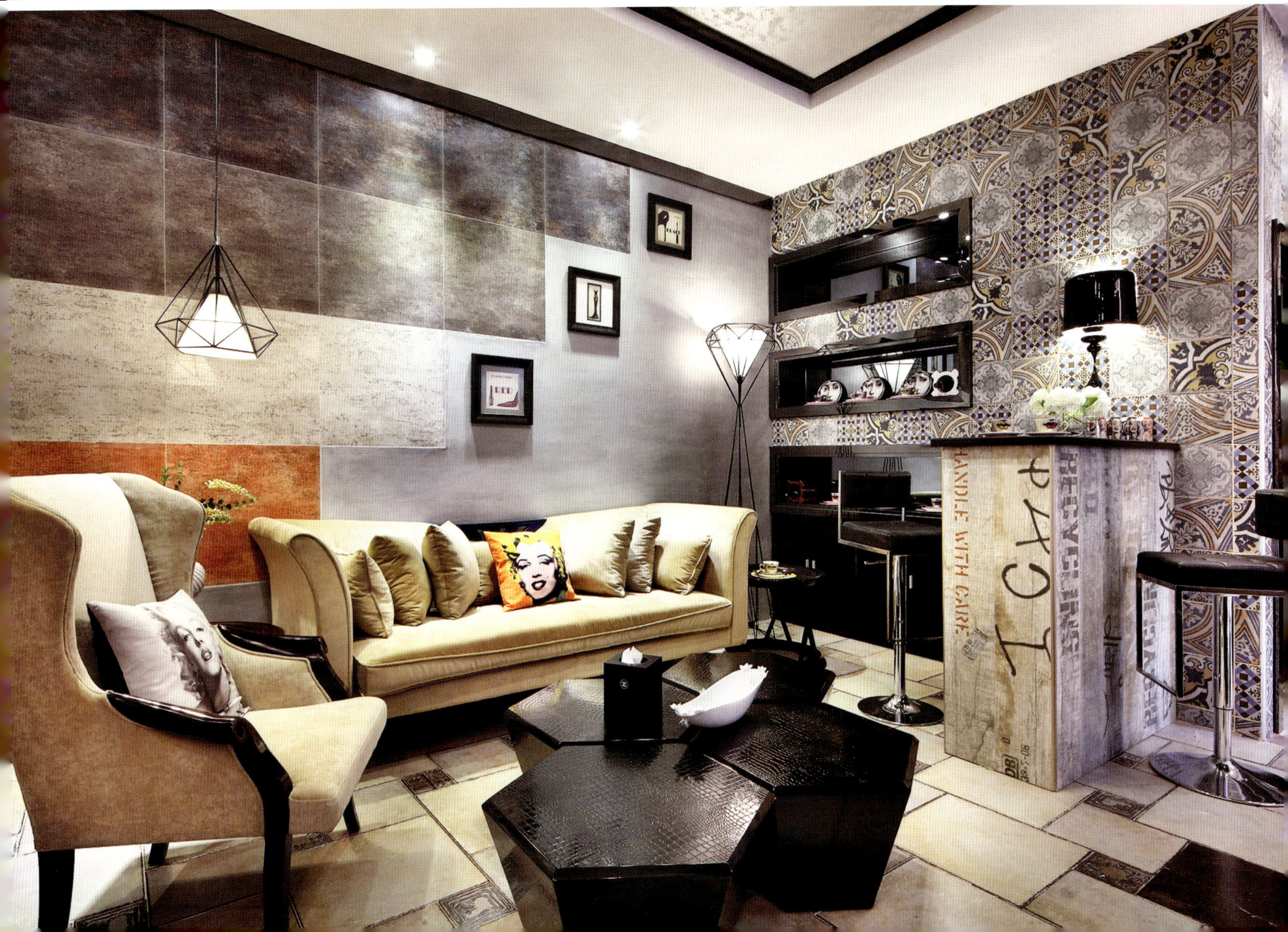
HANDLE WITH CARE
RECYCLING

设计师工位
推拉展架
储藏间
小吧台
视听间
销售工位
客户谈判区
无限石材前厅
邦加样板区
曼哈顿
美术馆样板区
蜡像馆样板区
风干木展区
花瓣橱窗
白漆柚木

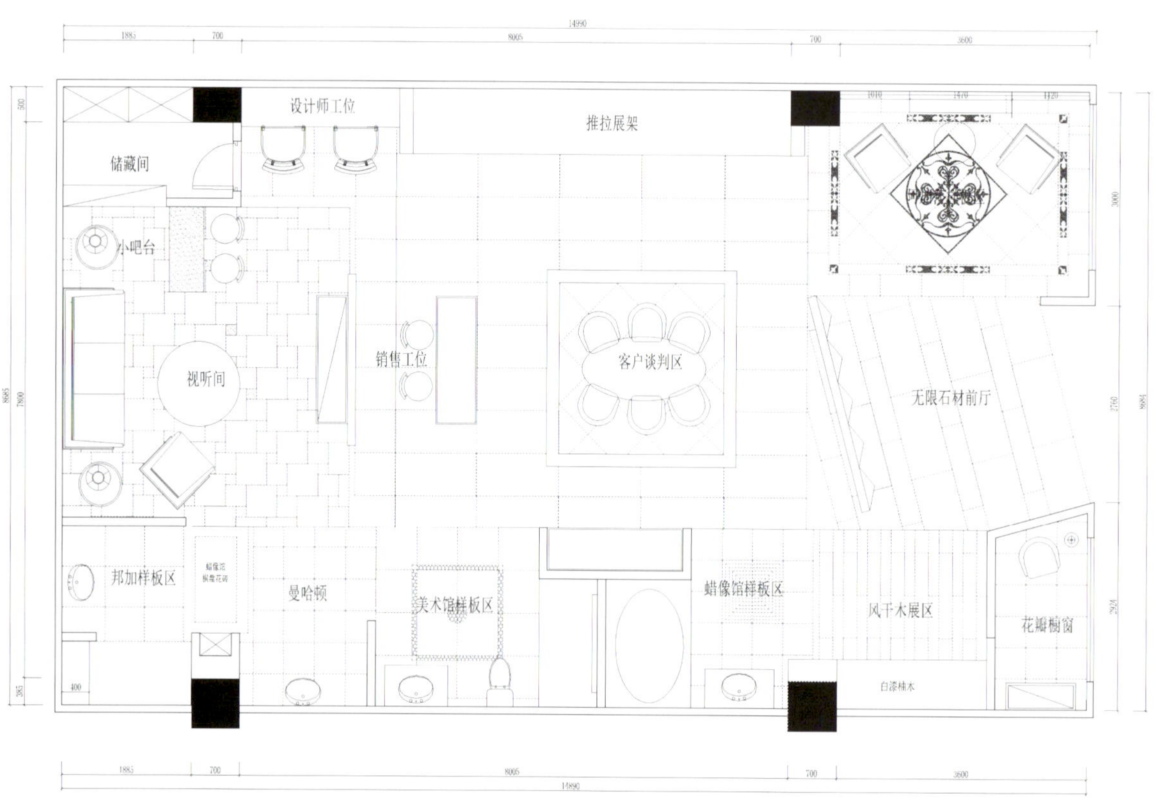

一层平面图

N°5
CHANEL

乌篷檐下

UNDER EAVE

项目名称 _乌篷檐下 / **主案设计** _金海洋 / **项目地点** _江苏省南京市 / **项目面积** _130 平方米 / **投资金额** _24 万元 / **主要材料** _德国 OSMO 木蜡油、新加坡"融意"实木家具、雷士 LED 照明、回收木料及钢材

A 项目定位 Design Proposition

应甲方诉求，设计方采用了大量的回收木进行空间装饰，以强调环保的态度。陈设部分则尽量选择能够凸显东方文化内涵的装饰以表达出甲方及设计方在本土文化传播上的构想。与同类物业相比，在满足产品展示之外更看重空间厚重的文化暗示。

B 环境风格 Creativity & Aesthetics

在南京市场的同类物业中 90% 以上的竞争物业展厅环境都以欧式古典为表达，本案作为目前同类物业中唯一一家以东方文化为主题，而又不恪守传统，通过大量回收木材及回收钢材的运用，旨在表达甲方的环保态度和设计方坚持"材料为设计之源"的意图。

C 空间布局 Space Planning

空间布局的灵感源于浙江乌镇的手工作坊，设计师在通过对传统中国式生产生活空间或厂房的模拟，营造出一种以传统为基调并入时下 loft 时尚元素的创意空间。

D 设计选材 Materials & Cost Effectiveness

本案所有装饰主材均来自设计师自己收集的老房回收木料及回收钢材，这既是设计师坚持"材料为设计之源"的初衷，也是设计师对于"环保"一次的理解和表达。

E 使用效果 Fidelity to Client

目前该案例已经投入使用，"不仅仅是一个商品展示和销售的商店，还有更深一层的消费引导和文化传播"是消费者群体中的最大反响。

硅藻泥·海贝泥

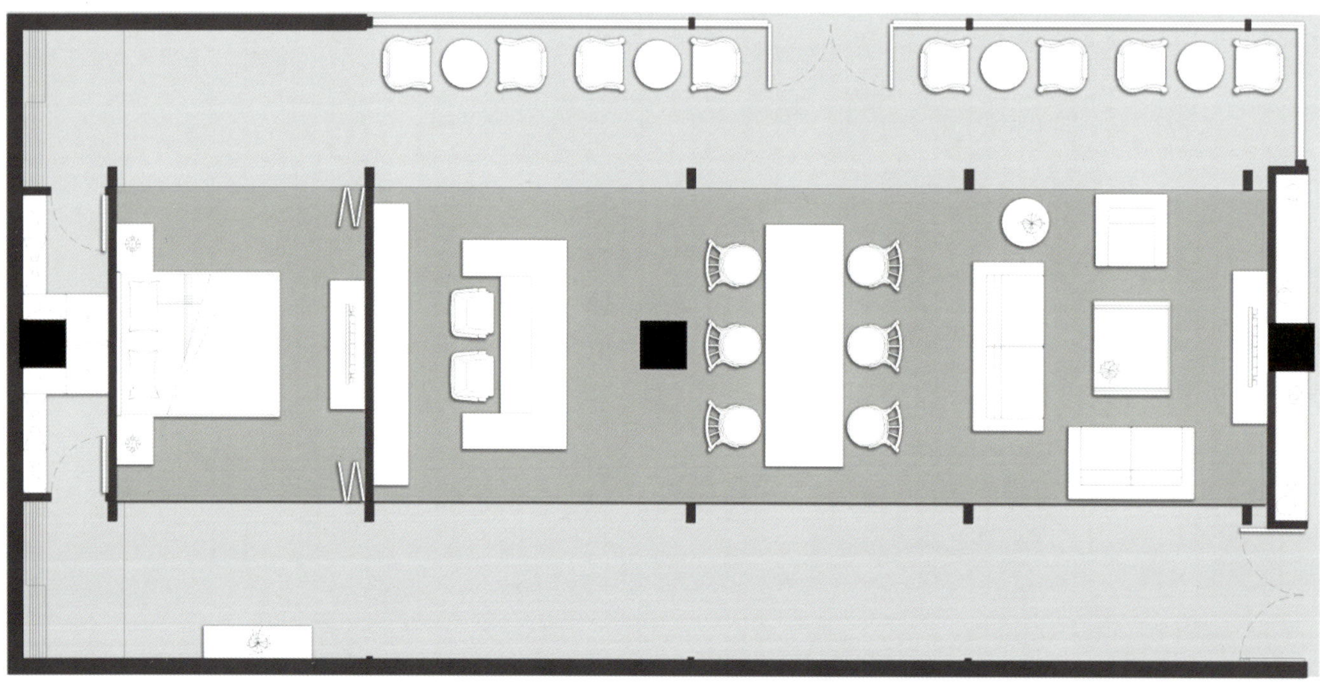

一层平面图

木本源中式卫浴旗舰展厅

THE BEAUTY OF CHINESE INK

项目名称 _ *木本源中式卫浴旗舰展厅* / **主案设计** _ *胡俊峰* / **参与设计** _ *张学翠、张伟* / **项目地点** _ *四川省成都市* / **项目面积** _ *160 平方米* / **投资金额** _ *20 万元* / **主要材料** _ *楼兰陶瓷、鼎铭光电、多乐士*

A 项目定位 Design Proposition

木本源是一家采用中国传统工艺，融入现代设计元素的卫浴产品展厅，产品选材均为香柏、松木和进口橡木。在款式上仿古木桶的美观、大方、古朴、典雅的风格，结合现代流行元素而设计；在工艺上采用古代雕琢手法，与现代高科技设备精雕细琢而成，光润如玉，给繁忙的现代人提供一个洗尽凡尘，回归自然的意境。

B 环境风格 Creativity & Aesthetics

在整体展厅的设计规划初期，“容纳”“容合”“容质”是设计师首先考虑的。容纳，即是将产品完美地融入空间；容合，产品和空间既要和谐统一，又要彰显突出；而容质，也是最重要的一点，即企业产品的气质要与空间的气质高度契合，相互益彰。所以，设计师根据空间的五感体验设计，将空间的场所精神定位为新中式，首先在视觉上做整体定位！在设计手法上，胡俊峰将街景引入室内，用建筑的手法对空间进行诠释，让顾客在浏览展厅的时候，感受到仿佛走在古时街道般别样的体验。展厅的入口处，圆形漏窗伸出的条案作为展厅接待台，增加了一抹灵动和趣味。

C 空间布局 Space Planning

展厅的内部空间，设计师使用了徽派建筑中连续的封火墙作为基本设计语言，很好地把握了呼应对称，让空间的立体感、韵律感、节奏感、秩序感十足；通过一条由连续的月洞门组成的长廊，视线被走廊尽头的镜面所延伸，增强了顾客在店内空间的交互体验！设计师还在展厅内设置了两处停留空间，一处位于展厅的中央，以园林造景的方式进行构造，让顾客在亭台之中感受着富有中式韵味的购物体验；一处设置于连续月洞门的尽头，根据展厅的动线排布，合理设置顾客停留。在园林中品茗交谈，完善了五感设计中味觉和触觉的体验。

D 设计选材 Materials & Cost Effectiveness

设计师还将品牌的 VI 系统进行空间植入，通过传统的印章、辅助图形、企业 LOGO，将品牌文化注入空间。选材上，芝麻白的火烧板、石纹砖、瓦片的使用，很好地配合了空间的基本格调木本源的展厅设计将空间气质和品牌气质高度契合。

E 使用效果 Fidelity to Client

这是私享设计工社一个成功的商业空间案例，本案于“设计向西，设计向东”设计联展中亮相于 2014 年意大利米兰展，受到广泛好评！

木本源
MU BEN
YUAN
源

MUBENYUAN
MU BEN YUAN

14500
300
7900
600
5700
卫浴实景间4
卫浴柜
木桶
+300
+450
工作区
落地罩
镜面墙
+200
卫浴实景间3
月洞门
+0,00
+240
画室/书房
翘头案
景观中庭
博古架
花几
镜面墙
样板展架
卫浴实景间2
+350
+200
木桶
+450
卫生间实景1
小品墙景
LOGO墙
平门洞
马头墙
接待台
小品景观
600
4800
8400
15000
1500
3580
7080
15200
2800
120
200
400
8800

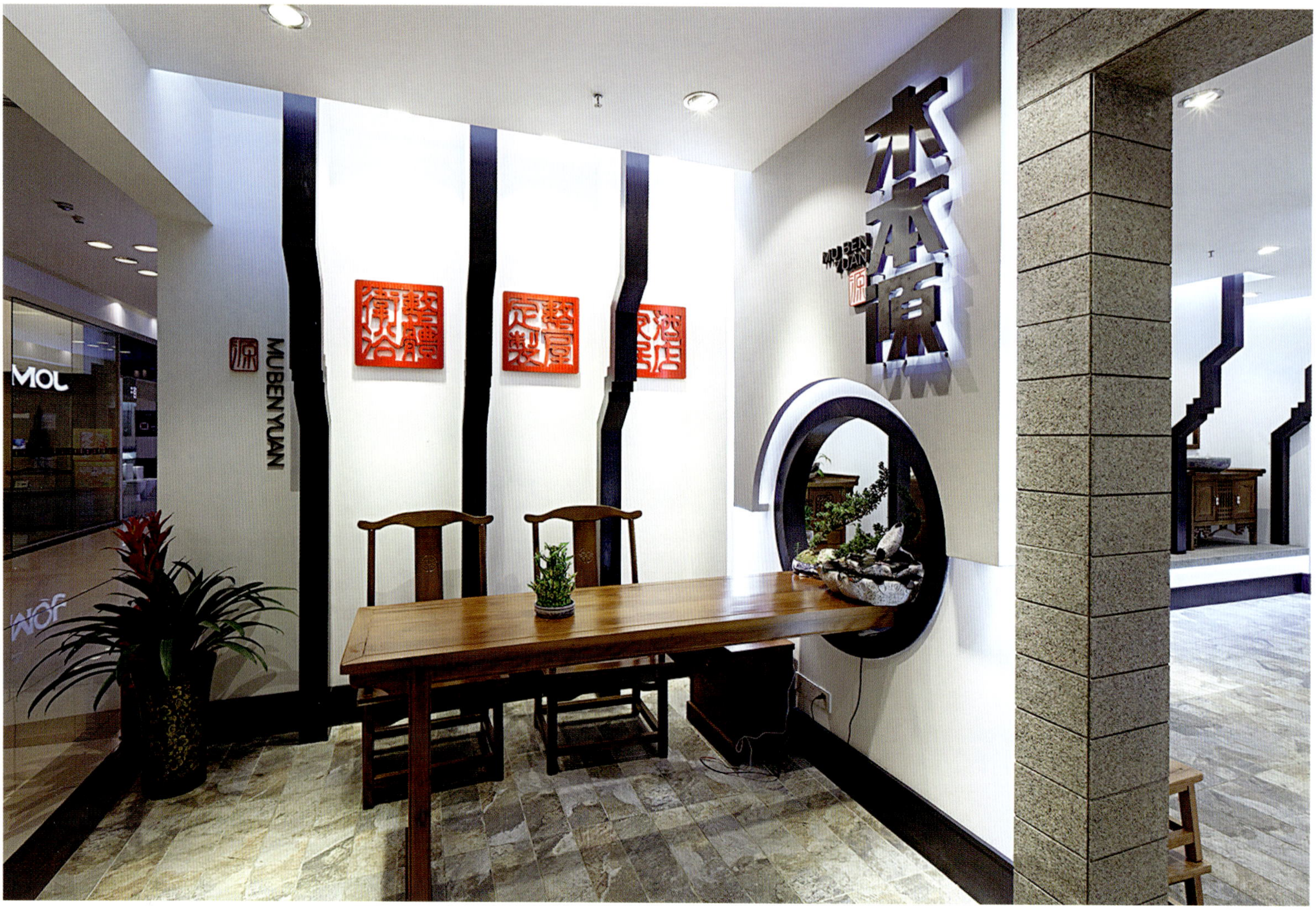

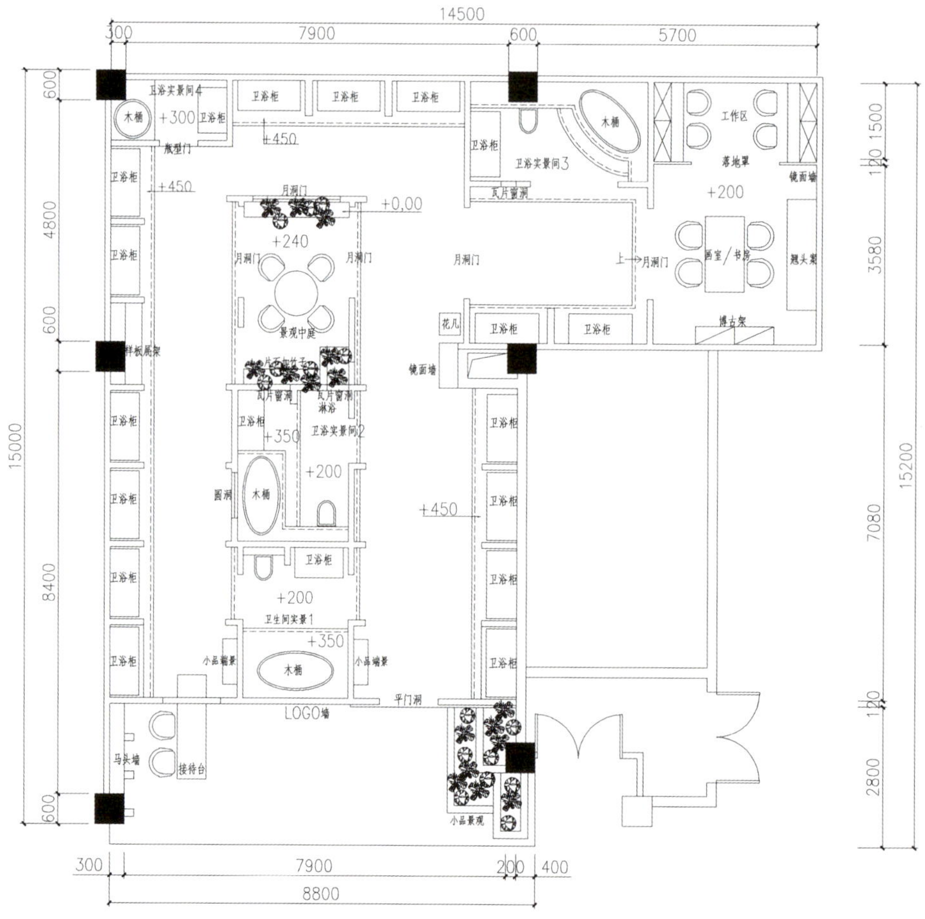

一层平面图

传世家居美学馆

TREASURE

项目名称 _ 传世家居美学馆 / **主案设计** _ 李柏林 / **项目地点** _ 江苏省南京市 / **项目面积** _500 平方米 / **投资金额** _30 万元 / **主要材料** _ 欧松板、钢花玻璃、工艺墙板、环氧自流平、定制地板

A **项目定位** Design Proposition
有文化底蕴的高端消费者。

B **环境风格** Creativity & Aesthetics
带有东方元素的中西结合。

C **空间布局** Space Planning
流线更加分明。

D **设计选材** Materials & Cost Effectiveness
独特的定制类墙板和半成品自流平。

E **使用效果** Fidelity to Client
相当不错。

24720
3610
733
7637
760
7640
760
3580
3604
4206
760
19340
7640
760
2370
7495
19170
5102
2200
1343
680
1300
C
D
B
4530
2200
1420
6800
5620
100
4430
25100

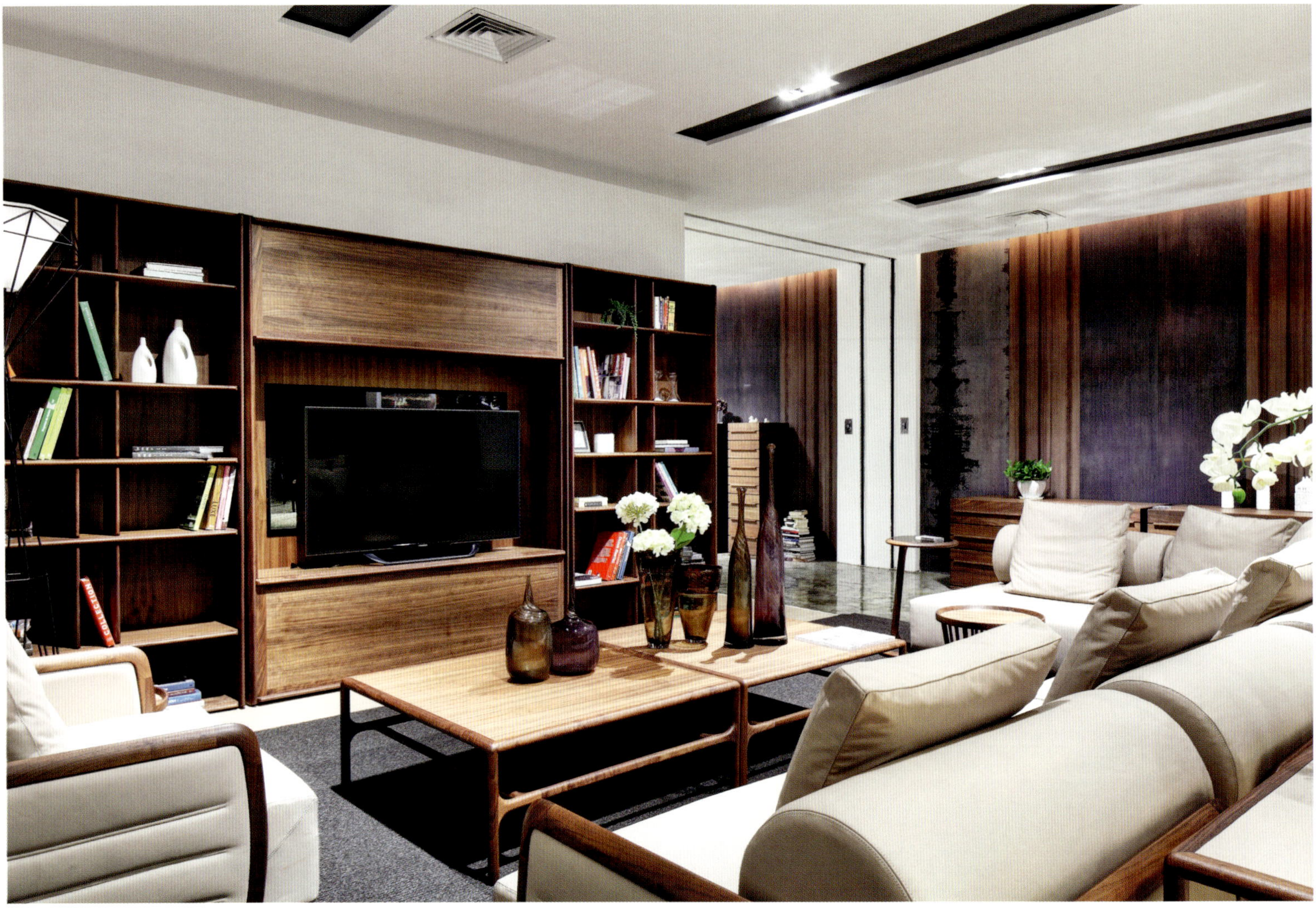

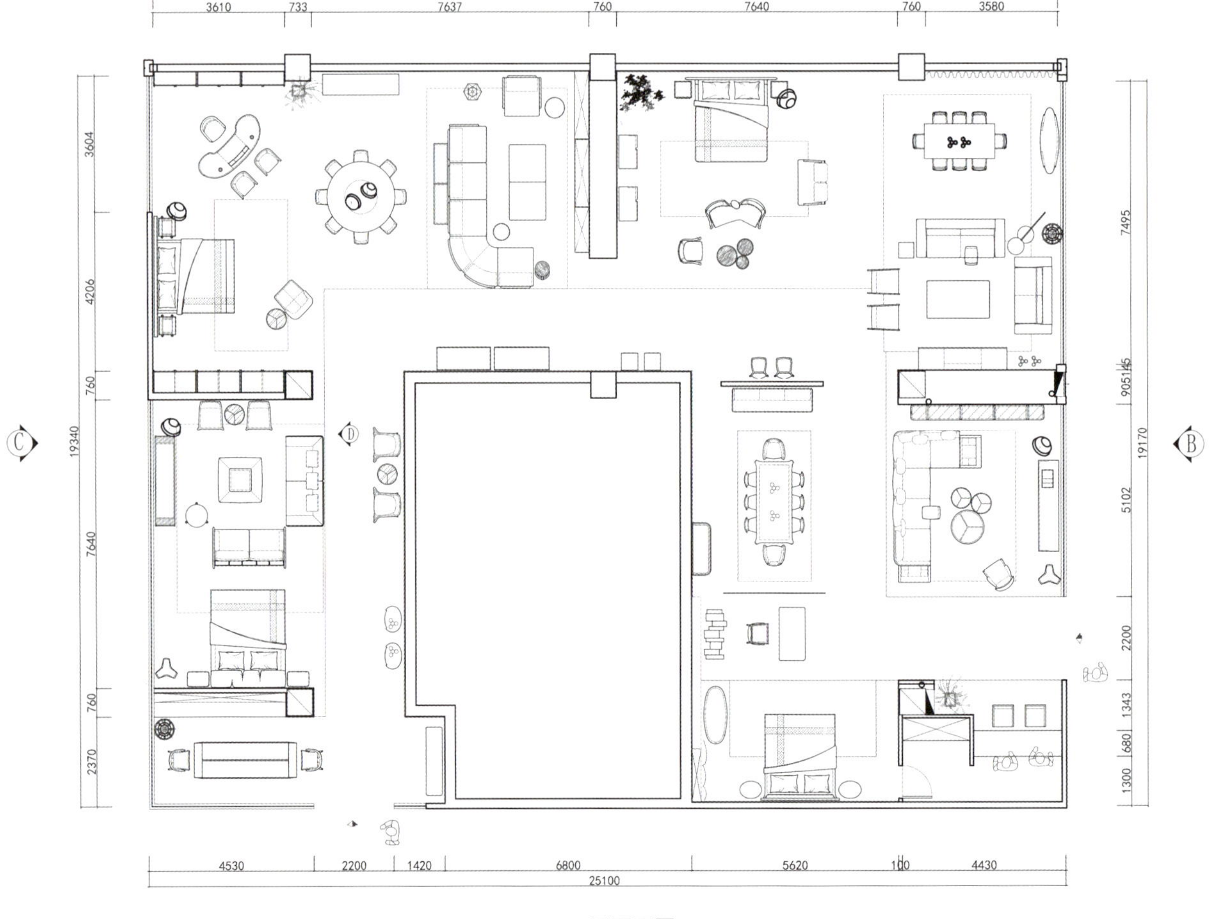

一层平面图

红酒体验吧

WINE

项目名称 _ *红酒体验吧* / **主案设计** _ *邱洋* / **参与设计** _ *马超龙* / **项目地点** _ *陕西省西安市* / **项目面积** _ *180 平方米* / **投资金额** _ *15 万元* / **主要材料** _ *松木板*

A 项目定位 Design Proposition

制作了一个由红酒箱子搭接完成的空间 定位为红酒销售体验吧。

B 环境风格 Creativity & Aesthetics

空间的主体只有红酒的“家”那就是红酒箱。

C 空间布局 Space Planning

箱子从中间的柱子往四周散开就像是一棵大树的枝蔓慢慢低垂下来，空间生动又不繁琐。

D 设计选材 Materials & Cost Effectiveness

材料品种只有一种 让空间纯粹不罗嗦。

E 使用效果 Fidelity to Client

红酒体验吧成为都市人群休闲好去处。

INTIMACA
瑪咖神果
健康人生
WIFi
免费无线上网

408
215
¥215

¥765
¥765
¥198
¥238
¥238
718
718
448

杂物间
2607
2256
1407
1200

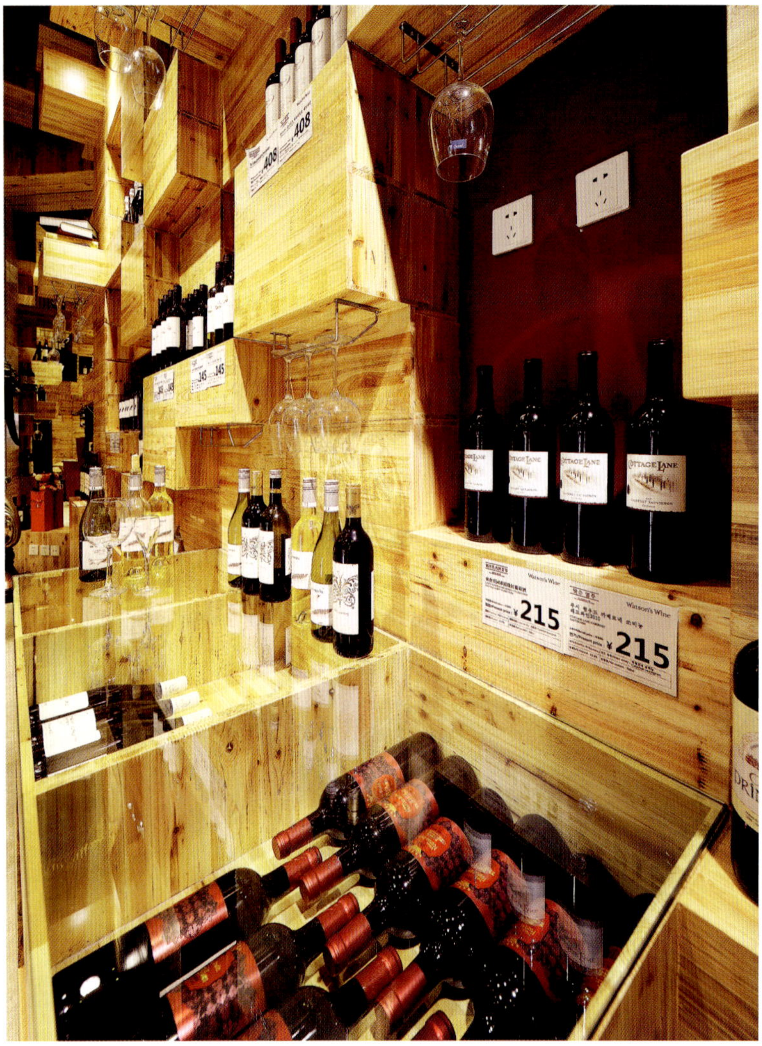

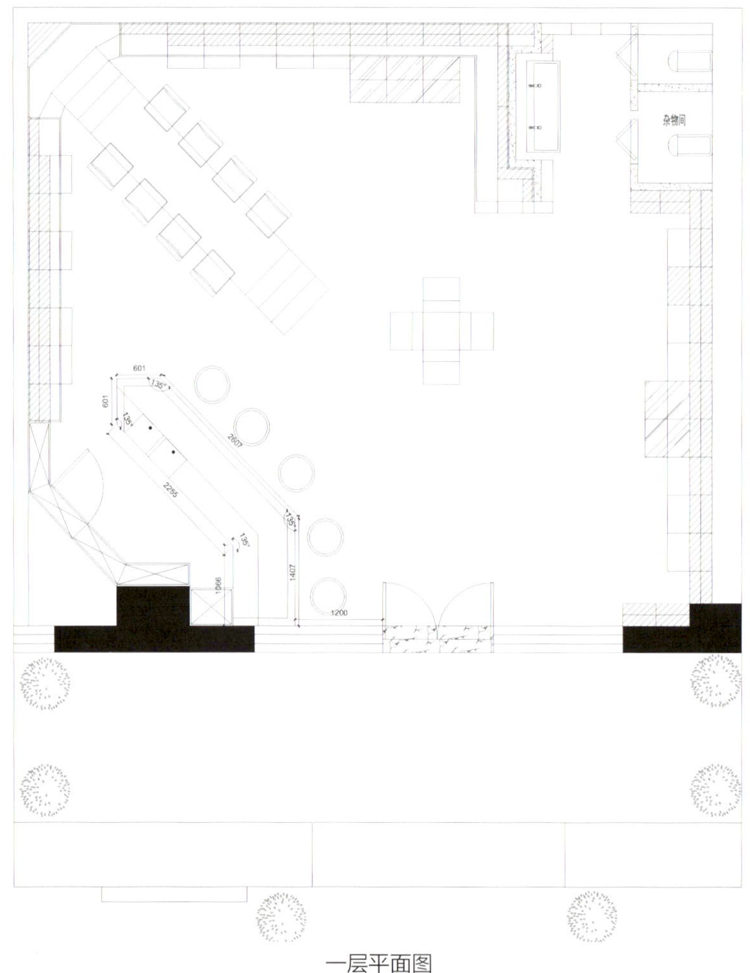

一层平面图

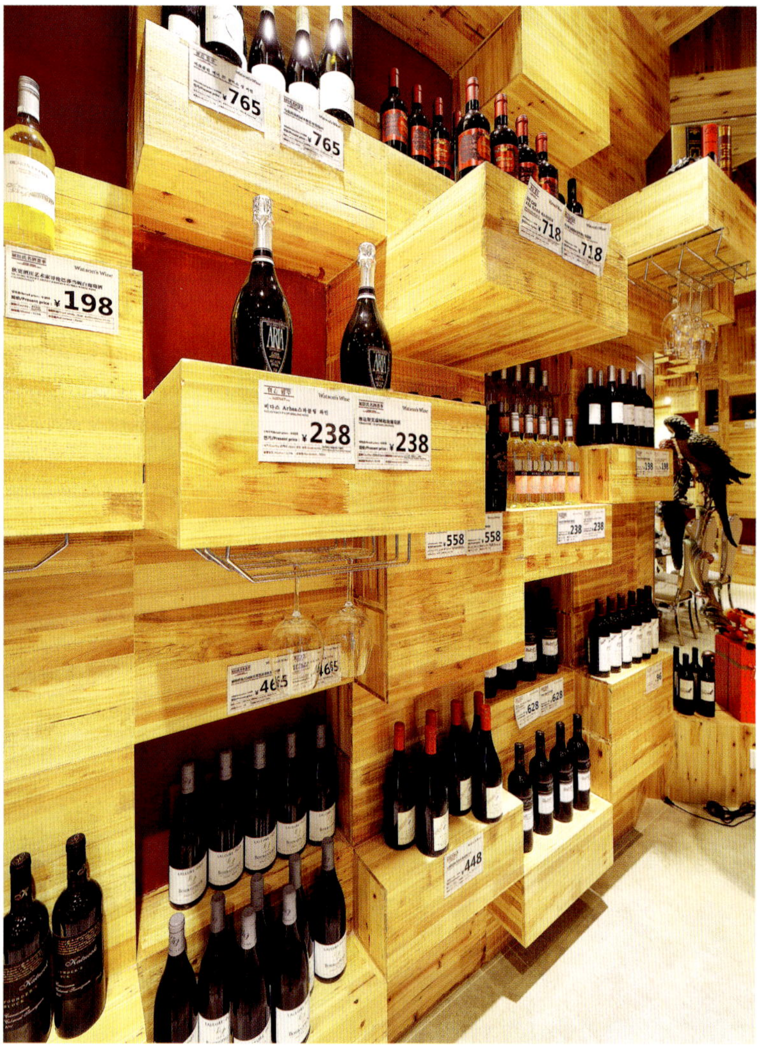

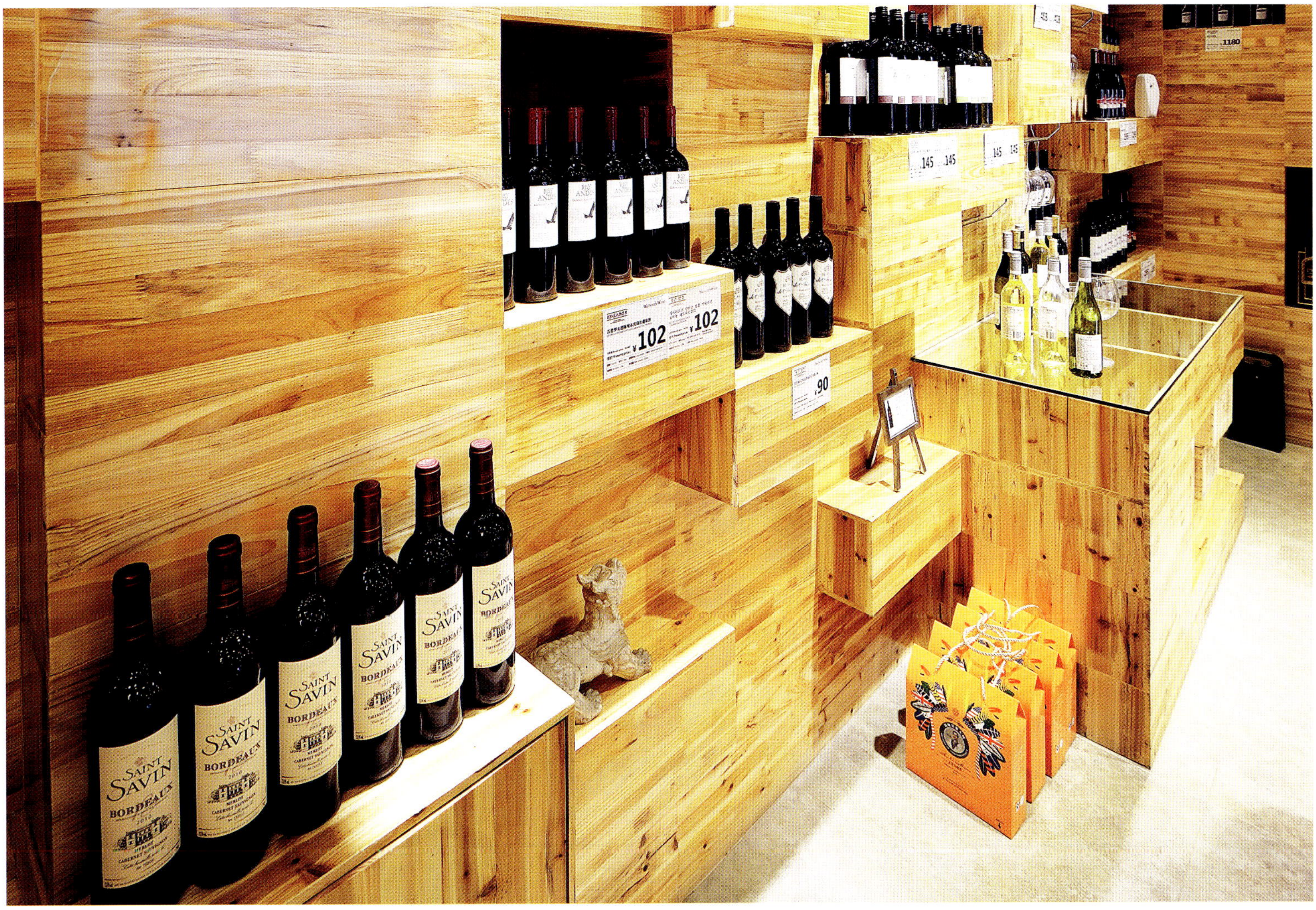
SAINT SAVIN
BORDEAUX
¥102
¥102
¥90
145
145
1180

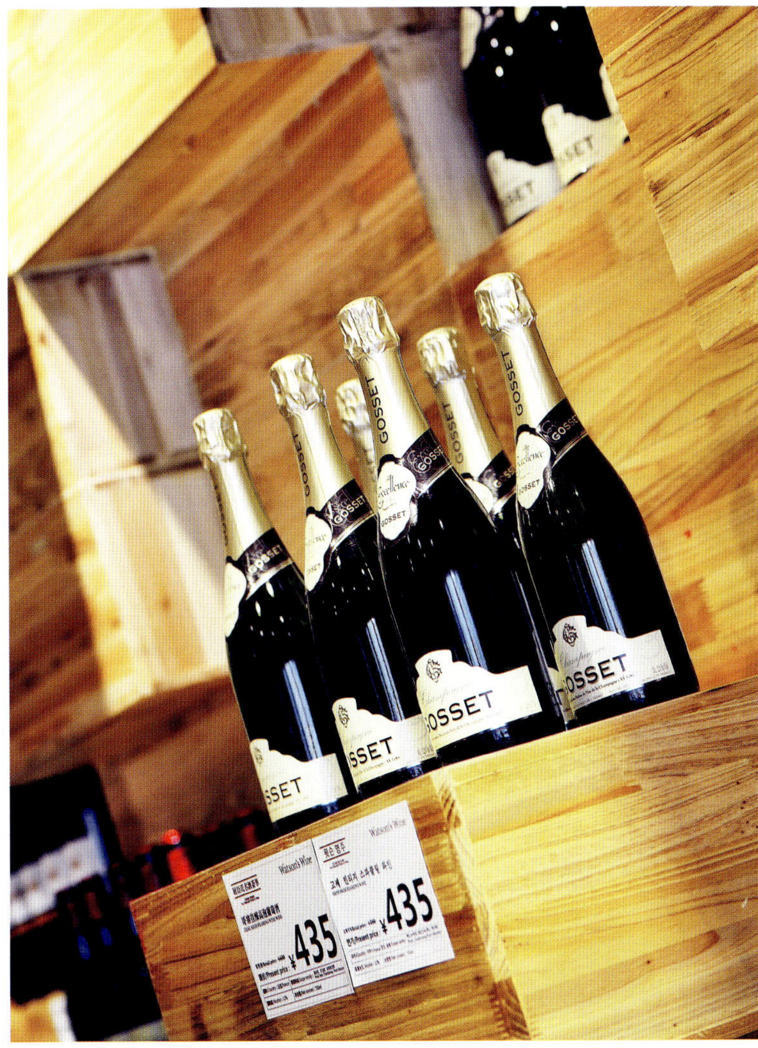

GOSSET
¥435
¥435

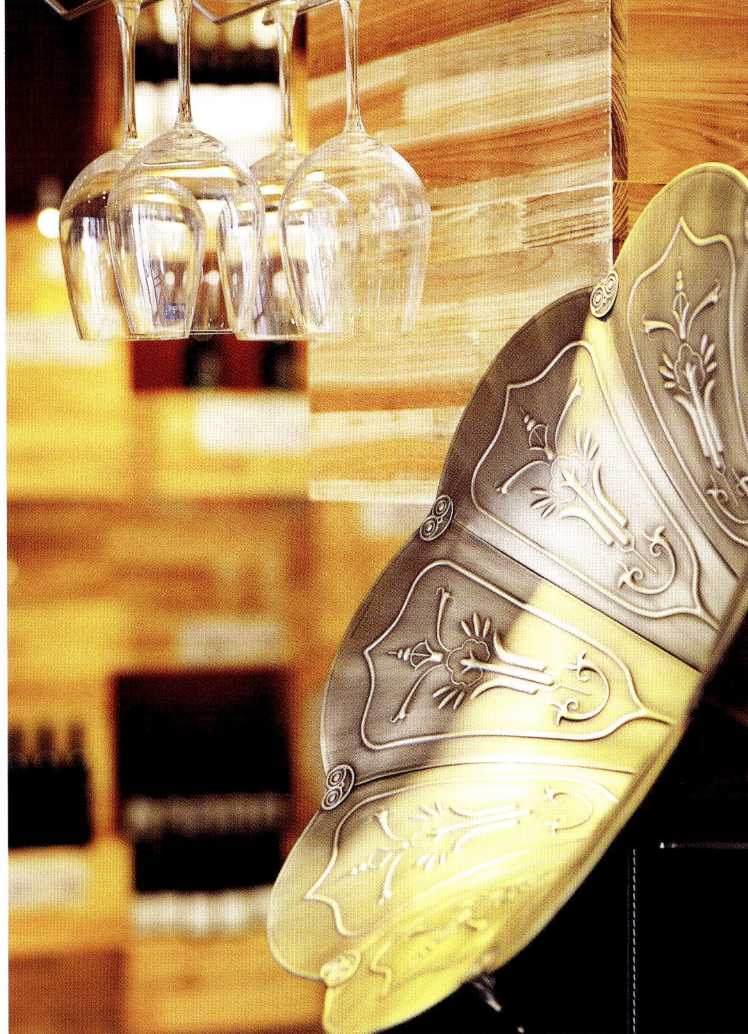

音乐新体验

THE NEW MUSIC EXPERIENCE

项目名称 _ *音乐新体验* / **主案设计** _ *何宗宪* / **项目地点** _ *香港　中西区* / **项目面积** _ *1124 平方米* / **投资金额** _ *1000 万元*

A 项目定位 Design Proposition

在全球一体化下，作为陪伴着人们生活，音乐一直扮演着一个重要的角色，但在音乐零售业本身起了一个重大变化，实体的唱片零售店经营模式因网络等的新购买媒体途径而冲冲击，因此唱片店都需要一个重新的定位，创造的空间体验，以新的“音乐”形态重现到顾客面前。

B 环境风格 Creativity & Aesthetics

设计以音乐为蓝本，强调掌握声音和视觉上所配合而产生的效果。 当中以回忆昔日与结合当下的手法，让音乐爱好者享受一个全新的空间作为出发点，作品利用了科技与回忆结合，使“新”与“旧”两种主题，并存地展现到顾客面前，并产生新的感受。

C 空间布局 Space Planning

作品在空间布局把“当下”与“回忆”为主题。在入口部份利用 LED 的彩色条子屏幕，把视觉与听觉功能结合，使顾客全然投入到音乐空间里。 三层以利落的手法带出主题，以一个“音乐亭“子里，有别于过往选购实体 CD 的手法，而是加以利用手触的屏幕，使顾客选择与接收不同的歌曲，这样一来不单使空间扩宽，当中更设有”排行榜“，使顾客一边感受音乐，同时，投入到空间当中，而各种创新的手法，更令顾客产生一种对唱片店全新的看法。

D 设计选材 Materials & Cost Effectiveness

整个三层区选材简洁，主要运用防音的材料，例如墙上所采用的防音板以及吸音等材料，同时结合如 LED、手触屏幕和音响等器材，清晰而明确，使顾客更能专注于他们所喜爱的音乐上。 四层则因应主题，大量采用古董的用材，如来自奥地利的家具和墙纸，使整个区域充满着昔日 70 年代唱片店的氛围。

E 使用效果 Fidelity to Client

爱好音乐者可以透过各种的细节，例如进门口显示歌词的 LED 造型等，通通种种精心布局的细节上，使他们更全然投入到音乐的空间中，而空间的功能，再不受局限于零售唱片或产品之中，令顾客对于唱片店的固定形象打破。

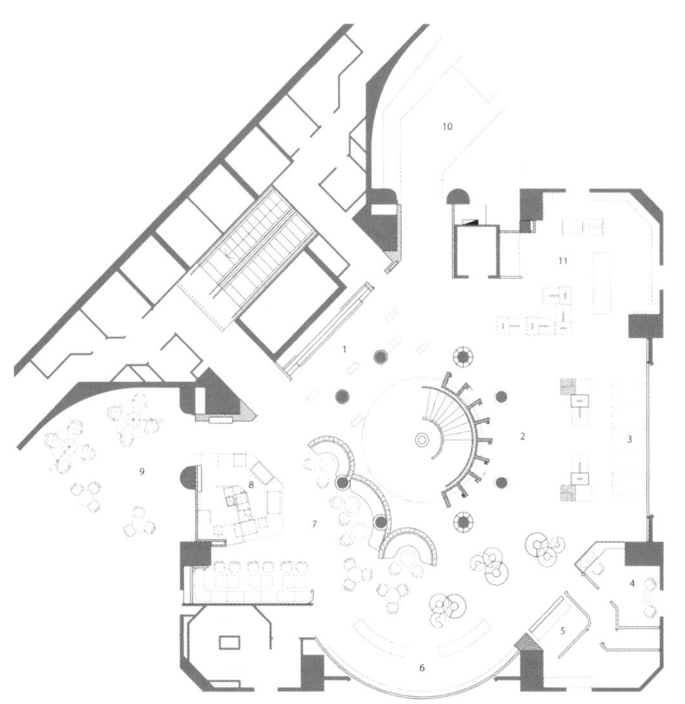

三层平面图

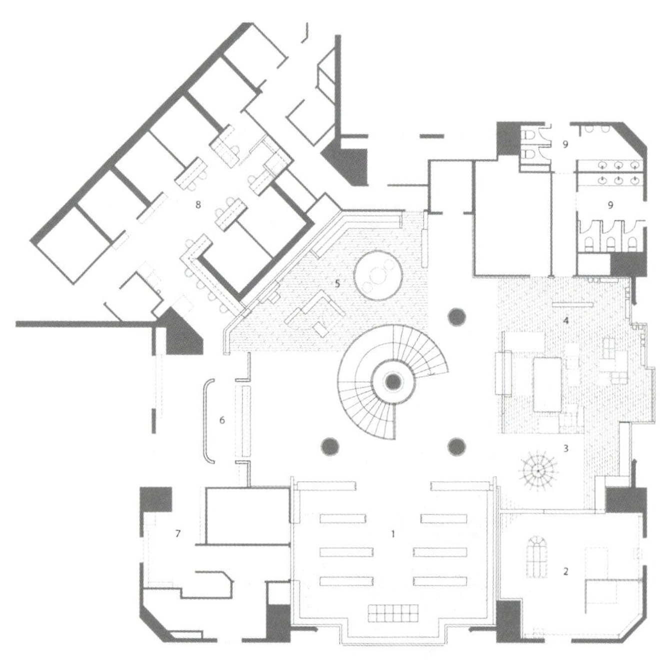

四层平面图

大巢氏
NEST MAN

项目名称 _ 大巢氏 / 主案设计 _ 许建国 / 参与设计 _ 刘丹、陈涛 / 项目地点 _ 安徽省合肥市 / 项目面积 _90 平方米 / 投资金额 _50 万元 / 主要材料 _ 白水泥麦秸秆、原木、石材、毛石、水曲柳木饰面

A 项目定位 Design Proposition

本案设计秉持自然养生之念，如何保持天然，让一切看起来都自然地那么好，不矫揉造作。

B 环境风格 Creativity & Aesthetics

入门处本案设计师偶得三把凳子，全由树木自然生长而得来，未经任何雕琢打磨，更好地切入主题，自然的东西如何保持良好的状态，这便是追寻的真谛。

C 空间布局 Space Planning

如此环境，走进去便像是得到自然的洗礼般，身心舒畅，崇尚自然与和谐，实现人与自然的和谐统一，方可达到最好的状态。

D 设计选材 Materials & Cost Effectiveness

原木，原石，竹子等自然材料，进行巧妙衔接捆绑，分割空间，又使之在情理之中，辗转回旋，烘托出整体环境氛围。

E 使用效果 Fidelity to Client

这便是设计师所追求的，不娇柔做作，收放自如。

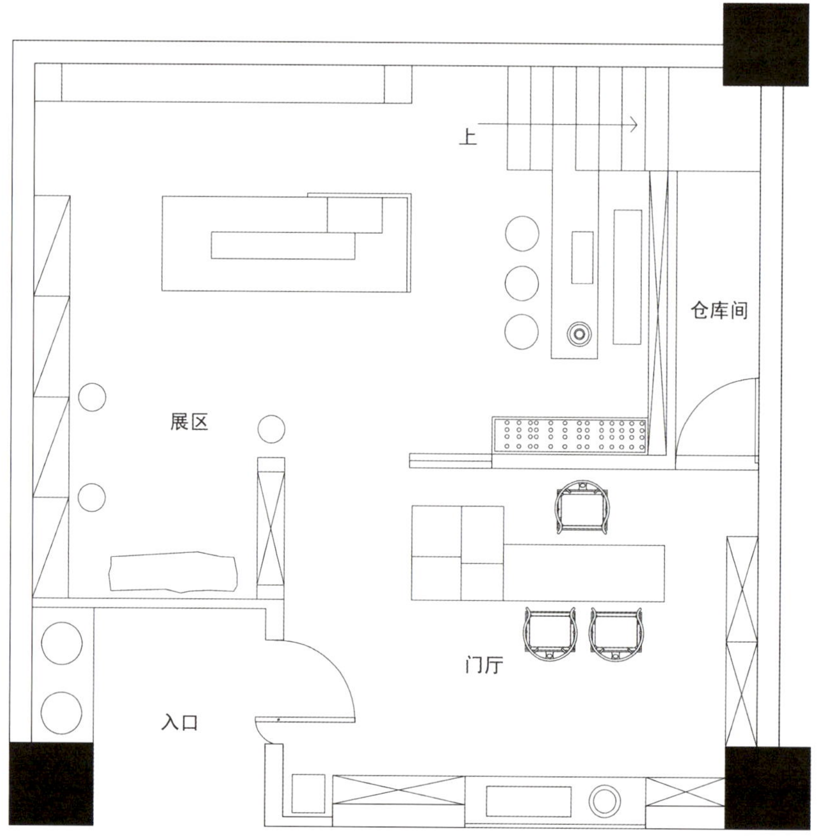

一层平面图

Public
公共空间

YouBike-台东都历游客中心
YouBike-Douli Visitor Center

中国光学科学技术馆
CHANGCHUN CHINA OPTICAL SCIENCE & TECHNOLOGY MUSEUM

爱与梦想的重生
A reborn of love and dreams

环亚机场贵宾室
Palaza Premium Lounge

北京东方剧院
BEIJING EAST THEATER

婴儿园艾马仕幼儿园
Baby Kindergarten

无限竹林·吴月雅境
Infinity Bamboo Forest-Moonlit Garden

P+ONE 体验馆
P+ONE Exhibition Hall

21空间美术馆
21 Space Art Museum

沈阳文化艺术中心
Shenyang culture and Art Center

YouBike-台东都历游客中心

YOUBIKE-DOULI VISITOR CENTER

项目名称 _YouBike- 台东都历游客中心 / **主案设计** _ 邵唯晏 / **参与设计** _ 杨咏馨、杨惠财、林庭羽 / **项目地点** _ 台湾台东县 / **项目面积** _ 室内 5000 平方米、室外 2650 平方米 / **投资金额** _1200 万元 / **主要材料** _ 富美家美耐板、pvc 地板、乳胶漆、清玻璃、保特瓶

A 项目定位 Design Proposition

东海岸国家风景区管理处的游客中心，定位上是给游客一个全新的角度来了解花东海岸，带点教育但不冗长乏味，游戏化取代传统的展览陈设，互动的多媒体科技增添趣味性与国际性视野，动态与静态的展示结合就像这片东海岸，看似平静却处处富有生机，同时也是台湾首次大量将计算机参数式设计方法导入室内设计，赋予空间戏剧性的张力。

另外，本馆也是全台湾第一座可以骑脚踏进入室内参观的展览馆，不用担心自行车离身的烦恼，在展示馆中忽高忽低的遨游参观，一种全新的参观体验。

B 环境风格 Creativity & Aesthetics

人说台湾最后一块净土就是美丽的台东，台东不论是感性的天然美景或是知性的人文生态，在地形上、生态上亦有其得天独厚之处，加上丰富的原住民、史前文化，共同织出东部海岸的迷人风华。而台东这所有的美好都能回归到最自然的三个元素 - 天、地、海，因而整个展览馆分为大地区、海洋区及天空区三大区，另外还有一个数位星空电影院，最后透过脚踏车道的串连和导引，有效将户外的地景和活动带进室内的展示空间。

C 空间布局 Space Planning

整体的空间布局是采开放式的策略，并透过全台湾第一座的骑脚踏道引入室内，空间上将被脚踏道穿针引线，创造出一个极具有趣及空间张力的空间布局。

D 设计选材 Materials & Cost Effectiveness

本案因为政府的标案，在最低标的既有政策下，在有限的预算及工期下，要如期完成形体复杂的展示厅，相当困难。为克服以上的先天劣势，及顾及工程质量，我们采用了最简单、最易取得及节能环保的材料。同时设计团队在设计前端采取大量的计算机辅助设计来介入整个流程，从设计的发想到施工图面的绘制，有效透过参数化的设计流程，终将本案执行完成。

E 使用效果 Fidelity to Client

本案完成后，大大增加了游客的参访量，同时成为全台湾第一座可以骑脚踏进入的展览馆，更增加了各种参观游客的类型，由其是针对中国的游客，成为台东的一个新地标景点，也让本来沦为相较冷门的台东都坜游客中心跃升成为东台湾重要的参观景点。

海洋區
Oceanic Area

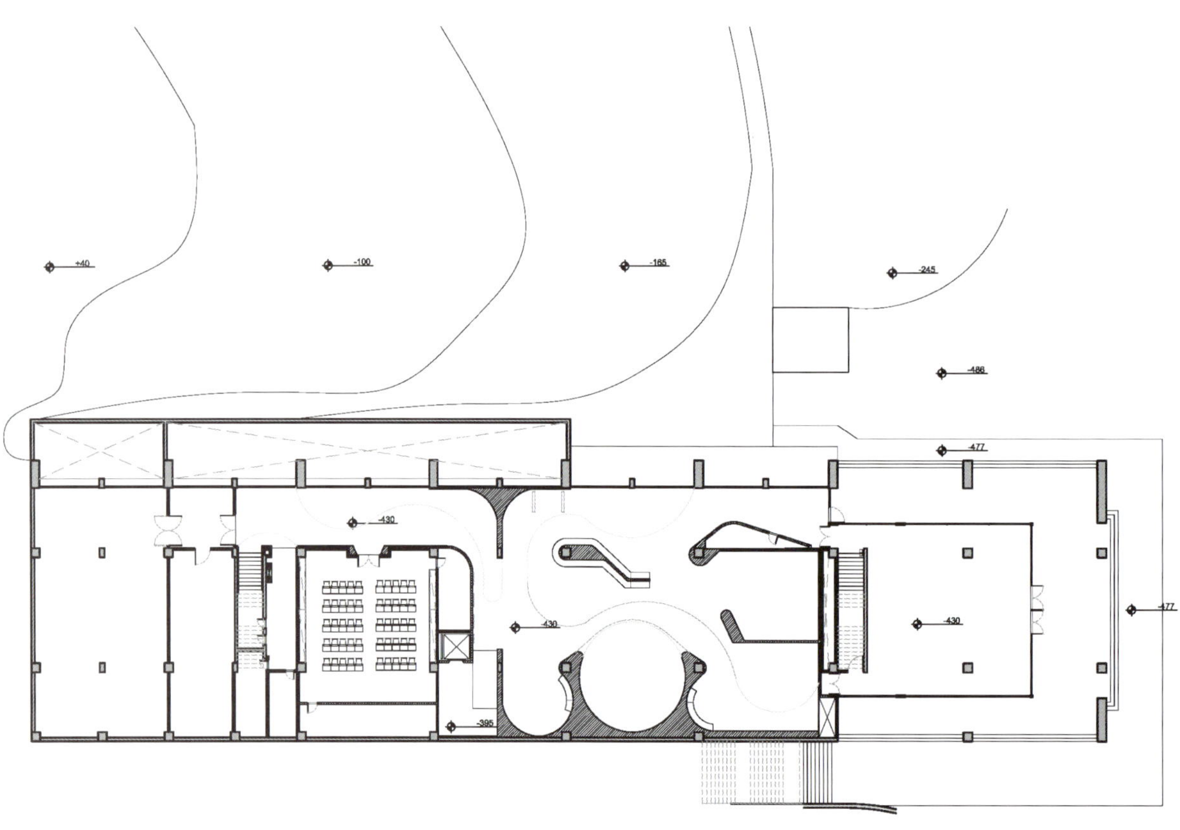

一层平面图

中国光学科学技术馆

CHANGCHUN CHINA OPTICAL SCIENCE & TECHNOLOGY MUSEUM

项目名称 _ *中国光学科学技术馆* / **主案设计** _ *王征宇* / **参与设计** _ *王玮、王春磊、刘小丽、庞淼、张瑞航、徐静、徐晓雯、胡红梅* / **项目地点** _ *吉林省长春市* / **项目面积** _*3000 平方米* / **投资金额** _*6600 万元* / **主要材料** _ *定制*

A 项目定位 Design Proposition

中国光学科技馆落户中国光学事业的摇篮城市——长春，必将极大地提升吉林省在我国乃至世界光学领域中的竞争力和影响力，对于普及光学科技知识、展示光学科技成果、加强国内外光学科技交流与合作、加快吉林省光电子产业优化升级具有重要意义。

B 环境风格 Creativity & Aesthetics

设计师分别以“赤、橙、黄、绿、青、蓝、紫”，七色光作为各个展厅的基础色彩，在各展厅的门套、地面、天花灯饰、墙面装饰方面，处处装点与光息息相关的装饰，与展示内容相得益彰，让参观者包裹在满是光学氛围的七色展厅中，一步一光华，一眼一世界。

C 空间布局 Space Planning

用清晰流畅的展示动线串联丰富多变的展示空间，根据每个展示空间的主题及内容，提炼与升华，利用麦穗、长河、山峰、万花筒、交织的网等精彩的设计元素，创造独具特色、充满艺术氛围的展示空间，让空间内容与形式达到完美的和谐统一。

D 设计选材 Materials & Cost Effectiveness

运用市面上最常见的装饰材料，通过创新性的组合与演绎，让银河、光晕等奇妙的光学现象走近人们的身边，获得更符合光学特性的艺术展示效果。

E 使用效果 Fidelity to Client

以展示内容的引申和象征意义来提炼元素符号，并应用到空间设计当中，使枯燥而理性化的光学知识更加人文化、更加深刻而具有理念高度，更加通俗易懂、便于记忆。

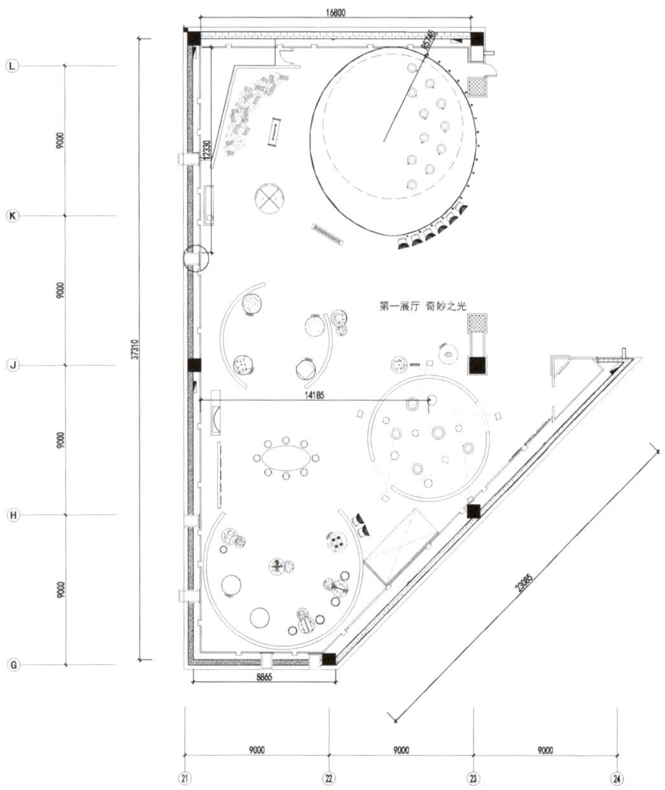

第一展厅平面图

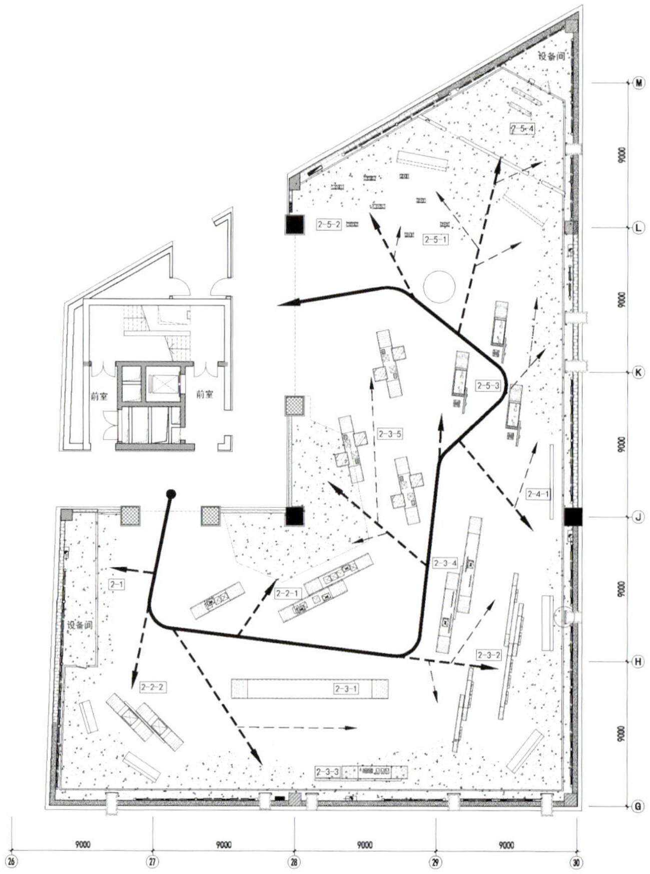

第二展厅平面图

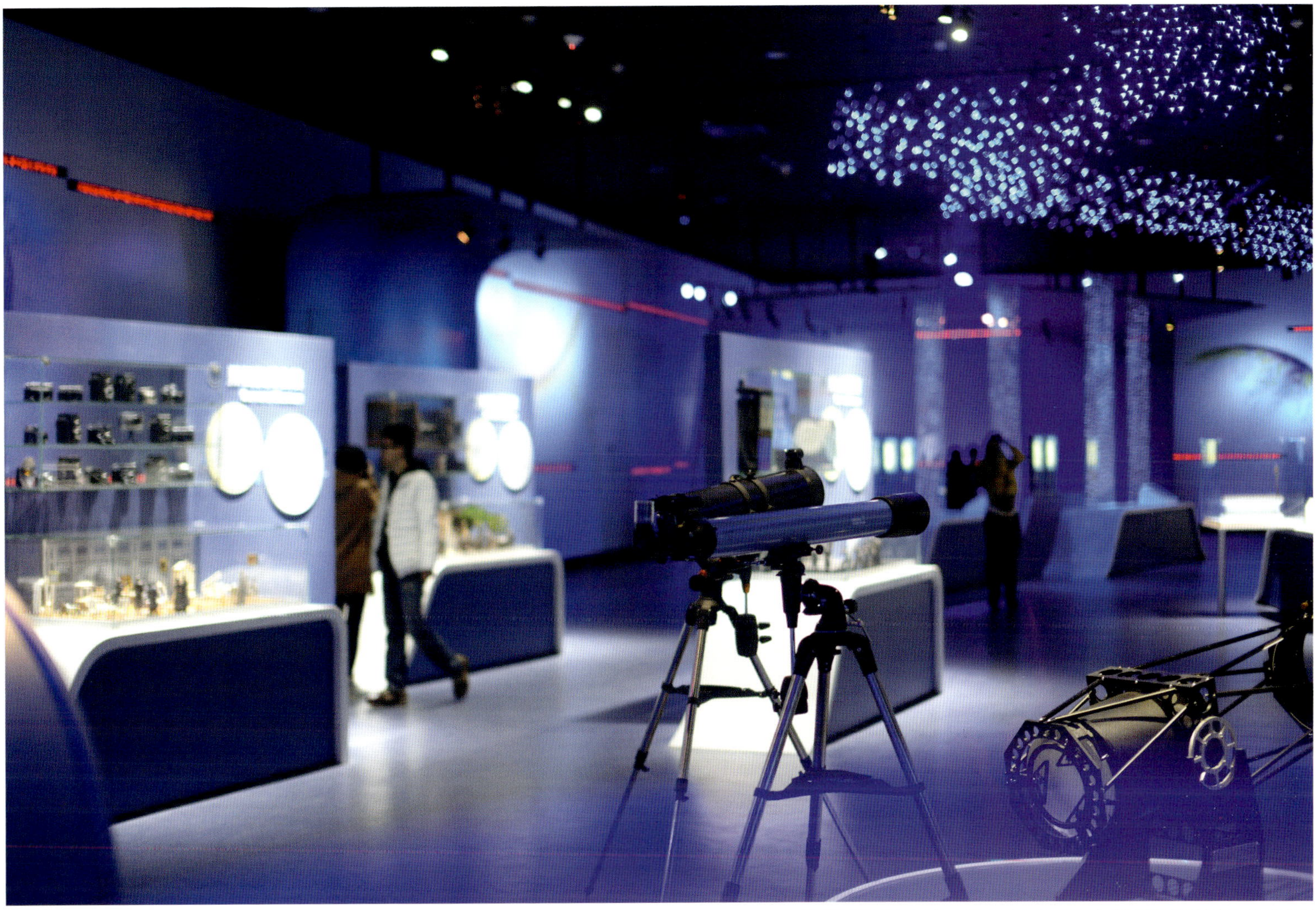

镜子的历史
History of Mirror
齐家文化与商周铜镜

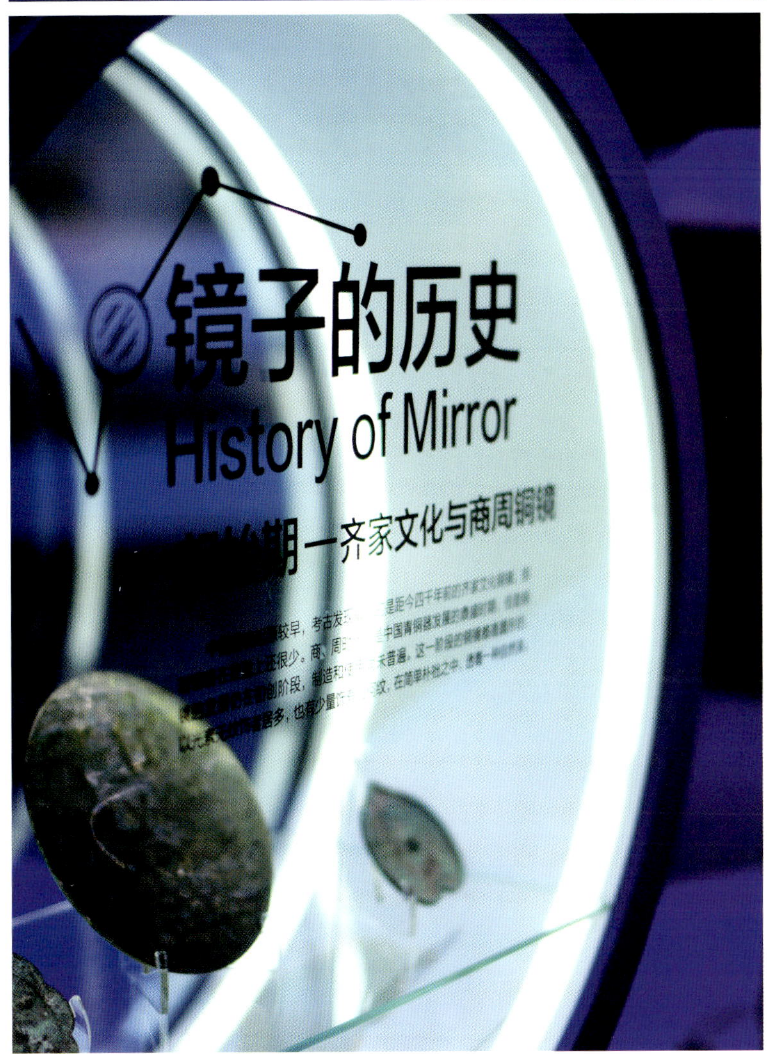

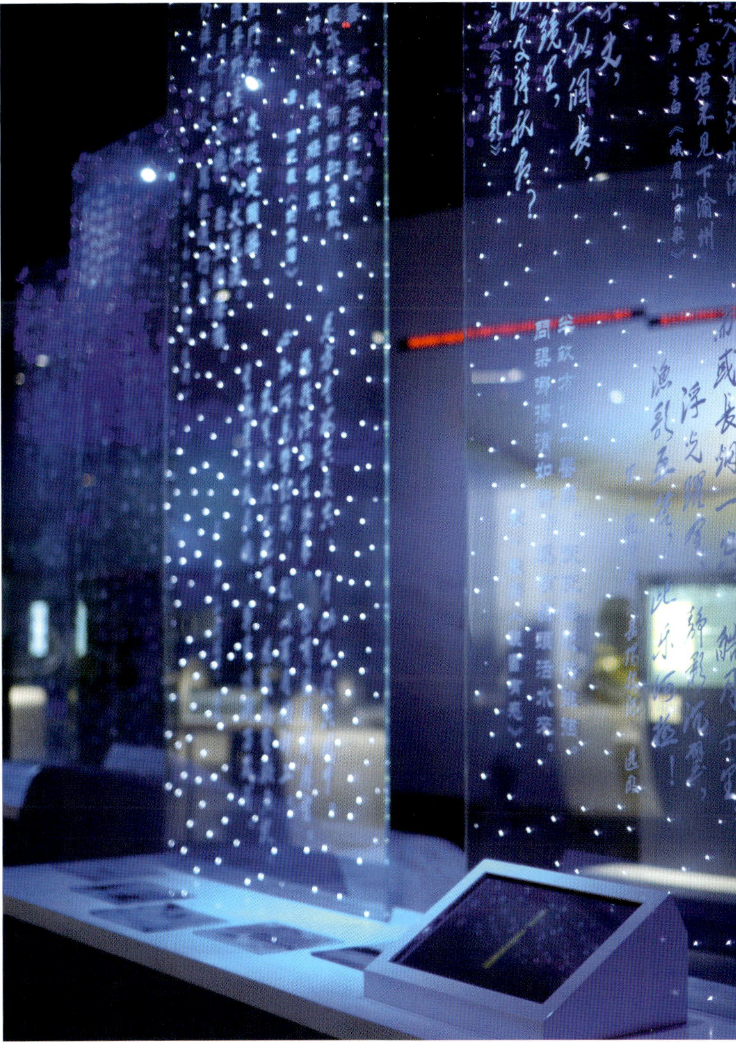

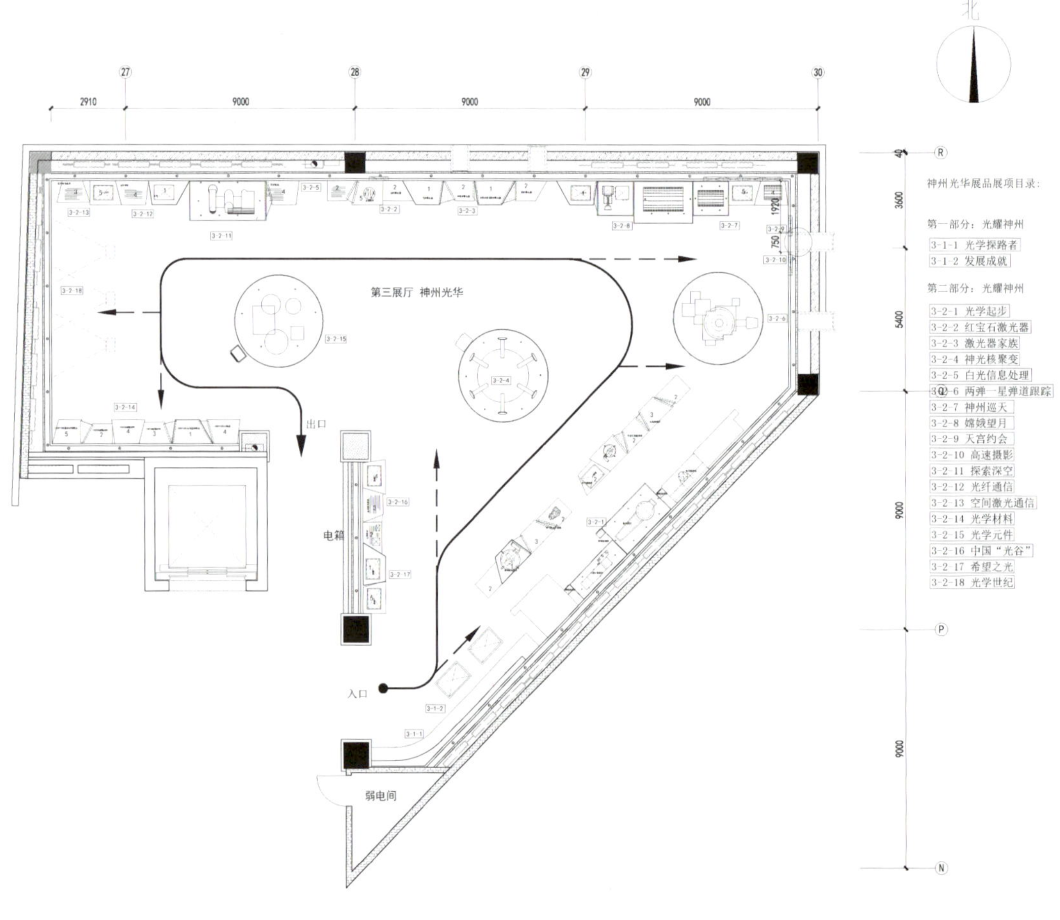
北
27
28
29
30
2910
9000
9000
9000
第三展厅 神州光华
出口
入口
电箱
弱电间
神州光华展品展项目录：
第一部分：光耀神州
3-1-1 光学探路者
3-1-2 发展成就
第二部分：光耀神州
3-2-1 光学起步
3-2-2 红宝石激光器
3-2-3 激光器家族
3-2-4 神光核聚变
3-2-5 白光信息处理
3-2-6 两弹一星弹道跟踪
3-2-7 神州巡天
3-2-8 嫦娥望月
3-2-9 天宫约会
3-2-10 高速摄影
3-2-11 探索深空
3-2-12 光纤通信
3-2-13 空间激光通信
3-2-14 光学材料
3-2-15 光学元件
3-2-16 中国“光谷”
3-2-17 希望之光
3-2-18 光学世纪

第三展厅平面图

OF LIGHT
SPECTRUM
电磁波谱

爱与梦想的重生

A REBORN OF LOVE AND DREAMS

项目名称 _ *爱与梦想的重生* / **主案设计** _ *罗仕哲* / **项目地点** _ *台湾省台中市* / **项目面积** _ *283 平方米* / **投资金额** _ *500 万元* / **主要材料** _ *洞石、钢板、烤漆、山泥板*

A 项目定位 Design Proposition

台湾中部的大肚山有座方舟教堂，其地下室与左侧的会馆在落成 30 多年后进行翻新。可弹性运用的复合式设计，让精简预算发挥丰富机能。时尚的风格不仅赋予老空间新生命、更贴近现代人从不同形式来亲近宗教的多元需求，也强化了教会与在地社区、社会大众的连结。

B 环境风格 Creativity & Aesthetics

诺亚方舟的故事元素 副堂位于地下室，主要为多个团契的活动场地；后段设茶水吧，因应团员自带餐点到教会分享的习惯。整座吧台的造型源自诺亚方舟。从天花垂下的水龙头象征大洪水的暴雨，吊灯的飞鸟造型则寓意那只衔回橄榄树枝的鸽子。杰克与魔豆的童话意涵梦想馆位于教堂旁，主要是提供孩子们上主日学的教学空间。整栋建物翻新表层，廊檐留住原有深度以抵御冬季的寒风与冷雨。又援引童话里的魔豆，以绿树往上发展的造型来传达孩子们的梦想，并且呼应建物周遭的绿意。

C 空间布局 Space Planning

三段式划分展现宽敞感 基于预算不高、空间无法扩建，而教会期待这两处能兼负多重功能；设计师将有限平面分割成前、中、后三段。以中段的开放空间为主，留出最宽敞的场域；前后两段则浓缩了各式机能。单一空间发挥多重机能 各区彼此支援，能弹性运用的主空间随时可视需求来变化机能。地下室，主墙背后利用楼梯底下打造收纳折叠椅的储藏室与讲员休息室，后方的吧台左旁藏有视听播放的机房。梦想馆的主墙，木作平台是主日学讲台，也是小朋友做敬拜赞美的表演舞台。中段的主空间为主日学教室，用隔板来分成三个才艺教室；大人与小孩上完礼拜或主日学，这里摆上圆桌与椅凳就成了食堂。隔板、桌椅，平时全收在后段的储物柜。

D 设计选材 Materials & Cost Effectiveness

十字架运用天光、照明来活化造型。梦想馆在原有的墙面凿出镂空的十字架造型，引入天光及户外绿意。

E 使用效果 Fidelity to Client

从冷漠到热络，人与空间的改造故事 原先很单调、沉闷的会馆，在规划成梦想馆之后，已成为教友们进行亲子互动的最佳空间。

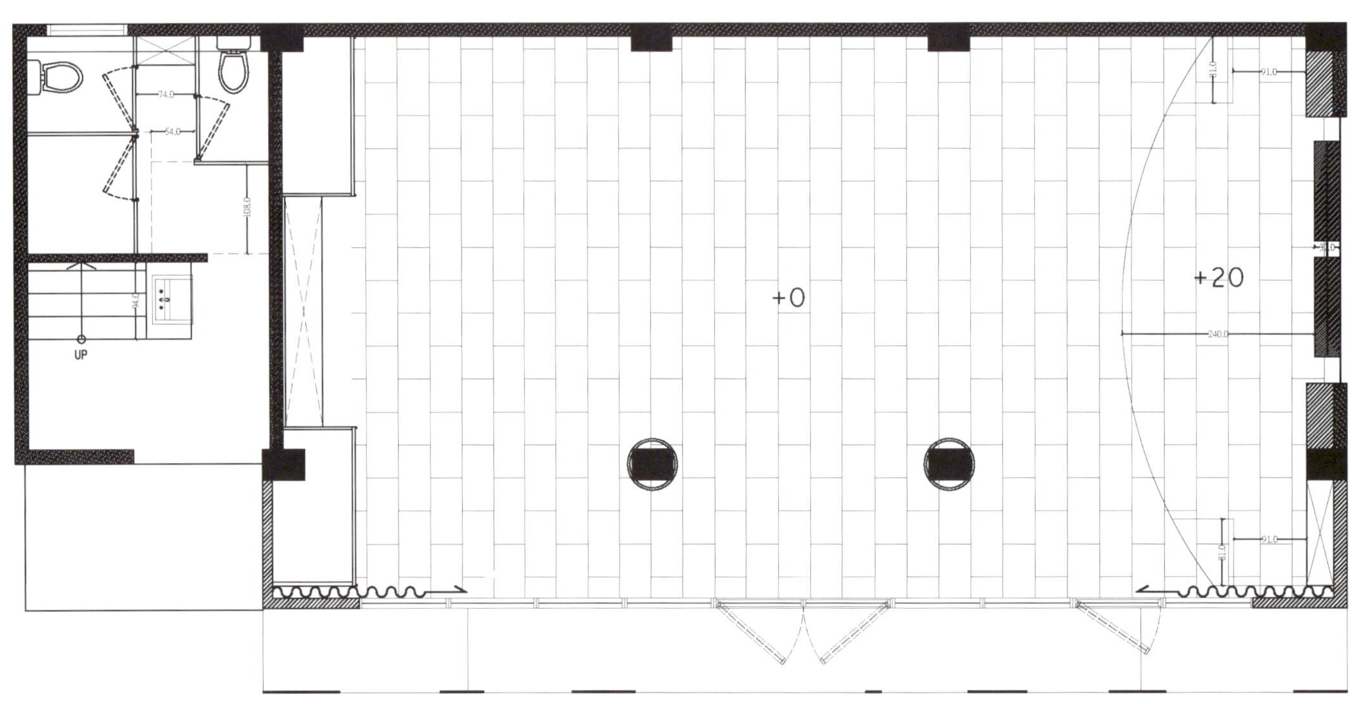

一层平面图

环亚机场贵宾室
PALAZA PREMIUM LOUNGE

项目名称 _ 环亚机场贵宾室 / 主案设计 _ 陈德坚 / 项目地点 _ 香港 离岛区 / 项目面积 _1400 平方米 / 投资金额 _500 万元

A 项目定位 Design Proposition

为强化品牌形象，甫进西大堂的全新环亚机场贵宾室，从入口至走廊，环亚之品牌标志即亮丽可见。

B 环境风格 Creativity & Aesthetics

陈德坚先生担纲设计，为贵宾室规划了多个区域，让宾客置身其中可享受到不同的服务体验和选择。

C 空间布局 Space Planning

走过设计亮丽的接待处，进入环亚机场贵宾室主要部份，各种各样的坐椅配置即尽入眼帘，为全新环亚机场贵宾室营造出一派时尚精致的风格。

D 设计选材 Materials & Cost Effectiveness

贵宾室之设计提供全面性选择，不论是个人旅客，情侣夫妇还是团体宾客，都可以任意选择作息坐区，例如独享卡位，或是共用一张长桌，又或是在舒适的沙发座椅里饱览机场跑道全景，眼前景致令人　为观止。贵宾室除了选用中性的色调以表达丝丝暖意外，设计师亦充分利用全线宽敞的玻璃窗，大量引入充足的自然光线进入贵宾室。

E 使用效果 Fidelity to Client

每个区域的设计均满载心思，宾客既可停下稍作舒缓、也可用餐，甚至专注进行中的工作，全新环亚机场贵宾室均以相应的设计迎合不同宾客的需要。

BAR
WINE DISPENSER, COFFEE MACHINE AND 42"TV X 2
FEMALE LAV
MALE LAV
SHOWER ROOM
PANTRY
LOUNGE AREA 2
BOH

SERVICE CARTS
INTERNET TABLE
DINING AREA
MAGAZINE RACK
ENTRANCE
RECEPTION AREA
VOID
FEMALE LAV
MALE LAV
CORRIDOR 1
LOUNGE AREA 1
MAGAZINE RACK&FIDS
FOOD COUNTER
SERVICE COUNTER
KITCHEN

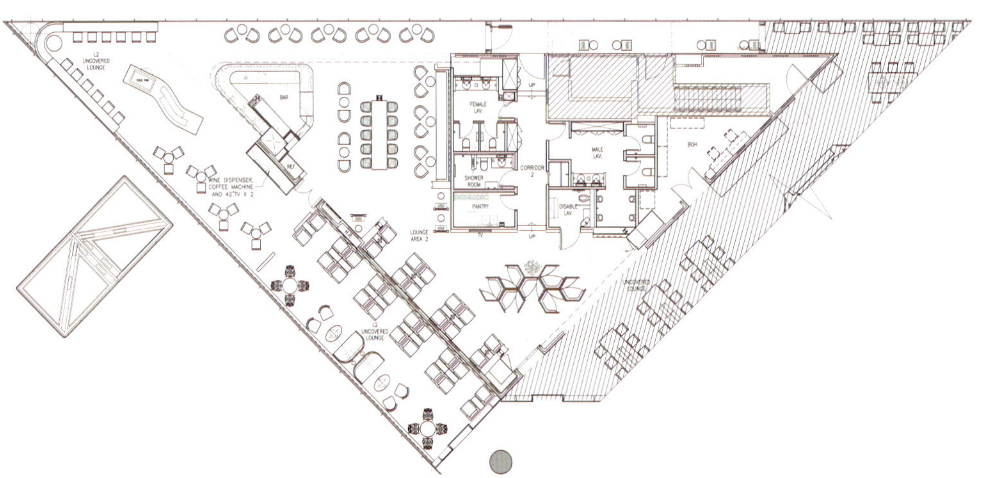

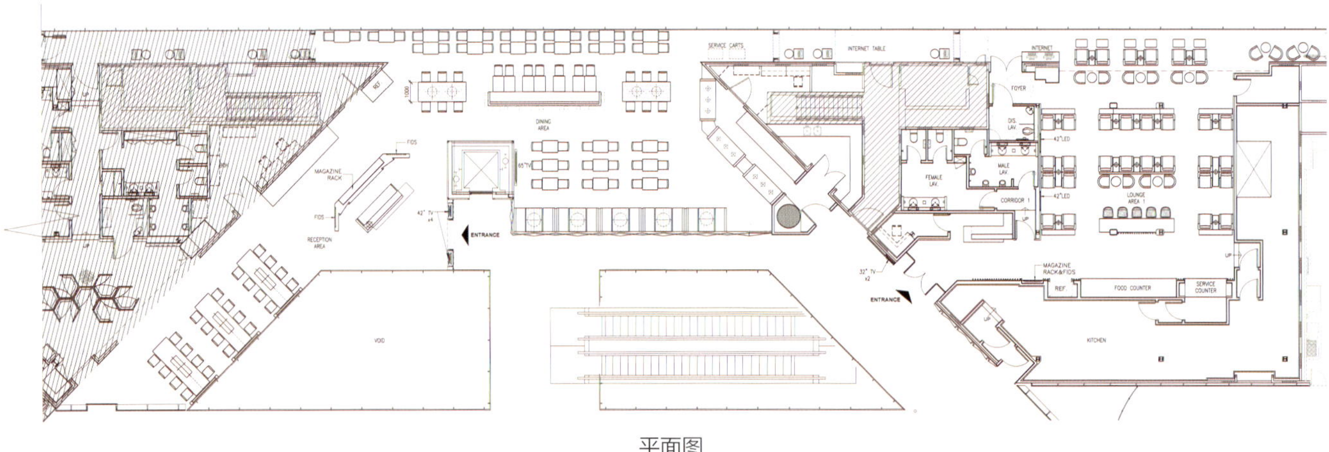

平面图

北京东方剧院
BEIJING EAST THEATER

项目名称 _ 北京东方剧院 / **主案设计** _ 陈武 / **参与设计** _ 吴家煌，王松涛，张春华 / **项目地点** _ 北京市 / **项目面积** _ 4000 平方米 / **投资金额** _ 2000 万元 / **主要材料** _ 水晶白大理石、白色研磨石、水晶、白色人造石、白色铝合金通、灰色艺术玻璃、地胶

A 项目定位 Design Proposition

现代都市空间的拥挤和局促让人们不断的把触角延伸到空中，在东方剧院的设计之中，设计师巧妙的为建筑引入了多个"院子"，它们如同毛孔一般令建筑开放通透，沟通便捷，设计师通过不同空间垂直高度上的彻底区别，用建筑结构巧妙分隔出的公共空间，既满足了人们对于空间的探索意愿，又进一步提升了开放式艺术空间和私密性演艺空间的舒适度。

B 环境风格 Creativity & Aesthetics

干净纯粹，明快清透，是走进这座剧院的直观感受，大堂顶篷是剧院收藏的铜雕艺术大师的作品"声音"，将无形的音乐律动转化为有形的室内造型，起伏流畅的铜雕造型与舞台艺术交相辉映。咖啡厅散发着浓郁的香味，环廊陈列着大师的画作，观众在欣赏舞台艺术之余，也可以体会绘画之美，这不是一个简单的剧院，而是一座艺术的聚集地，您心目中可遇不可求的艺术瑰宝，也许就在下一个转角。

C 空间布局 Space Planning

走进剧场，灿如漫天繁星的灯光下，柔和的米色墙面、红色的座椅与深色的舞台布景形成鲜明对比，弧形的剧场穹顶与规整平行的空间矩阵线条形成鲜明对比，当灯光变暗，整个空间所有人的目光，自然而然的聚焦到了舞台，剩下的，只需要观众静静的观察着舞台人物的悲喜人生……

D 设计选材 Materials & Cost Effectiveness

在东方剧院设计选材中，雅致的大理石于研磨石被用来塑造状况的空间感，而方通的应用也为巨型展馆空间带来轻盈。

E 使用效果 Fidelity to Client

东方剧院在东四十条桥西南角，与保利大剧院隔街相望，不是传统的正方体或者长方体，外表还全部被红铜色的金属管包裹，远远看去像一座金灿灿的管风琴，静静的俯视着如梭的车流，静静的提示着路过的人们："您已进入这座城市的舞台。"北京东方剧院至今运营良好，是已成为北京市民心中的文化地基。

后台
舞台
电梯厅
电梯厅
升降台
升降台
前室
前室
前室
乐池
阀门室
走廊
走廊
预留残疾人座位
预留残疾人座位
女卫
男卫
残卫
操作间
休息咖啡厅

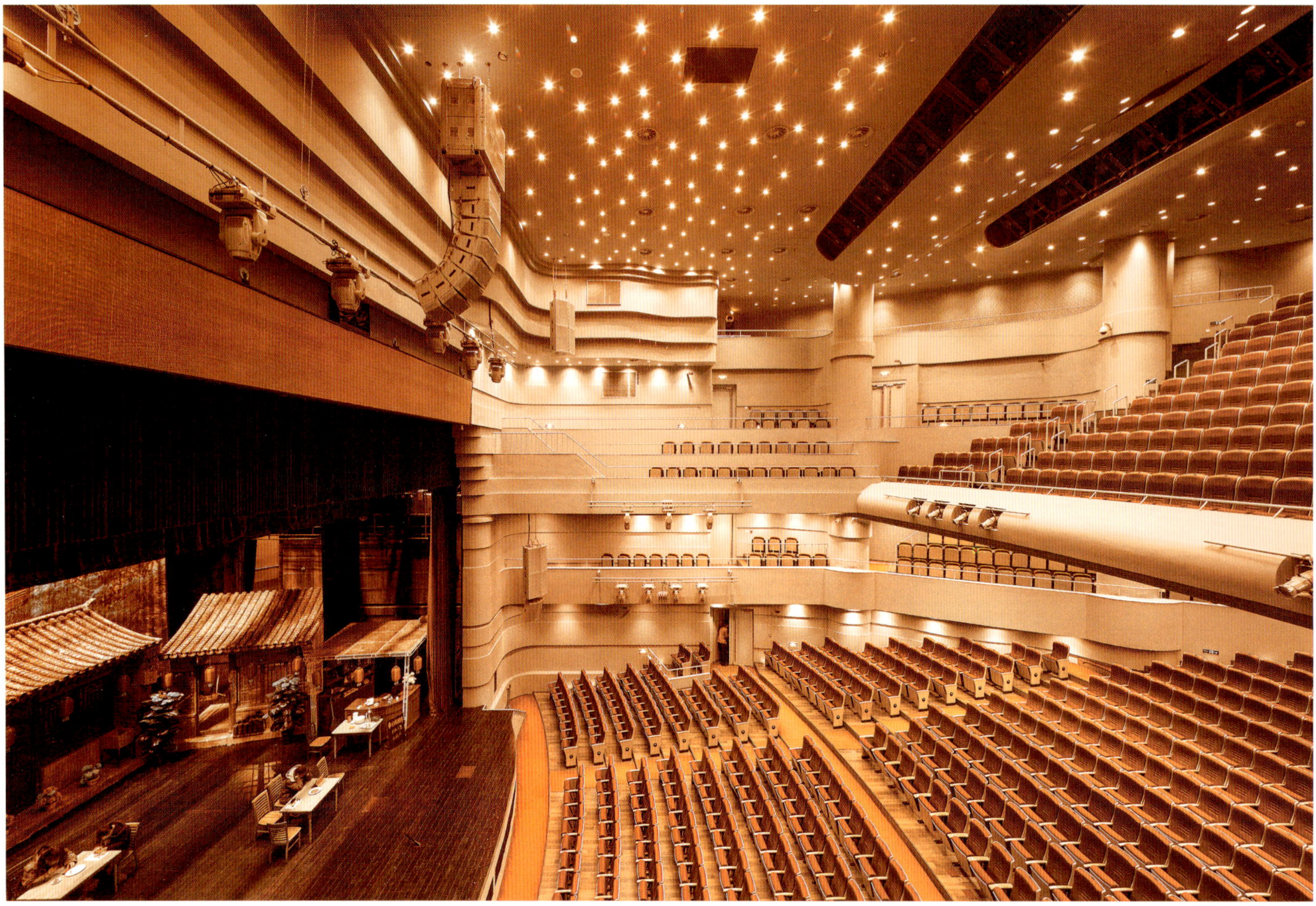

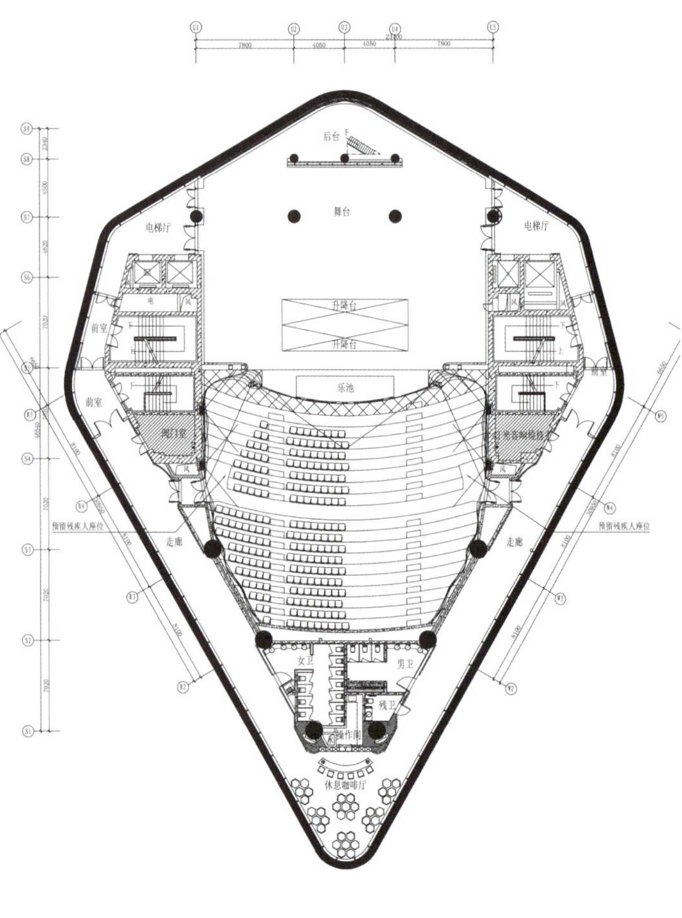

一层平面图

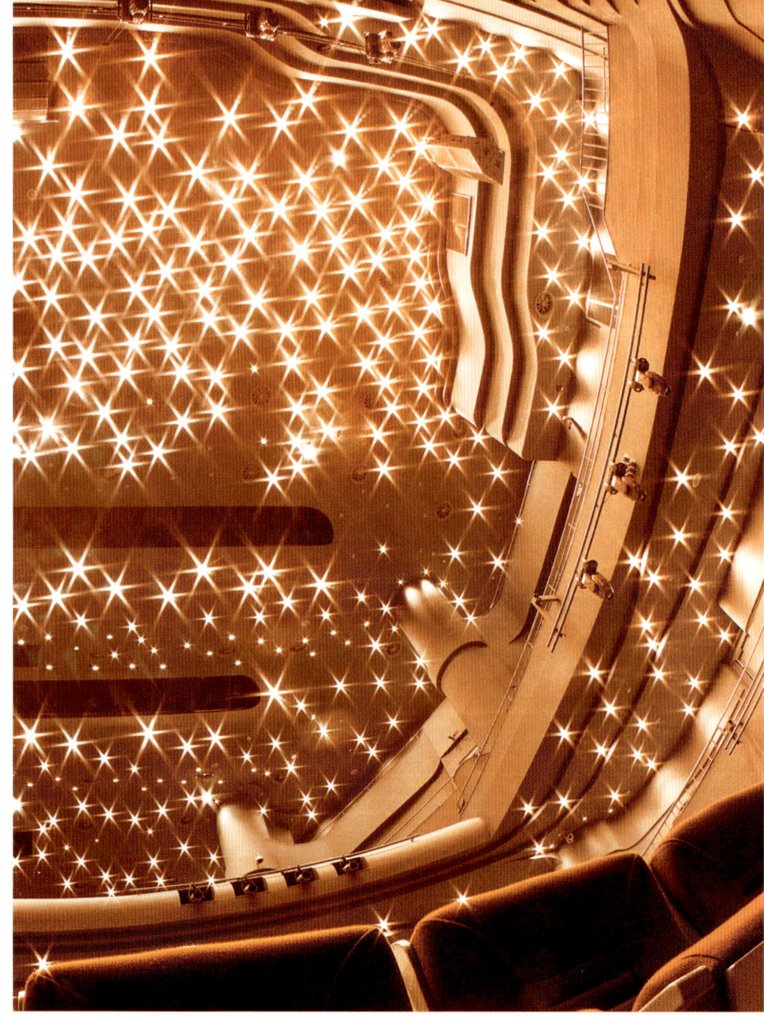

婴儿园艾马仕幼儿园

BABY KINDERGARTEN

项目名称_婴儿园艾马仕幼儿园 / **主案设计**_李军 / **参与设计**_张德超 / **项目地点**_四川省成都市 / **项目面积**_3320平方米 / **投资金额**_800万元 / **主要材料**_阿姆斯壮地板胶、富美家抗倍特板 、科勒洁具、唯景生态木

A 项目定位 Design Proposition

该园的设计打破常规幼儿园充斥商业卡通形象，五颜六色混杂的现状，用原生态的设计与儿童的视野，把更多的想象余地和发挥创造舞台留给了孩子。

B 环境风格 Creativity & Aesthetics

整个园所像是进入了小动物的树下洞穴，吊顶全部采用弧形木纹铝天花造型，灯具是藏于间隙的天光灯布，仿佛走在大树根下的世界，天光就从树根的空隙散落下来，三个动物造型门洞——小猫、小熊、小兔的剪影更像是小动物穿梭留下的轮廓，童话动物王国就浮现在了眼前。楼上的木工房，隔断是用小剪刀小扳手的造型等组合，这样可以教小朋友将各类工具分别放入合适的位置。舞蹈室，整个弧形的顶全是蜂巢造型，置身于蜂巢中翩翩起舞会不会滴下甜蜜的蜂蜜呢。

C 空间布局 Space Planning

进入门厅左边是更新园所食谱与动态的电脑，家长可以自带U盘拷走以便了解小朋友的成长。右边就是园长办公室，让家长进入幼儿园第一时间便可接触到园长，省去了繁琐的奔波。教室的地台为空间增添立体感，孩子也可排排坐台阶上听老师讲故事。儿童集市上下两层孩子上上下下忙得不亦乐乎更可以锻炼小肌肉。一楼的早教中心地面全部软包，为步伐还不稳当的低龄段小朋友提供了安全保障，环形的布局利于围坐在一起教学交流，当小朋友在波波球池里撒欢，家长可以坐在角落弧形造型的凳子上歇息和监管。这一切都是从儿童的安全及身体感知需求出发，产生的自然而温馨的儿童环境。

D 设计选材 Materials & Cost Effectiveness

这是一个属于童话的王国，入口的左边是星球造型的花池，种上各色的植物代表了不同行星，种树封了木板的花池也可供孩子攀爬玩耍。右边是五颜六色的太空涂鸦墙饰以彩色黑板漆，小朋友可以用粉笔在上面任意创作并大胆展示。入口的路面有透水砖、沙子、石头、草地等材料，是为了让孩子感受丰富的材质。卫生间以环保天然吸味吸潮硅藻泥为涂料。原色实木家具自然健康。这一切都是由木质的温馨感营造出来的。而考虑到环境温馨的同时，儿童的教育环境防火要求也很重要。所以我们采用了铝制天花及阻燃板墙面为基础的木纹效果的材料，这也是我们对儿童发自内心的关切。

E 使用效果 Fidelity to Client

园区所有的设施都是根据小朋友的学习需求贴身打造，儿童的日常生活非常便利。细节处的防滑防撞磨圆也为老师省去了很多不必要的安全担忧。

装修标准：地面透水砖
墙面墙砖
顶面300*300铝天花+防爆节能灯
隔离室、卫生间装修标准为：
地面防滑地砖
墙面墙砖
天棚纸面石膏板白色乳胶漆、节能筒灯
晨检室装修标准为：
地面地板胶
墙面白木踢脚线、墙纸
天棚纸面石膏板白色乳胶漆、节能筒灯
财务室装修标准为：
地面地板胶
墙面白木踢脚线、墙纸
天棚纸面石膏板白色乳胶漆、节能筒灯
钢架水泥板地台面饰地板胶
原有墙
新建加气混凝土墙体
Q100轻钢龙骨埃特板隔墙
填充玻璃纤维吸音棉
保安室装修标准为：
地面地板胶
墙面白木踢脚线、墙纸
天棚纸面石膏板白色乳胶漆、节能筒灯
地面防滑地砖
墙面墙砖
天棚纸面石膏板白色乳胶漆、节能筒灯

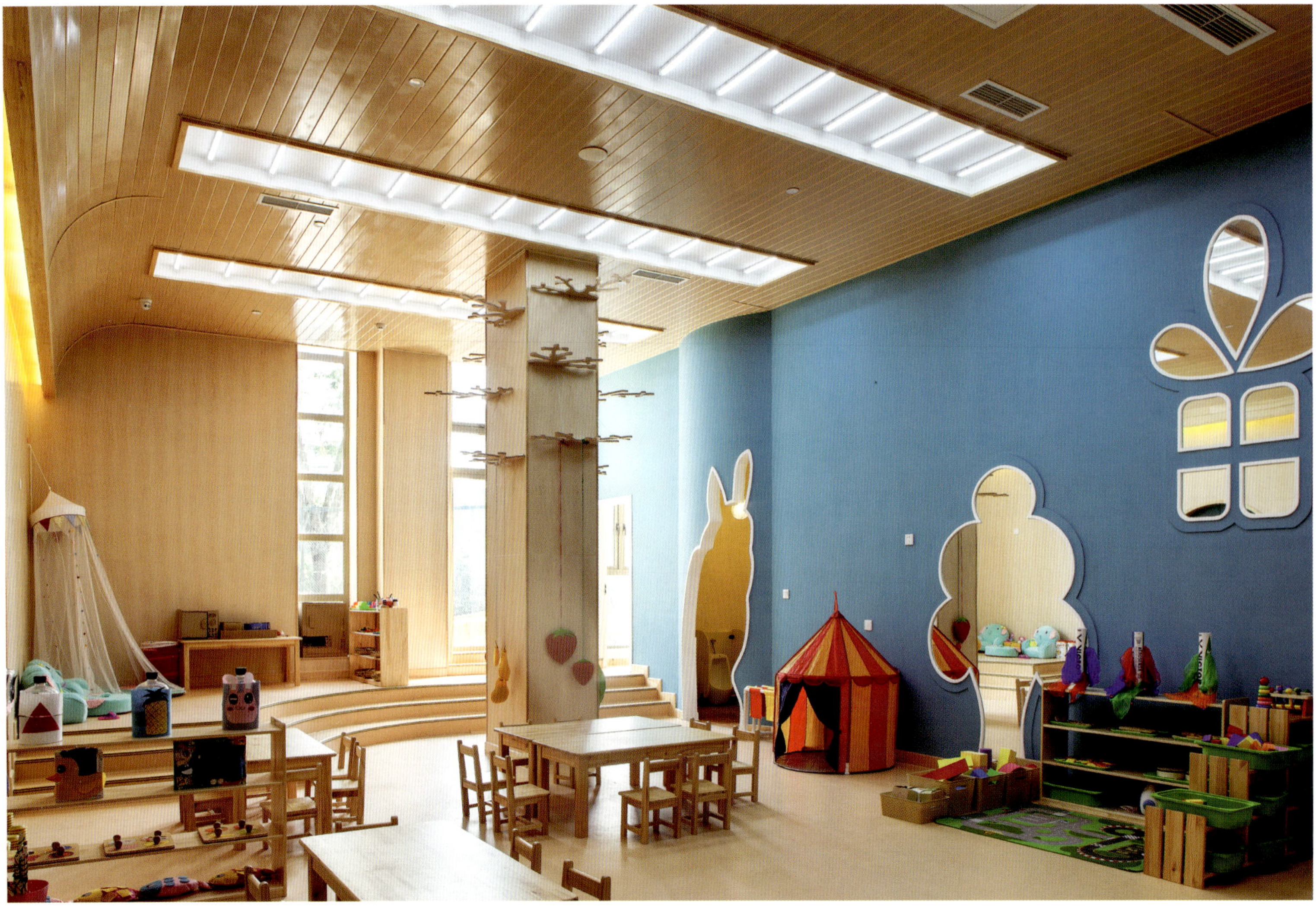

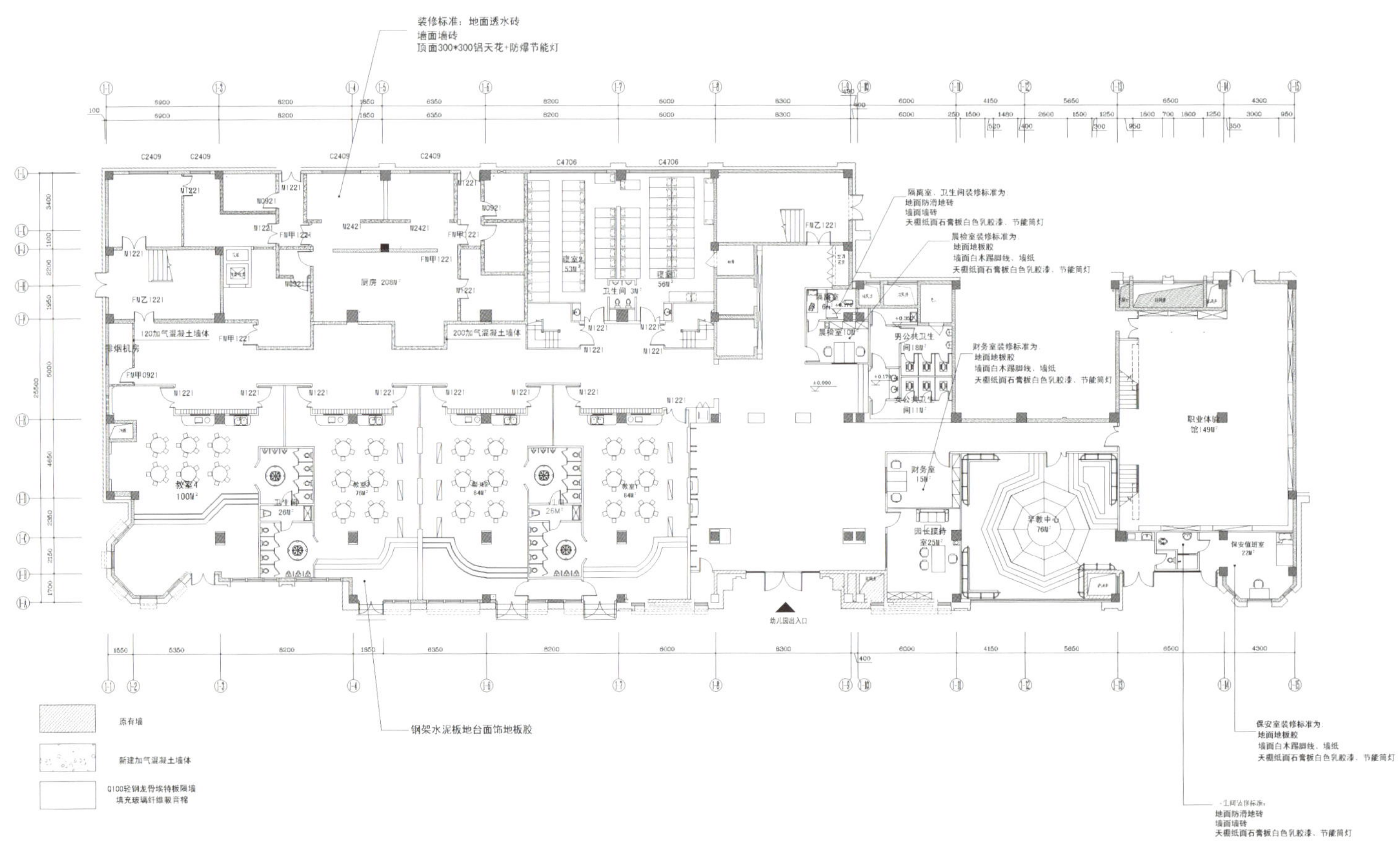

一层平面图

无限竹林·吴月雅境
INFINITY BAMBOO FOREST-MOONLIT GARDEN

项目名称 _ 无限竹林 _ 吴月雅境 # 44 号 / **主案设计** _ 胜木知宽 / **参与设计** _ 小林正典、小林怜二 / **项目地点** _ 江苏省无锡市 / **项目面积** _210 平方米 / **投资金额** _60 万元 /
主要材料 _ 钢化玻璃、半镜膜、亚克力管、清晰的镜子、压克力板、钢化玻璃、日光灯、 LED 灯上

A 项目定位 Design Proposition
项目所在地是中国无锡市。
一开始公众通道的这一附楼导致主楼的必要。

B 环境风格 Creativity & Aesthetics
所以这就是为什么我们用竹子形象为这个空间。
它像典型的日本建筑通道。

C 空间布局 Space Planning
而这个项目有有限的预算和空间和时间。
预算是有一点底和空间宽一点为它的应用。

D 设计选材 Materials & Cost Effectiveness
我们决定要切出设计一些空间。
只需使用 20 米通过一条直线空间和其他空间用于存储。

E 使用效果 Fidelity to Client
这样的设计是求在有限的世界无限延伸。
它仅适用于视觉，但我们可以发现无限的空间在那里。

P+ONE 体验馆

P+ONE EXHIBITION HALL

项目名称 _*P+ONE 体验馆* / **主案设计** _ *何思玮* / **参与设计** _ *梁穗明* / **项目地点** _ *广东省广州市* / **项目面积** _*91 平方米* / **投资金额** _*10 万元* / **主要材料** _ *二次木*

A 项目定位 Design Proposition

展馆不仅仅是一个展示的空间，它还是未来建筑的一个雏形。我们希望，通过展馆的成功实现，在未来的建筑或商业空间的墙体上，有千变万化的形态。未来的建筑，除了本来的功能之外，还是一种艺术装置，通过弧形曲线的动态感，来增加整体的形态感。

B 环境风格 Creativity & Aesthetics

展馆创作灵感来源于自然界花开绽放力量的瞬间，以 6.2 米高的“花开”的空间装置展示，构筑出怒放的花瓣状。通过内外渗透的展览空间，给予观者以五感体验。 界面由二次木材组成 3068 个空心矩形盒子，结合传统工字砌筑，注入参数化，并利用力学原理，确定每一个支点拉力能稳固弧形墙面，然后获取弧线动态轨迹，创造出全新的内外弧形墙体，打破了传统封闭石墙形式。

C 空间布局 Space Planning

展馆“花” 以生命存在，它可以是建筑、是景观、是空间、是时间……展馆中空位置，悬吊巨大的圆形屏幕，滚动投放的影像配合动感的音乐，让光影和声音穿透空心弧形。外部参观者随脚步移动，感受光与结构带来不同的视觉变化。内部参观者在中央区域仰视，用不同寻常的角度感受影像带来的视觉与听觉的冲击，获得灵感。

D 设计选材 Materials & Cost Effectiveness

当经济高速发展推动了城市化高速发展的同时，人们的生活方式也发生了巨大的变化。随着可持续发展逐渐成为全球化交流的主题，一方面建筑技术和经济的发展提升了人们生活的舒适度，但同时也带来了人们远离自然的焦虑、能源的消耗、生态的污染等种种问题。我们的灵感来源于大自然花开力量绽放的瞬间，所以选用了从市场、工地、展馆等地方丢弃的物料作为展馆的主要材料。一种非传统的材料与工艺，一种新的语言，创作一个别出心裁的空间。

E 使用效果 Fidelity to Client

一个充满感染力的展示空间，不仅以展示参品本身而存在，更在于承载和参与者的互动，让思维获得飞翔。简单的造型，环保的材质及隔而不断的空间，让展馆由此开放，与参与者对话。

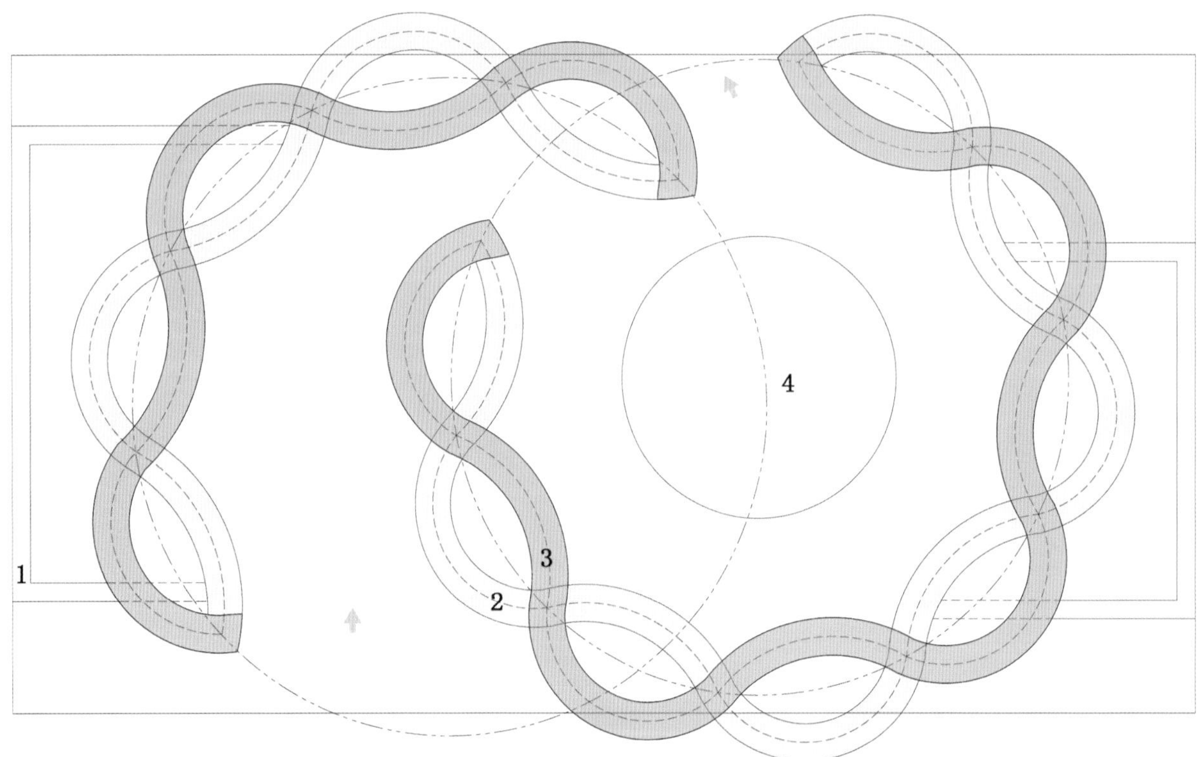

1 KNEE WALL
2 THE TOP WOOD BOX WALL
3 THE GROUND WOOD BOX WALL
4 PROJECTION SCREEN IN ABOVE OF MIDDLE SPACE

一层平面图

21空间美术馆
21 SPACE ART MUSEUM

项目名称 _21 空间美术馆 / **主案设计** _ 倪阳 / **项目地点** _ 广东省东莞市 / **项目面积** _8000 平方米 / **投资金额** _2400 万元 / **主要材料** _ 多乐士、立邦漆、环球石材

A 项目定位 Design Proposition

美术馆是文化传承的一个载体，她的单纯性与复杂性同样重要，对空间的象征寓意要求极高，空间环境对人的精神气质修养也会形成较大影响，对人们参与互动体验的氛围要求敏感。因此除了传统经典的设计套路外需要有一定程度的突破，要在她的展示/流线/照明/运输/藏管/研究/商业拍卖/沙龙等功能形式的非确定性方面下功夫，使此作品体现出设计的可生长性。

B 环境风格 Creativity & Aesthetics

反映地缘文化的/体现绿色节能及智能控制。

C 空间布局 Space Planning

是一种颠覆观念/哲学思想/思潮/通过视觉形式表达的感悟启迪方式，跨距纵横时间轴的/互动体验的；不同视角体验/空间的质疑与颠覆——从户内走向户外，借景，窥视，流动，体验。

D 设计选材 Materials & Cost Effectiveness

绿色环保材料。

E 使用效果 Fidelity to Client

21 空间美术馆以当代中国艺术为其推广对象，其中尤以当代中国油画为重点，在学术上以全球化为背景，审视当代艺术与油画发展的整体状况，旨在揭示其与历史、现实、国家主流意识的内部关系与外部扩展。21 空间美术馆试图通过定期或不定期的专题展览，深入检讨存在于不同风格形态与表达目标的当代艺术现象与现实潮流之间的文化张力，并把这一张力嵌在中国社会变迁的情境中，从而把区域、国家、全球化，以及全球化当中所发生的事件，通过艺术批评的学术框架联结为整体，从而向人们提供独具个性的艺术景观，并突显其中的精神价值。

21SPACE
ART MUSEUM
二十一空间美术馆

沈阳文化艺术中心
SHENYANG CULTURE AND ART CENTER

项目名称_沈阳文化艺术中心 / **主案设计**_文勇 / **参与设计**_王岩、俞国斌、曹鑫 / **项目地点**_辽宁省沈阳市 / **项目面积**_68700平方米 / **投资金额**_12000万元 / **主要材料**_伊奈陶棍、盈创GRG

A 项目定位 Design Proposition

建成后的沈阳文化艺术中心规模空前，将极大弥补沈阳文化演出场地不足的问题。这里可以举办舞剧、话剧、歌剧、芭蕾、音乐会、时装表演、综合晚会等众多艺术演出。

B 环境风格 Creativity & Aesthetics

建筑设计理念将浑河比作皇袍上的玉带，沈阳文化艺术中心宛若玉带上镶嵌的宝石。室内设计在延续建筑设计理念的基础上，将此象征性意象进一步予以彰显 ，把文化艺术中心与浑河沿区文脉肌理的微妙关系作为室内设计的主题出发点和诉求归宿，在各个空间中采用不同的表现手法，在细节中巧妙地体现出来。围绕此主题，室内各个空间犹如精彩纷呈而又彼此唱和的声部，共同谱写出沈阳文化艺术中心的辉煌乐章。

C 空间布局 Space Planning

本项目技术上的挑战是国内首个将音乐厅叠加在剧院观众厅上方的建筑，设计中从构造技术、设备到选材等必须满足隔声要求，同时满足音乐厅和剧院不同的演出声学要求。

D 设计选材 Materials & Cost Effectiveness

在公共大厅墙面，采用立体菱形陶棍，塑造出独有的肌理造型，开放式构造背后增加吸声构造，满足了大型公共空间的防噪声要求；剧院观众厅选用定制特殊 LED 灯光玻璃，用现代的材料技术演绎传统的地方元素，为观众厅增添了一抹亮色。

E 使用效果 Fidelity to Client

刚建成，还未正式投入运营。

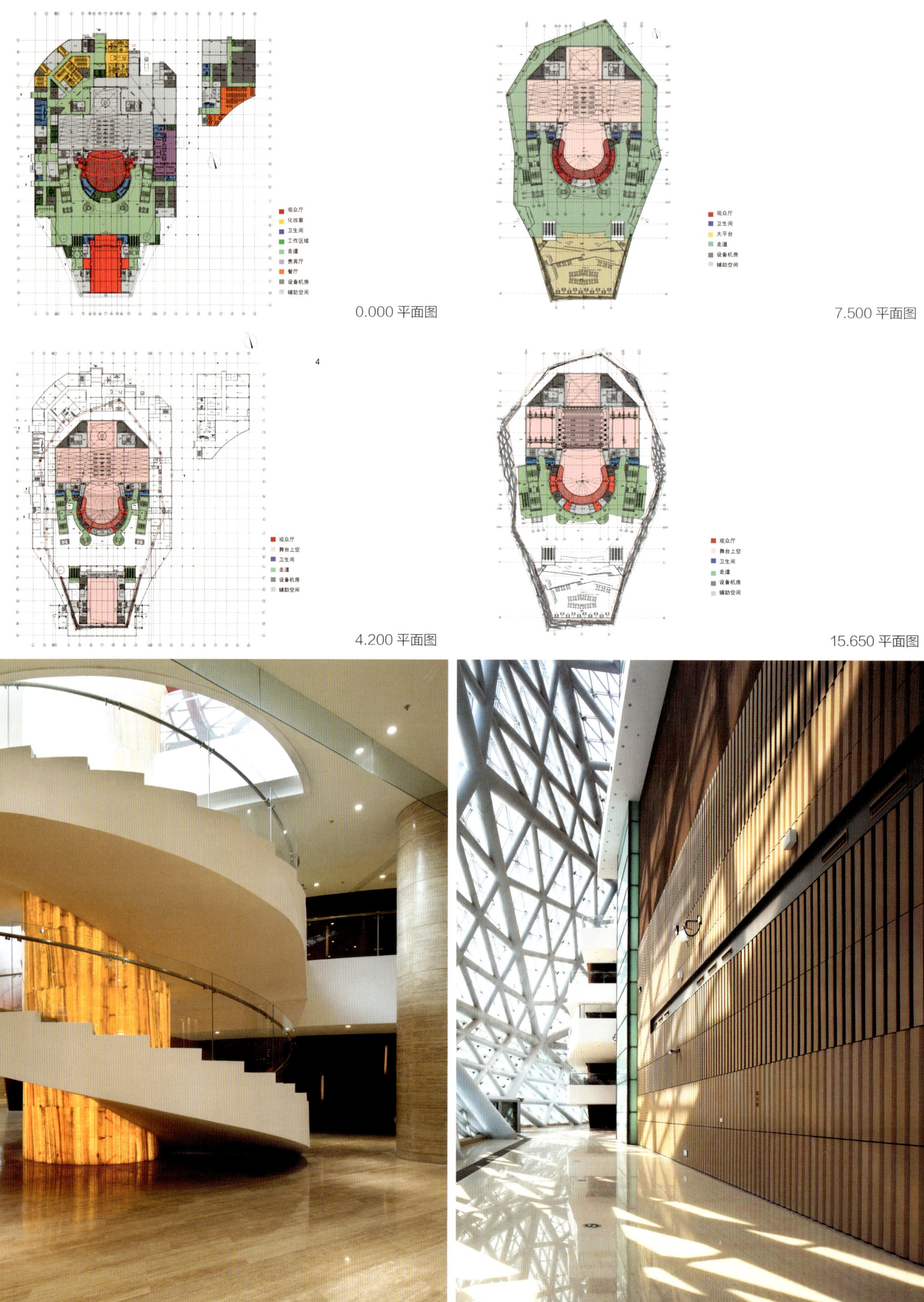

0.000 平面图

7.500 平面图

4.200 平面图

15.650 平面图

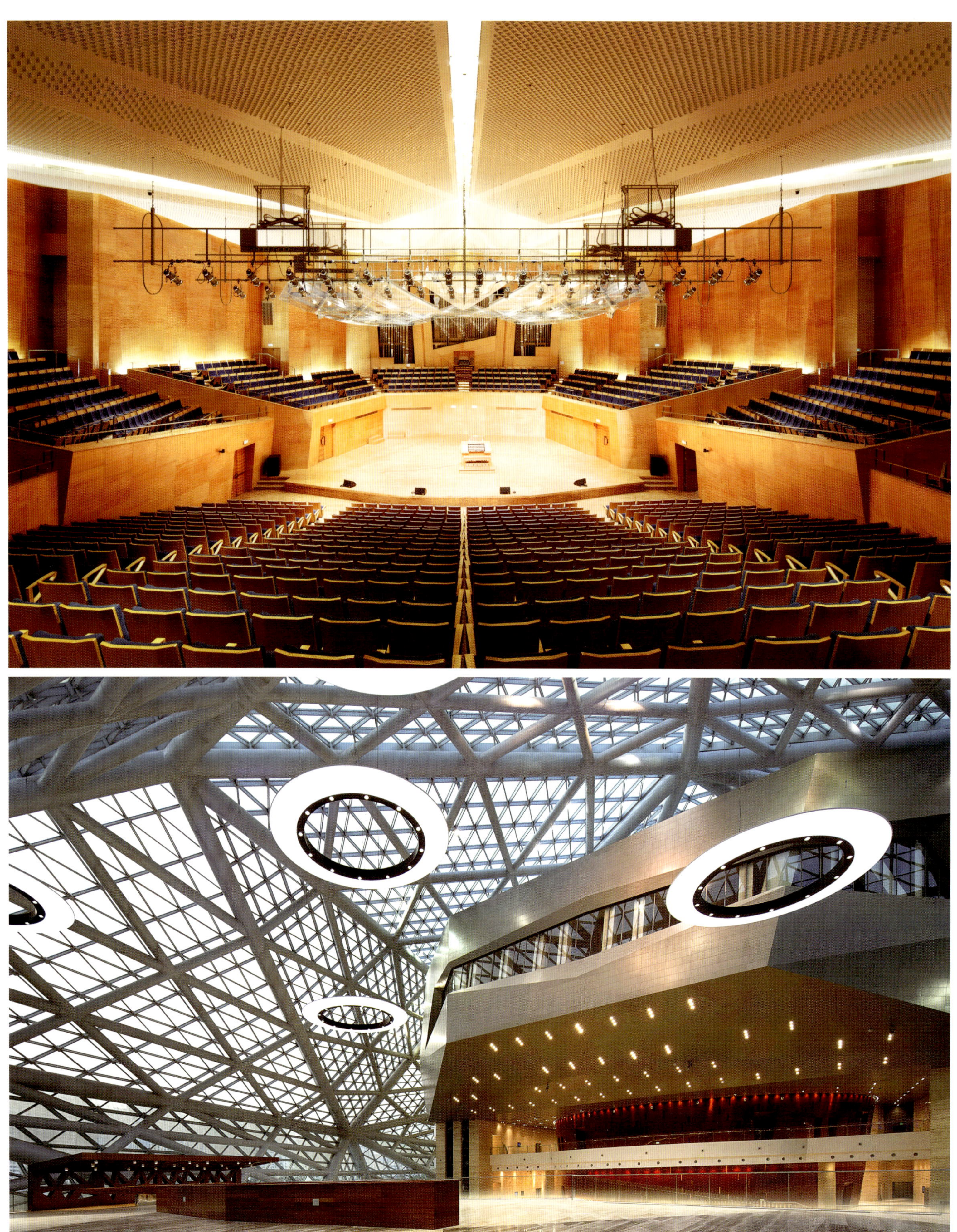

枫叶儿童之家

THE MAPLE LEAVES HOME FOR CHILDREN

项目名称 _ *枫叶儿童之家* / **主案设计** _ *蒋丹* / **项目地点** _ *重庆南岸区南坪东路 587 号* / **项目面积** _ *3000 平方米* / **主要材料** _ *LG 地胶、人造石、木地板*

A 项目定位 Design Proposition

本项目是一个专门针对 0-6 岁幼儿教育的项目规划。儿童的世界是纯净、明朗、丰富多彩的。本案里设计师尝试用儿童的眼光去看待空间，采用简洁自然地原木色调为基调，点缀绿色调的内饰，制造出大自然亲切的感觉。童趣造型的阅读空间以及嵌入式超大沙池都是吸引儿童的地方。

B 环境风格 Creativity & Aesthetics

本案占地 3000 平方米，整个空间分为两个区块，左边划分为娱乐区，右边为早教教室。，包含了教师办公室、教室、多功能厅、吧台区、接待区和儿童阅读区、游乐区等。

C 空间布局 Space Planning

整体以流畅的线条来打造，充分利用自然采光，对幼儿的安全和个性的考虑，在用材上也选用环保材质以及对幼儿安全的小圆角、软包等细节设计。墙面多圆滑的曲面以及波浪型，带给孩子新颖的生活体验，开发孩子的智力；整个空间呈现出柔和，纯净的气质，带给孩子安心，温暖的感觉。整个空间不都充满生机和活力，从空间的角度影响孩子，让孩子们在生活中得到潜移默化的教育。

D 设计选材 Materials & Cost Effectiveness

设计师充分利用圆形区域打造了个整体的半开放活动空间，墙面大幅的落地窗户，顶面模仿天光的软膜光设计，一个 90 平方米的室内活动场地——沙池，以及 300 多平方米活动区，其中有攀爬墙面、秋千等。让孩子们很好的与大自然亲密接触，在这里学习和游戏都变得随意而富有乐趣。阅读区域包含吧台以及成人、儿童共同阅读空间，同时成人吧台的设计，为家长提供参与其中又起到监管儿童的舒适环境。

E 使用效果 Fidelity to Client

设计师一直遵循同样的原则，为其提供优质的活动区域、和谐的光线，创造最理想的解决方案，同样致力与为孩子们之间的安全交流提供保障。色彩选择上，除采用自然原料以外，所选择的诸如绿色，米黄色，灰色等颜色也创造一种充满生机宁静有启发力的愉悦气氛。最终达到的设计理念是为幼儿提供一个现代化，材料环保健康，功能丰富具审美引导性的早教空间。

MCH

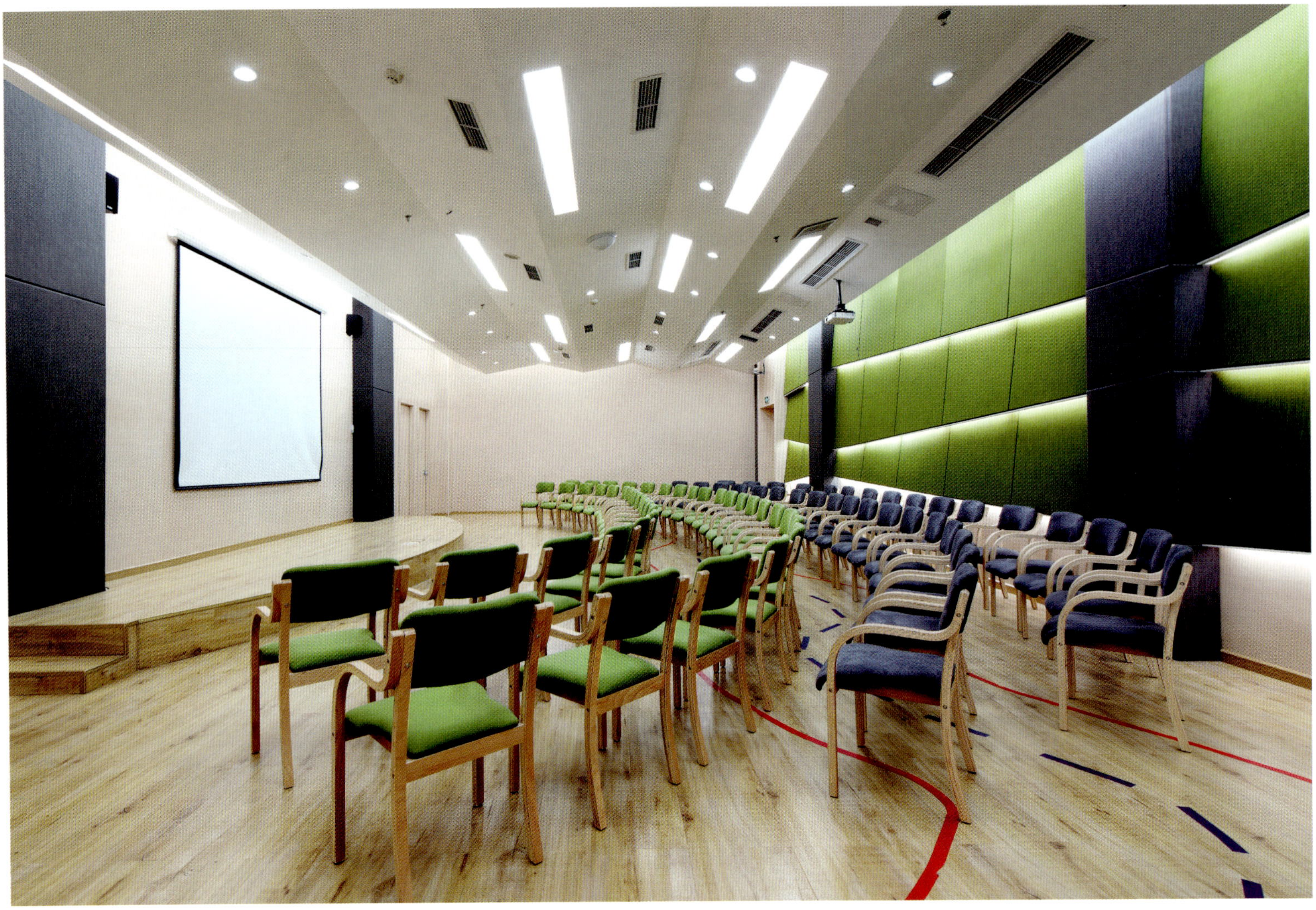

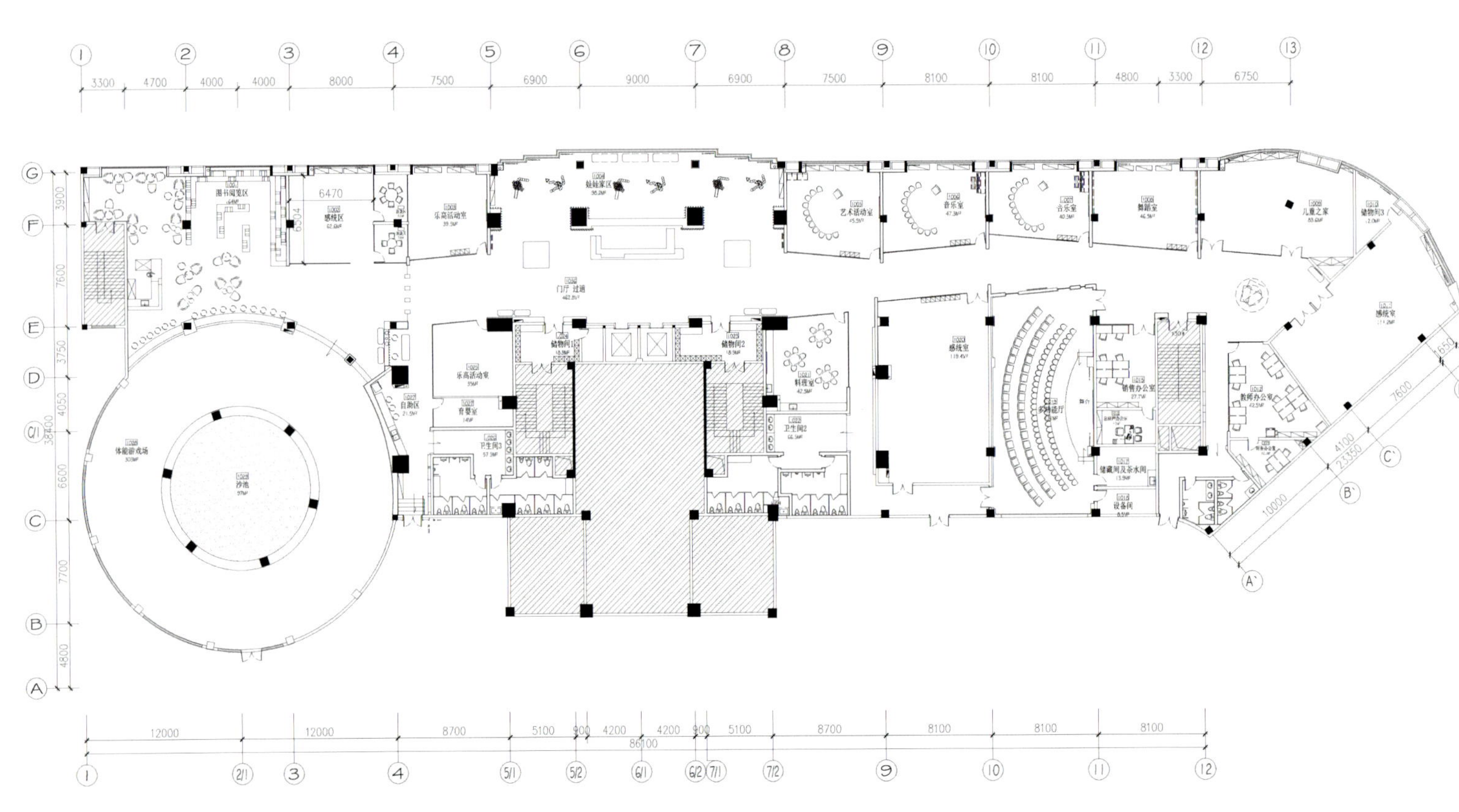

一层平面图

福州城市发展展示馆

FUZHOU CITY PLANNING EXHIBITION HALL

项目名称 _ *福州城市发展展示馆* / **主案设计** _ *李晖* / **参与设计** _ *李祥君* / **项目地点** _ *福建省福州市* / **项目面积** _*15000 平方米* / **投资金额** _*12000 万元*

A 项目定位 Design Proposition

福州规划馆位于福州海峡国际会展中心东侧，南依浦下河，北望闽江水，总建筑面积 5.35 万平方米，布展面积约为 1.5 万平方米。

B 环境风格 Creativity & Aesthetics

整体设计遵循“地域文化性”、“智慧科技性”、“低碳环保性”和“亲民互动性”的四大原则，依据福州“三山两塔一江”的城市格局，以逶迤穿城的“闽江”作为布展主线贯穿整座展馆，美景丰姿在“江水”的涤荡中一览无余，寓意万古不息的闽江引领着福州从过去走向未来、走向辉煌！

C 空间布局 Space Planning

空间布局上从“榕城印象”、“古韵名城”、“建设成就”等角度，将三维复原、数字沙盘、旋转影院、VR 自驾等现代声光电技术融入多项展示环节，是集规划展示、科普教育、特色旅游、商务休闲等多功能于一体的专业规划展示馆，集中展示福州悠久灿烂的历史文明，辉煌无限的今日图景与宏图泼墨的未来蓝图。

D 设计选材 Materials & Cost Effectiveness

本案在设计上也遵循低碳环保理念，在山水展厅内设置真植物造型墙，把真正的绿色引入展馆，并配置休闲座椅等装置，让参观者“在观展中休闲、在休闲中观展”，这也是本馆的一大特色之一。玻璃和镜面不锈钢营造空间的通透和延伸，在空间设计上设计师还注重生态的营造，活泼了整个空间的同时又藉以表达一种热爱大自然并且用设计向自然致敬的态度！同时设计辅以金属、玻璃之类可循环利用材料，它们精美、高雅、易加工、表现力强，同时穿插使用天然材料，如木、石等的运用，也可以拉近人和自然的距离，体现人与自然的和谐关系，也反映出以人为本，以自然为本的现代“可持续性”设计理念。

E 使用效果 Fidelity to Client

展馆内设计了“飞跃福州 VR 漫游”互动体验展项，通过墙地一体 360 度的空前视觉感觉，感受福州山水园林城市的独特魅力。

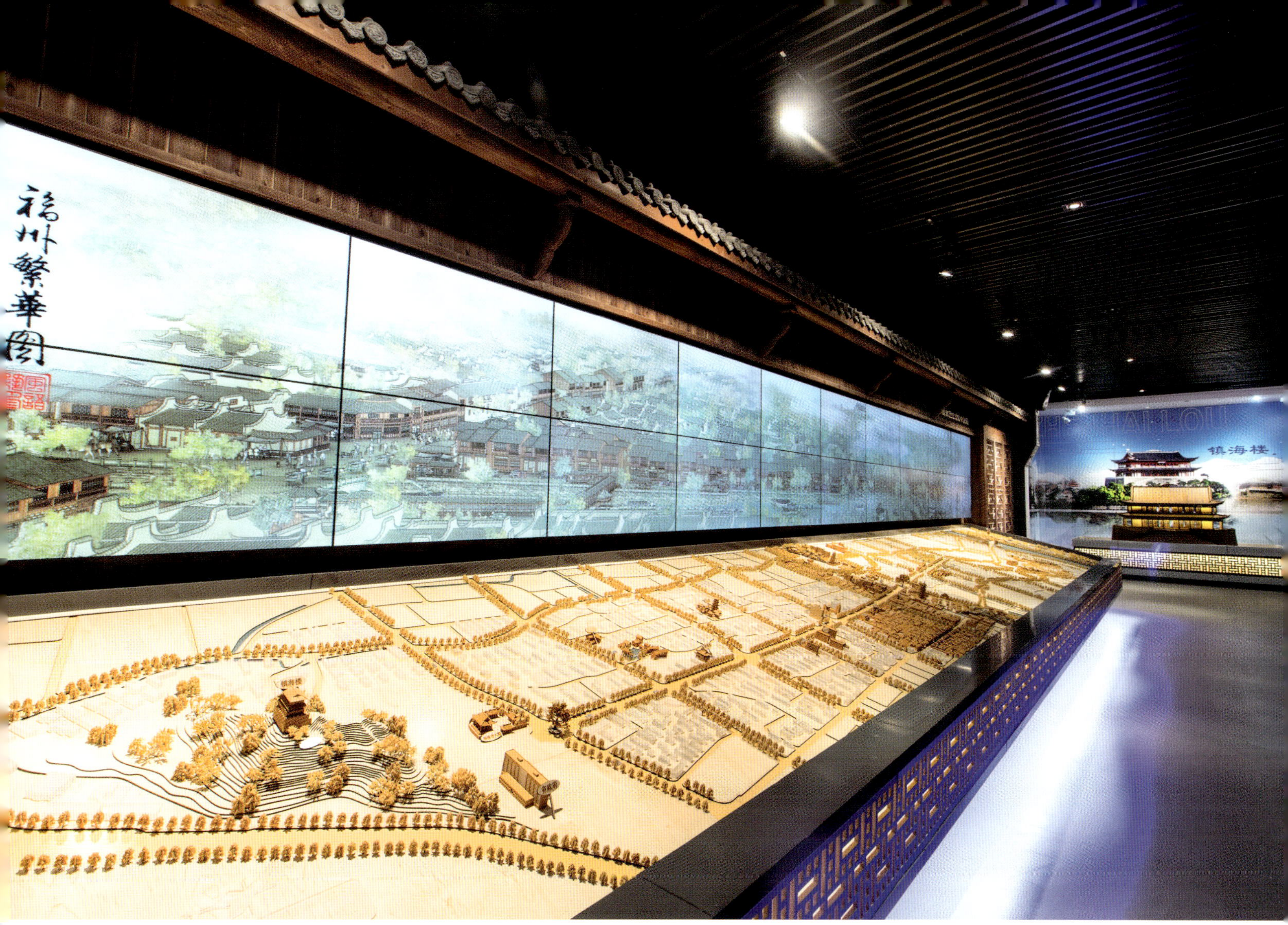

福州繁華图
镇海楼
榕城印象
FUZHOU IMPRESSION
城市区位
URBAN LOCATION

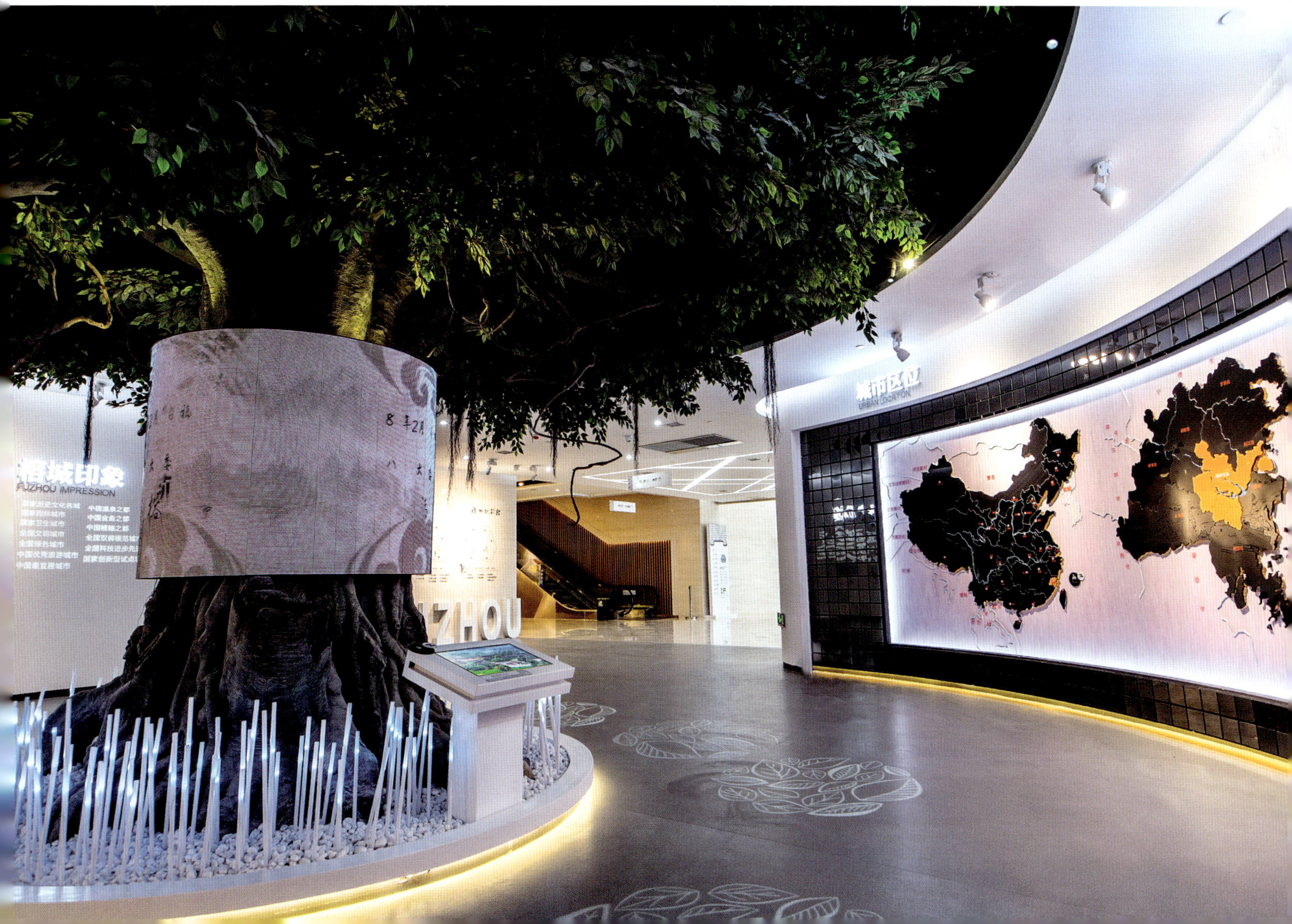

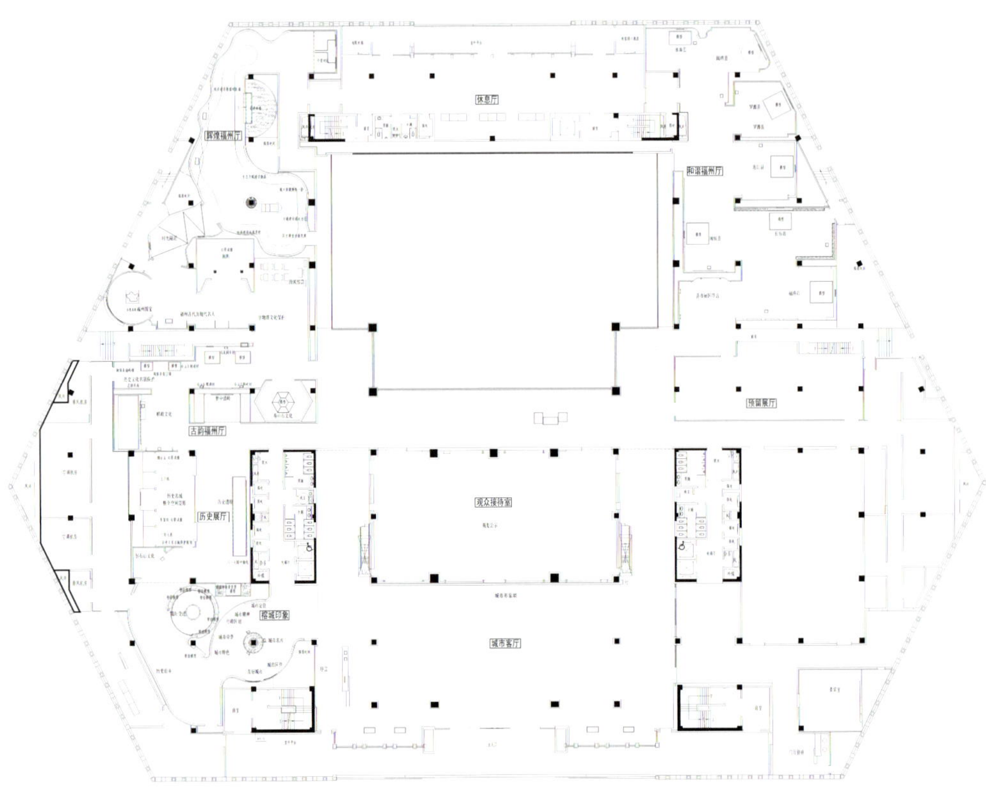

一层平面图

JIN AN NEW TOWN

植福园翡翠艺术馆

CHENGDU CHINA HALL COURTYARD

项目名称＿植福园翡翠艺术馆 / **主案设计**＿蔡小城 / **参与设计**＿郭坤仲 / **项目地点**＿福建省厦门市 / **项目面积**＿260 平方米 / **投资金额**＿280 万元

A 项目定位 Design Proposition

引领高端会所展示空间走向国际化。

B 环境风格 Creativity & Aesthetics

弧形的展示空间，让参观者在参观过程更加有乐趣。

C 空间布局 Space Planning

设计师灵感来源于翡翠的水元素，运用到空间布局上，让空间在流水中得到划分与区分。

D 设计选材 Materials & Cost Effectiveness

采用柚木及镜面，通过精良工艺得以衬托这些国宝级翡翠的气质。

E 使用效果 Fidelity to Client

运营中得到来访者得高度评价，乃至国际级别同行认可。

植福园翡翠艺术馆

14450
4497
2125
3733
4095
休闲区1
儿童娱乐区
五代传承
VIP 1
VIP 2
M-01
入口
馆记
UP
机房
储藏间
保险柜
男卫
女卫
中岛展示台
凳子
M-02
M-03
M-04
M-05
M-06
办公区
维修室
休闲区2
782
1508
3815
2485
2140
1245
3125
710
1730
17540
2248
5560
16528
4370
2210
2785
3838
5555
15910
一层平面图

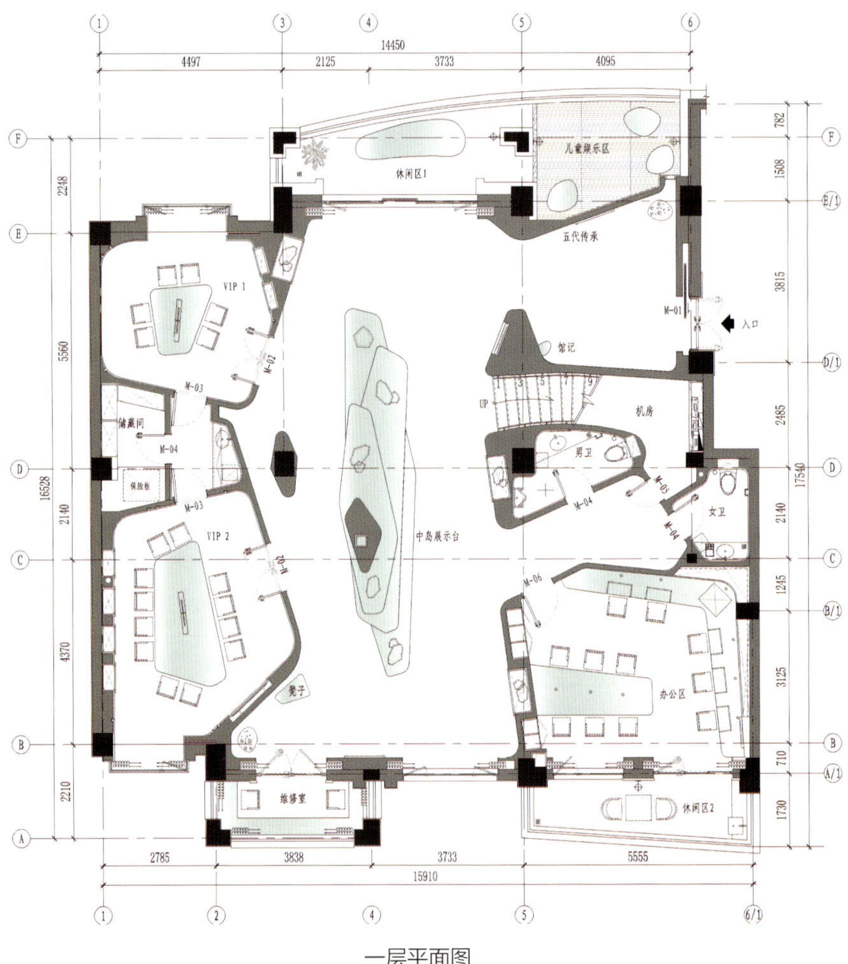

蛹当代艺术中心

PUPA CENTER FOR CONTEMPORARY ART

项目名称 _ 蛹当代艺术中心 / **主案设计** _ 李一 / **参与设计** _ 励成 、乔大伟 / **项目地点** _ 浙江省宁波市 / **项目面积** _400 平方米 / **投资金额** _100 万元

A 项目定位 Design Proposition

蛹艺术中心地处宁波鄞州中心区核心位置钱湖天地商业中心．艺术中心主楼为空中别馆——“云庭”。建筑面积达 2000 多平。是以民营为主以做影力为目的的美术馆。

B 环境风格 Creativity & Aesthetics

艺术中心整体设计以简约日式与现代 LOFT 相结合的定义风格，用日式的精细与 LOFT 文化的工业及粗犷进行有机的组合。突出了自由、随性的设计个性与精细、低调的艺术修养。

C 空间布局 Space Planning

因为艺术馆中“主角”为形形色色的艺术作品，故空间设计之初品上就将其定义为“配角”的身份，正如同卖钻石时垫布总是用纯黑色一个道理，真正让低调去完成此次设计的使命。

D 设计选材 Materials & Cost Effectiveness

艺术中心设计用材以水泥肌理饰面与实木材质为主，从色彩或是质感上无一不突显出对比的魅力！

E 使用效果 Fidelity to Client

在艺术中心的软装方案上，品上用日式及流水系花艺作品为主核心，结合柴烧，金属，土陶等器具质感实现粗犷而不粗糙，简约而不简单的设计目的。

仓库
艺术品展示
入门玄关
电梯
自动玻璃移门
散座区
艺术品展示
酒柜
服务台
VIP
包厢区
办公室
艺术品展示
木桌
木桌
木桌
投影墙
储藏间
女
男
洗手台
消防通道
楼梯
下
上

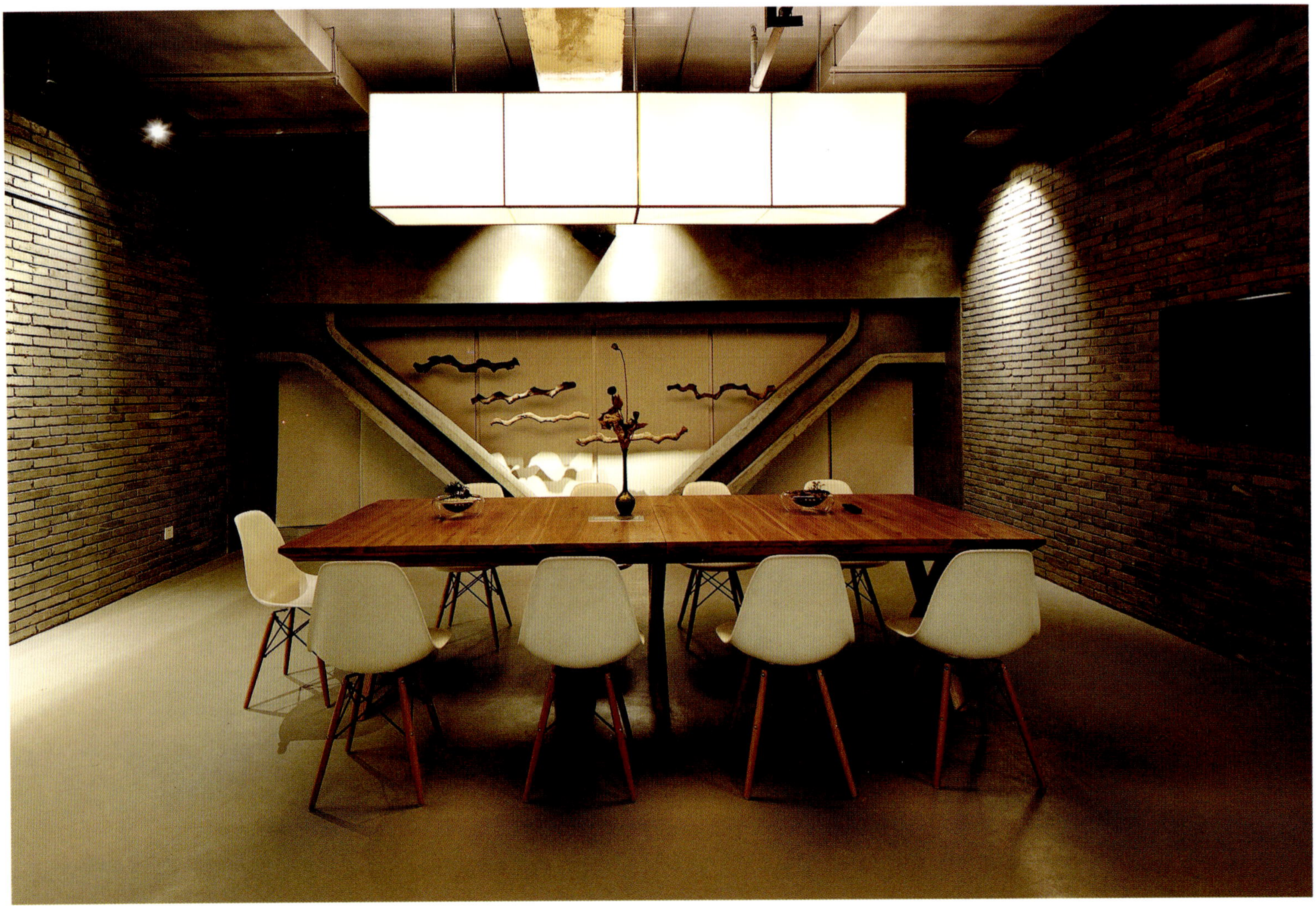

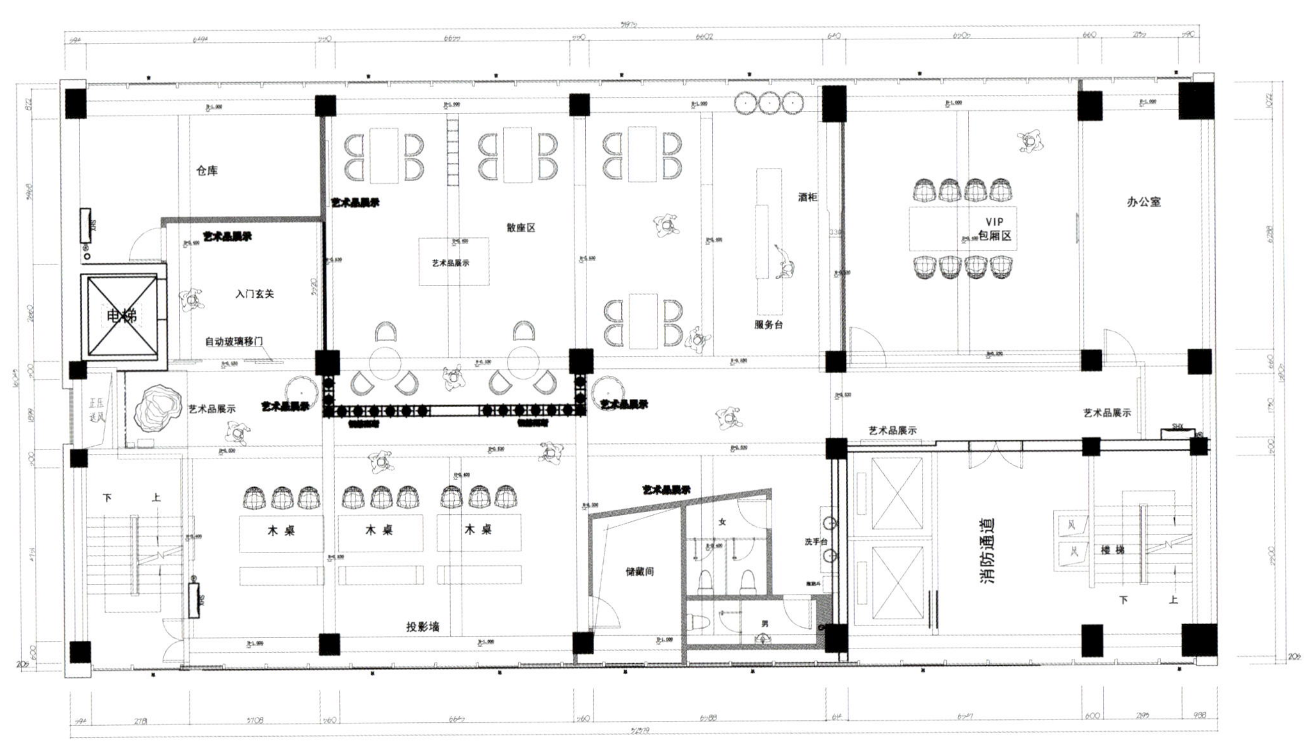

一层平面图

新世代的城市美学

CITY AESTHETIC OF NEW ERA

项目名称 _ *新世代的城市美学* / 主案设计 _ *蔡宗谚* / 参与设计 _ *慕泽团队* / 项目地点 _ *台湾台北市* / 项目面积 _ *233 平方米* / 投资金额 _ *170 万元* / 主要材料 _ *通越木皮、得利油漆、意大利进口地砖、日本壁纸*

A 项目定位 Design Proposition

基地位于台北市天母，周边有新旧住宅、商场汇集。作为新旧社区交会间的牙医诊所，除了基本的设计美感，我们更希望能展现新世代的城市美学。

B 环境风格 Creativity & Aesthetics

设计主轴，旨在彰显精品、简约的自然纹理，在空间、形象塑造上也希望呈现对于牙医的全新感受。

C 空间布局 Space Planning

因基地本身楼层面积不大，为让空间更有效使用，整个动线规划以最少的隔间牵动了空间的流动，同时大量采用透明材质强化了视觉上的通透效果。

D 设计选材 Materials & Cost Effectiveness

材料细节注重及设计发想搭接，舍弃太过繁复的装饰，保留材料本身的特性及纹理，如此简约朴实的空间感受更能彰显牙医诊所的专业形象。

E 使用效果 Fidelity to Client

室内楼梯设计有效进行空间的区隔，充分享受灯光调的色温穿梭更适合在此享受放松疗愈，练宝简洁，宛如优雅美术艺区，楼层的空间也有各自的段落性。

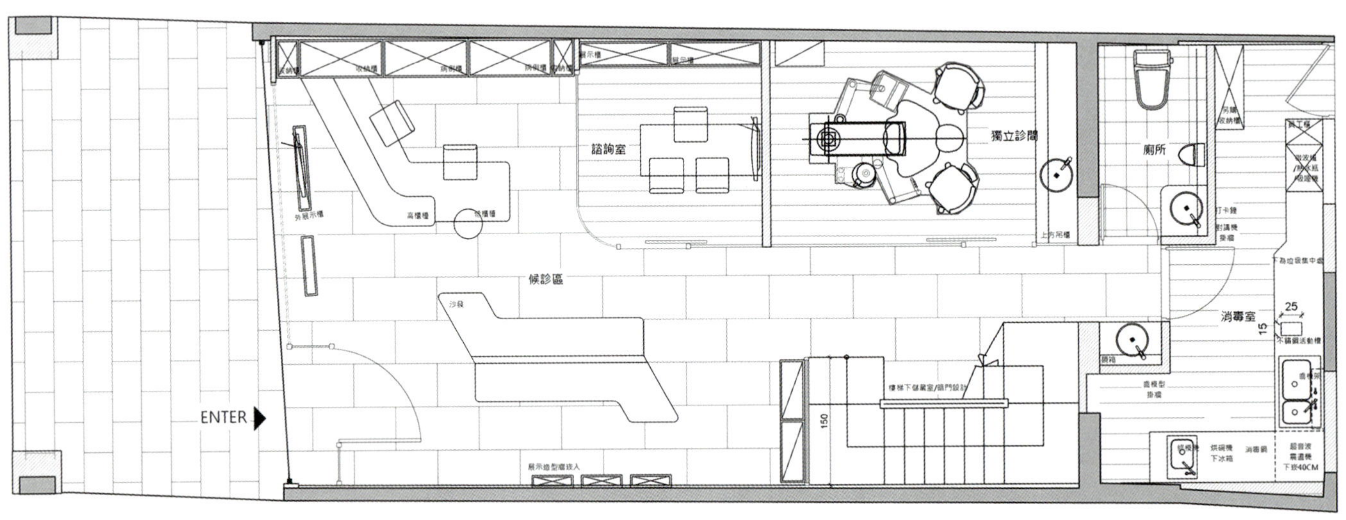

一层平面图

HOTEL

浙商博物馆

ZHEJIANG MUSEUM

项目名称 _ *浙商博物馆* / **主案设计** _ *王建强* / **参与设计** _ *臧庆年、陈福奎、周启泛、王晴* / **项目地点** _ *浙江省杭州市* / **项目面积** _*2500 平方米* / **投资金额** _*800 万元* / **主要材料** _ *福建溪石股份有限公司木纹大理石、福尔波亚麻地板、卡西米硅藻泥、华斯顿铝格栅等*

A 项目定位 Design Proposition

全面、真实、准确地再现浙商的历史、现状与未来。

B 环境风格 Creativity & Aesthetics

既强调内容完整性，又兼具形式上的创新。

C 空间布局 Space Planning

以色彩识别分区，以空间的开合比例来强调展陈重点，以开敞的空间流线来呈现展示内容。

D 设计选材 Materials & Cost Effectiveness

不追求昂贵的材料，强调材料的质感；以材质的色彩来突出形式体验。

E 使用效果 Fidelity to Client

填补了浙商群体在精神以及历史文脉领域的空白并提供了一个浙商有效交流的平台。开馆后赢得了很好的社会反响，并重新诠释了新浙商的风采。

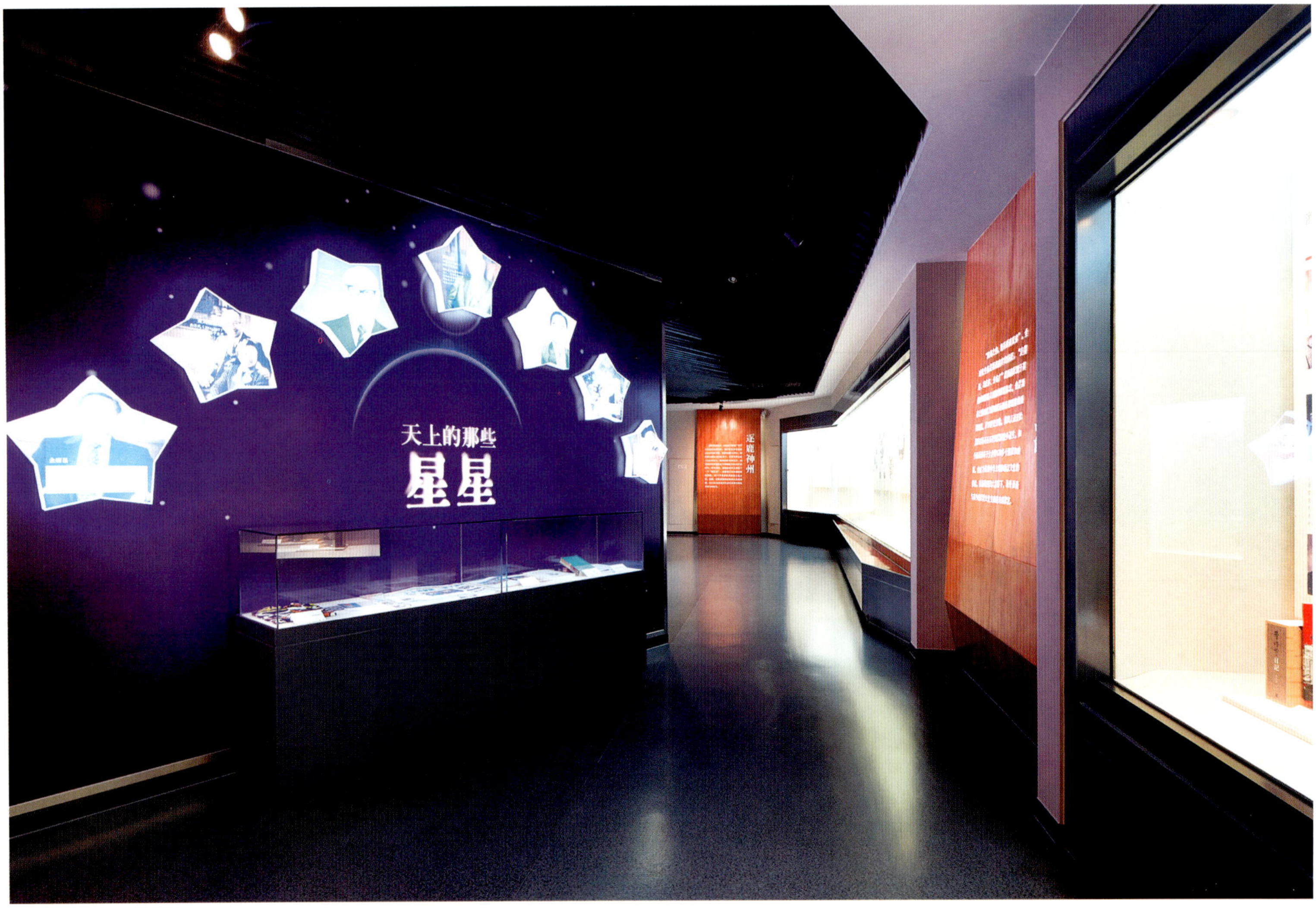

天上的那些
星星

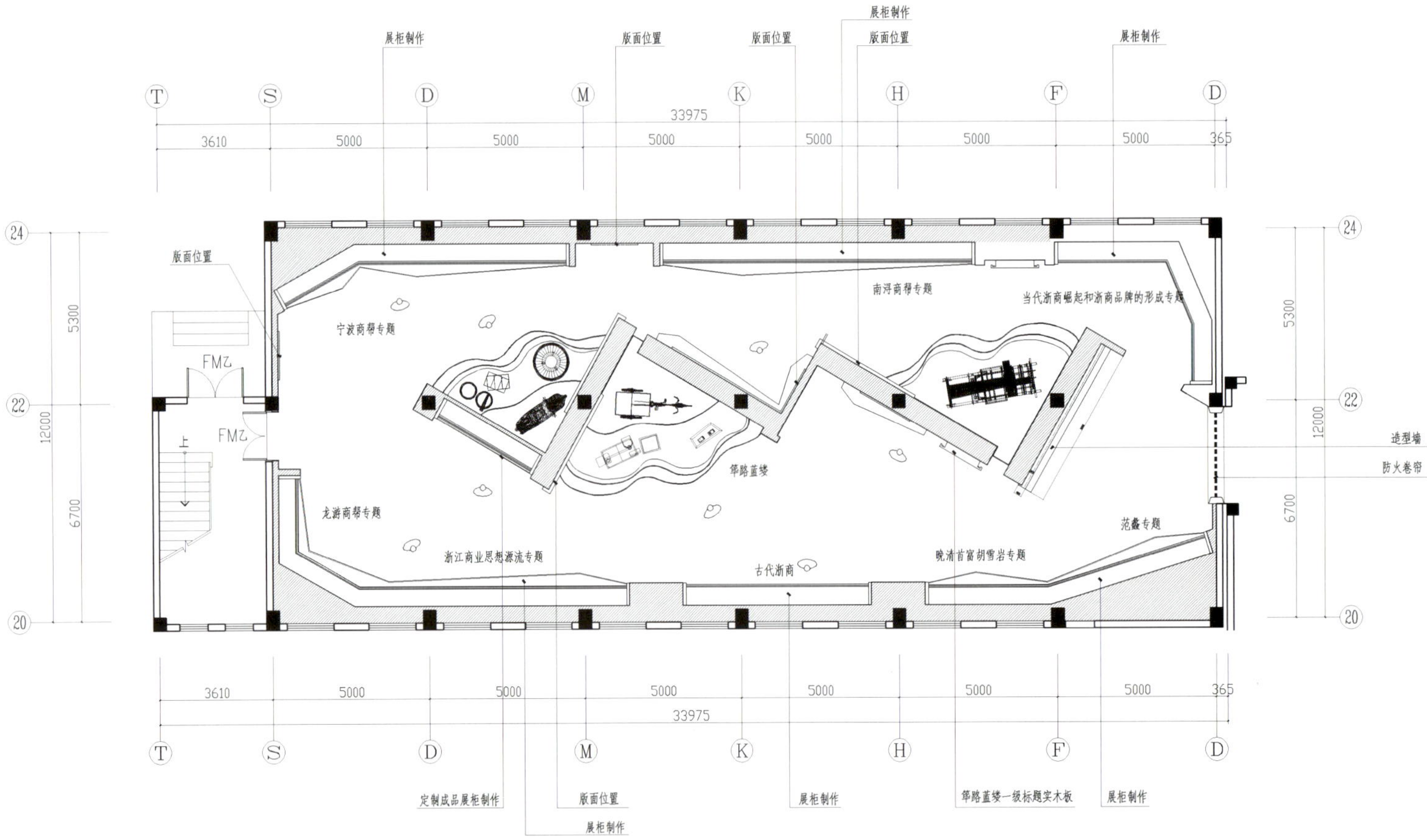

展柜制作
版面位置
版面位置
展柜制作
版面位置
展柜制作
33975
3610
5000
5000
5000
5000
5000
5000
365
5300
12000
6700
版面位置
FM乙
FM乙
上
宁波商帮专题
南浔商帮专题
当代浙商崛起和浙商品牌的形成专题
龙游商帮专题
浙江商业思想源流专题
古代浙商
晚清首富胡雪岩专题
范蠡专题
筚路蓝缕
造型墙
防火卷帘
定制成品展柜制作
版面位置
展柜制作
展柜制作
筚路蓝缕一级标题实木板
展柜制作

一层平面图

十二间·宅
TWELVE - ZHAI

项目名称 _ 十二间·宅 / **主案设计** _ 梁建国 / **项目地点** _ 北京 朝阳区 / **项目面积** _80 平方米 / **投资金额** _8 万元 / **主要材料** _ 榆木

A 项目定位 Design Proposition
想要的是一种生活而非空间的本身，激活中国式美学与生活方式。

B 环境风格 Creativity & Aesthetics
宗旨是与空间产生幸福的联系、追求。

C 空间布局 Space Planning
用意的幽雅与镜的深邃。

D 设计选材 Materials & Cost Effectiveness
将传统材料的工艺与细节处理做到极致。

E 使用效果 Fidelity to Client
找寻遗失的文化方式，致力推动中国式美学。

一层平面图

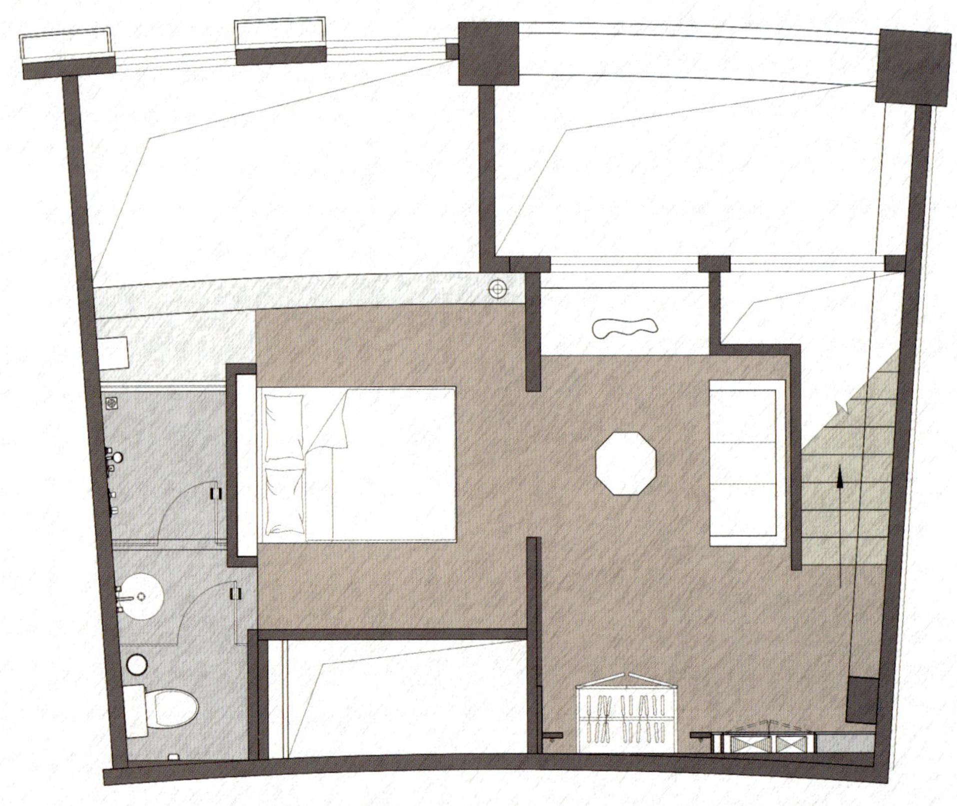

二层平面图

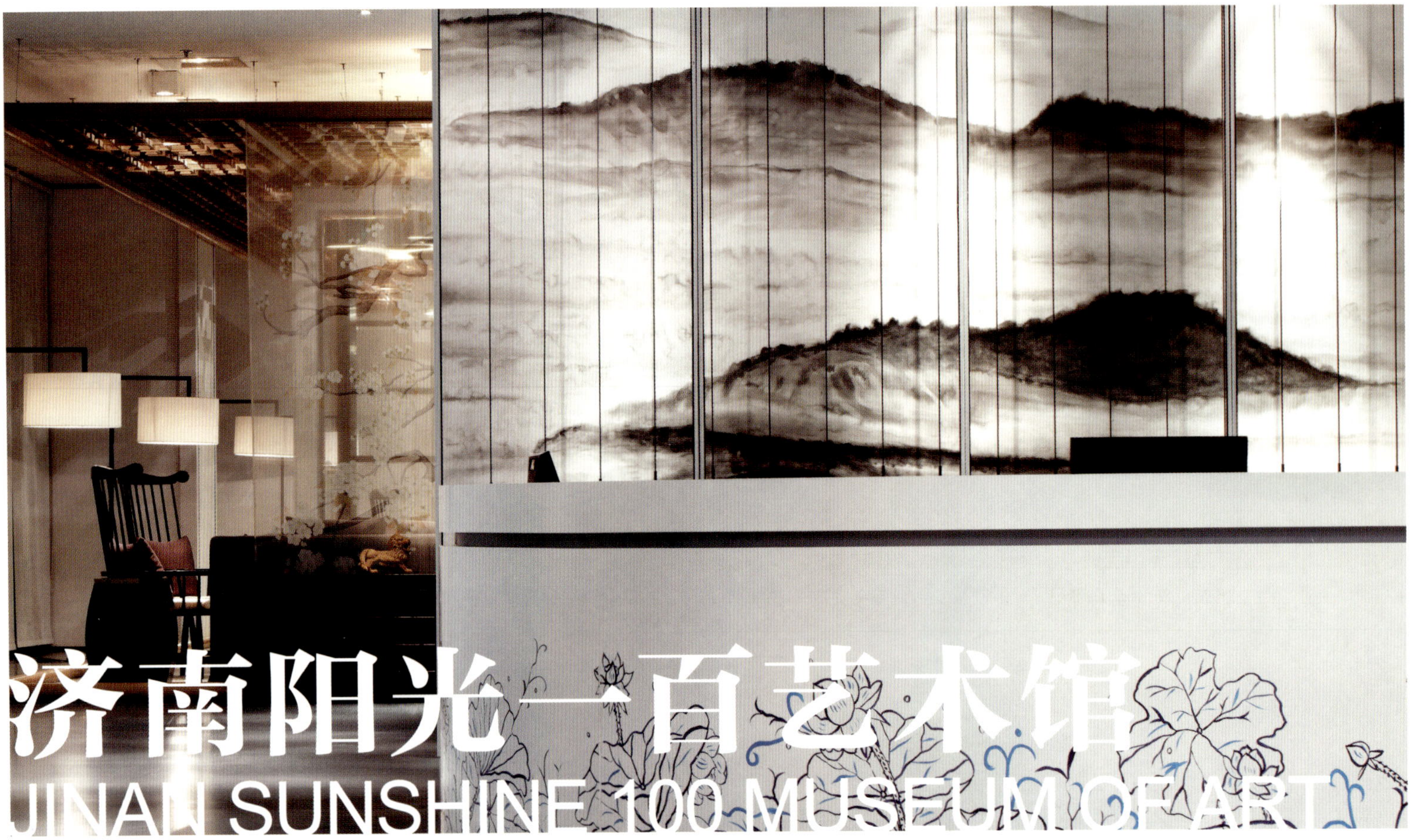

济南阳光一百艺术馆
JINAN SUNSHINE 100 MUSEUM OF ART

项目名称 _ 济南阳光一百艺术馆 / **主案设计** _ 周静 / **参与设计** _ 刘来愉 / **项目地点** _ 山东省济南市 / **项目面积** _ 2888 平方米 / **投资金额** _ 809 万元

A 项目定位 Design Proposition

本项目有着艺术品展出和售楼的双重功能需求，如何打造一个"艺术馆里的售楼处"是我们设计的切入点。我们希望藉由良好的艺术氛围来提升售楼处的空间内涵，给项目注入丰富的人文素养和艺术感染力，从而提升项目的整体品质，营造出符合项目发展需求的全新形象。

B 环境风格 Creativity & Aesthetics

（1）由于造价限制，我们需要以尽量低的硬装造价，来实现具有品质感的空间效果；（2）不能对原有机电进行改造，因此天花不能尝试层次变化丰富的造型，给我们的创意带来诸多限制；（3）该项目的施工工期极短，我们需要选用尽量易实现的方案；（4）会馆的意向展品和配套功能设施偏向中式风格，需要处理好极简空间形态和重视陈设之间的关系；最终在深化设计的过程中，我们找到了在多重限制条件下，赋予空间独特气质的途径：简单的线条在大块面的形体上勾勒出具有东方禅意的空间轮廓。

C 空间布局 Space Planning

在大的空间区域中，用多样化的艺术品陈列柜进行二次空间细分，无论处于任何区域均可体验到置身艺术品鉴赏空间的氛围。镂空柜体与白色实墙相互映衬，视觉效果丰富多变，淡化了空间的限定，从而促进了人与空间的对话。陈列柜以深色木质的柔和色调和经过简化提炼的中式传统家具形态凸显出色彩丰富的艺术品。

D 设计选材 Materials & Cost Effectiveness

经过简化提炼的中式木格元素在空间中重复使用，作为空间界定、视线引导、加深记忆的重要道具，并呈现出多变的光影效果。家具的形体和材质均经过精心的选择。木制家具的线条轻盈简洁，造型呈现出比较刚性的形态，但同时追求丰盈的木质纹理、自然的触觉和柔和的漆面光泽；布艺家具体量敦实，但造型则柔美圆润，部分辅以细致的图案点缀。设计师希望通过家具形式的选择，传递出东方传统所追求的刚柔并济的哲学思维。家具色彩则根据各自所处空间，讲究与界面装饰、陈设品的搭配和呼应，一起构建起一个完整缜密的空间气场，在营造沉稳静逸的氛围的同时，坚定的表达现代东方的美学态度。

E 使用效果 Fidelity to Client

空间气质与馆藏展品相契合，给项目注入丰富的人文素养和艺术感染力，同时满足了售楼处、会馆的功能需求，提升了项目的整体品质，营造出符合项目发展需求的全新形象。

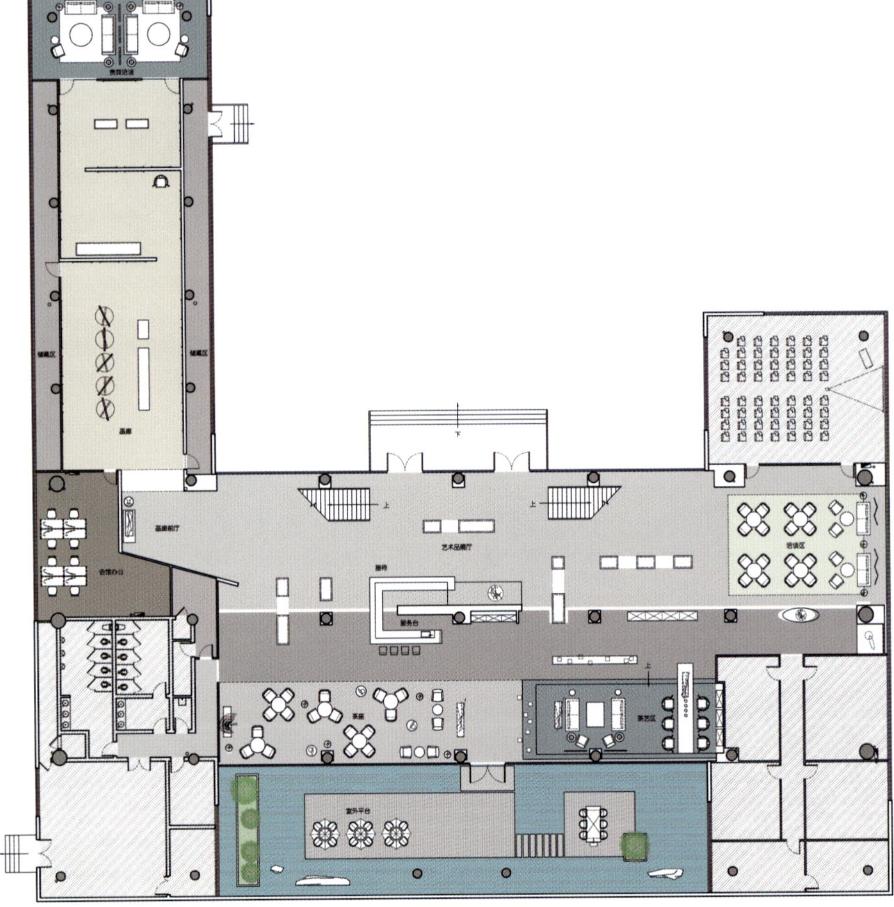

一层平面图

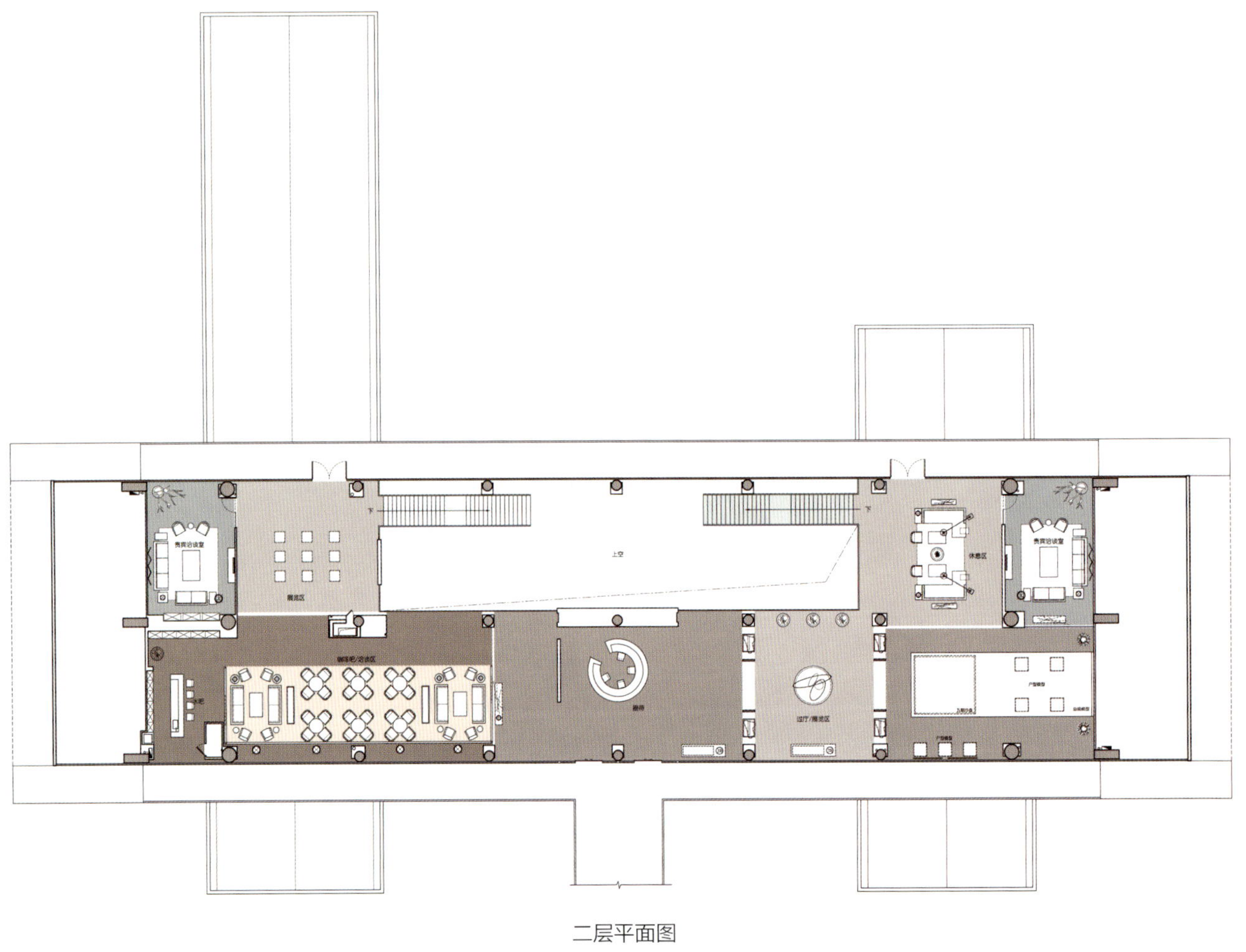

二层平面图

江苏溧阳天沐南山中医养

JIANGSU LIYANG TIANMU NANSHAN TRADITIONAL CHINESE MEDICINE CLUB

项目名称_江苏溧阳天沐南山中医养生会所 / **主案设计**_谢银秋 / **参与设计**_柯甫欢 / **项目地点**_江苏省常州市 / **项目面积**_1240平方米 / **投资金额**_500万元 / **主要材料**_木饰面、仿古砖、乳胶漆、艺术墙纸

A 项目定位 Design Proposition

江苏溧阳天目南山中医养生会所秉持中医养生，文化疗心的理念，致力于营造一个舒适的养生医疗环境。

B 环境风格 Creativity & Aesthetics

江苏溧阳天目南山中医养生会所秉承国际化忠实的设计创新概念，吸取传统中式中的精华部分，木石为基，山水为媒，同时又引进高科技的现代化设计手法，使得整体环境清新雅致。

C 空间布局 Space Planning

通过对木质材料的充分运用，将整个空间巧妙的分割开。辅之以灯光营造明暗效果，绿植作为隔断装饰，使得整个空间井然有序又浑然一体。

D 设计选材 Materials & Cost Effectiveness

江苏溧阳天目南山中医养生会所主要用木质材料为主，做到了绿色生态环保。

E 使用效果 Fidelity to Client

非常满意。

足少阳胆经
子
1
肝
足厥阴肝经
丑
3
肺
手太阴肺经
寅
5
大肠
手阳明大肠经
卯
7
胃
足阳明胃经
辰
9
脾
足太阴脾经
巳
天沐南山
心

楼梯1
上
温泉药浴（金）
温泉药浴（木）
温泉药浴（水）
温泉药浴（火）
医生办公室
医生办公室
楼梯2
上
酒店公共空间（未在设计范围）
休息区
100㎡
调配区
VIP1
VIP6
药房
煎药房
配电间
FM甲0924
温泉药浴（土）
VIP5
VIP4
VIP3
VIP2
医生办公室
医生办公室
回风
前厅
中医文化展示区
i=1:12
上

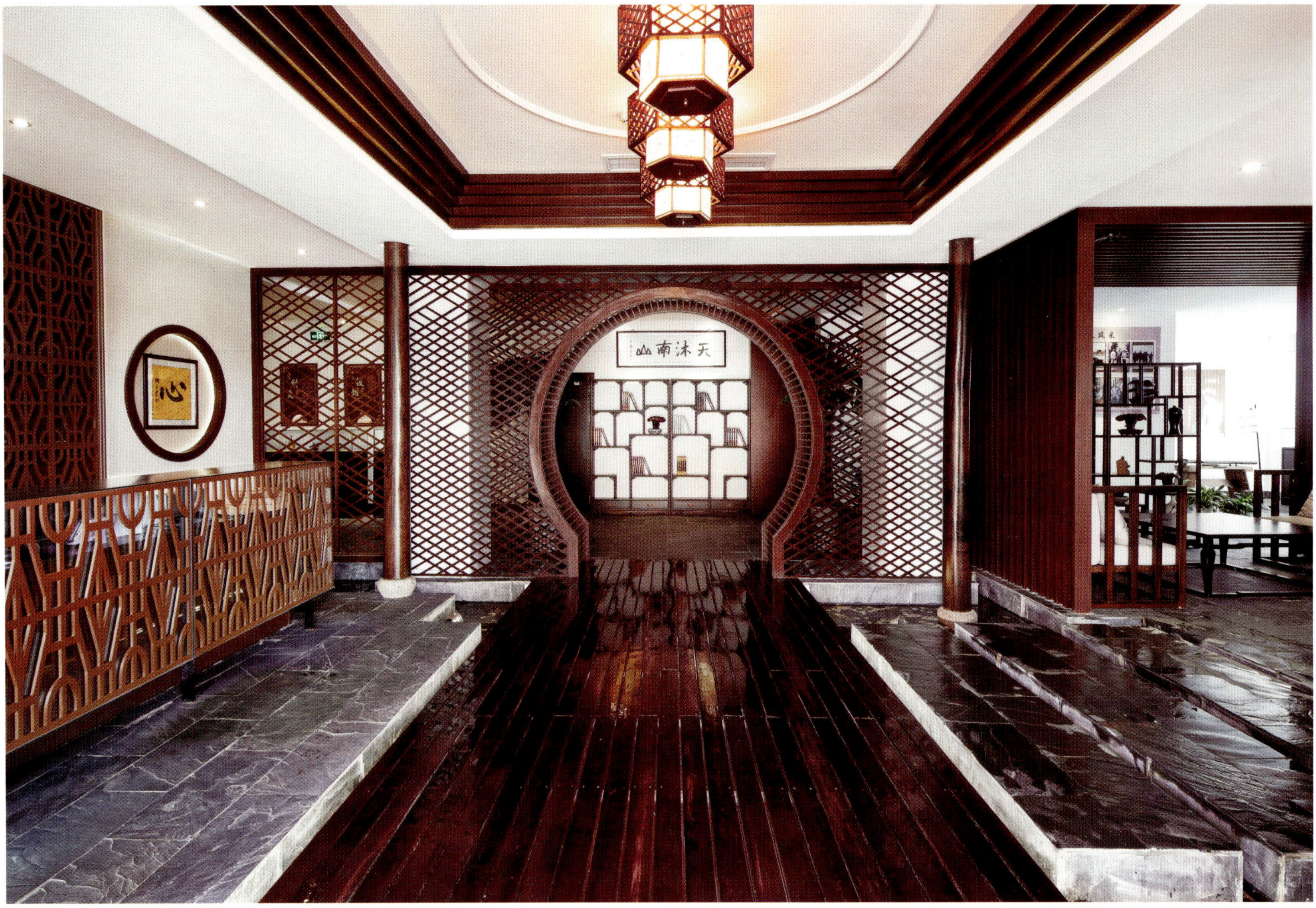

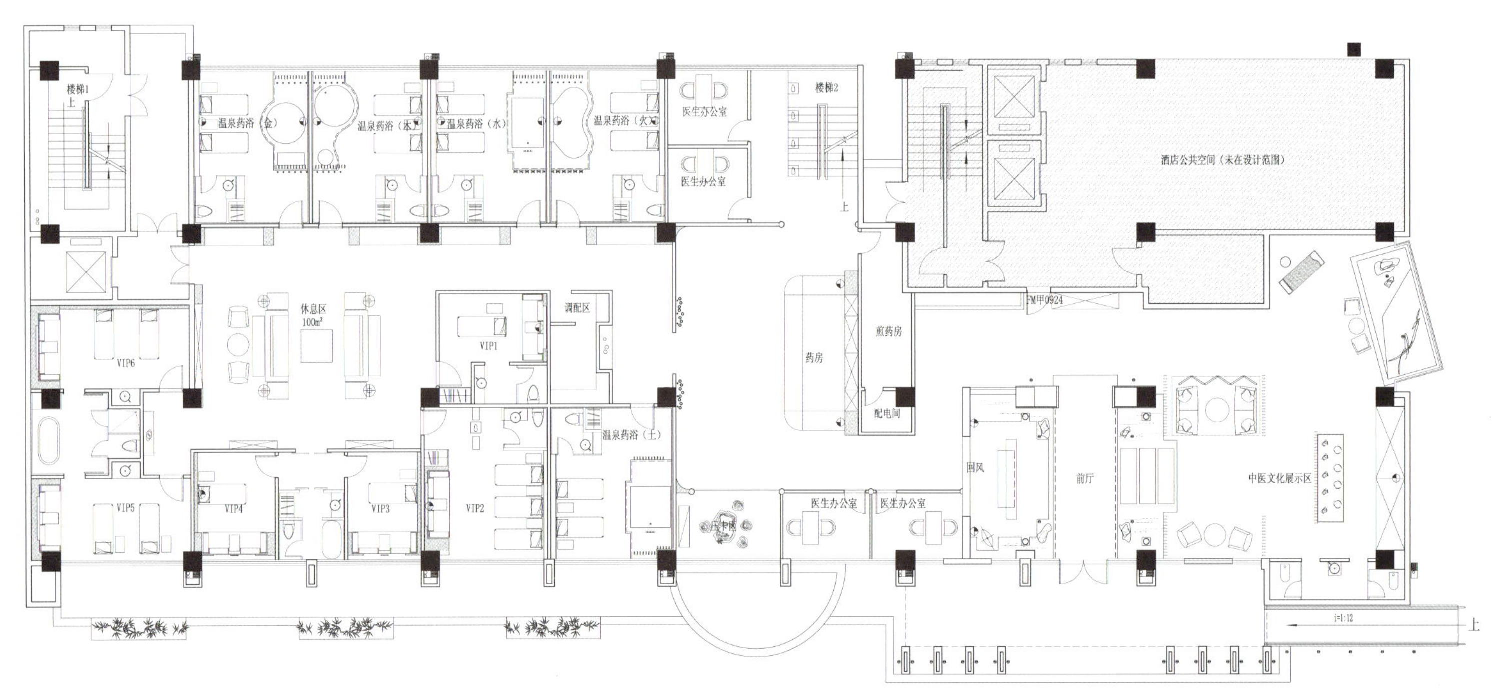

一层平面图

楼梯1
布草间
SPA1
SPA2
SPA3
耕心堂(领导办公室)
冰箱
财务室
楼梯2
男卫
女卫
5.2m²
T2楼梯
酒店电梯厅
配电间
茶水间
机房
员工办公室
调配间
过道
中空
VIP1
VIP2
VIP3
VIP4
41.6m²
M09
多功能厅
员工休息室
排钟房
店长办公室
男更
女更
卫生间
淋浴房
压卡区

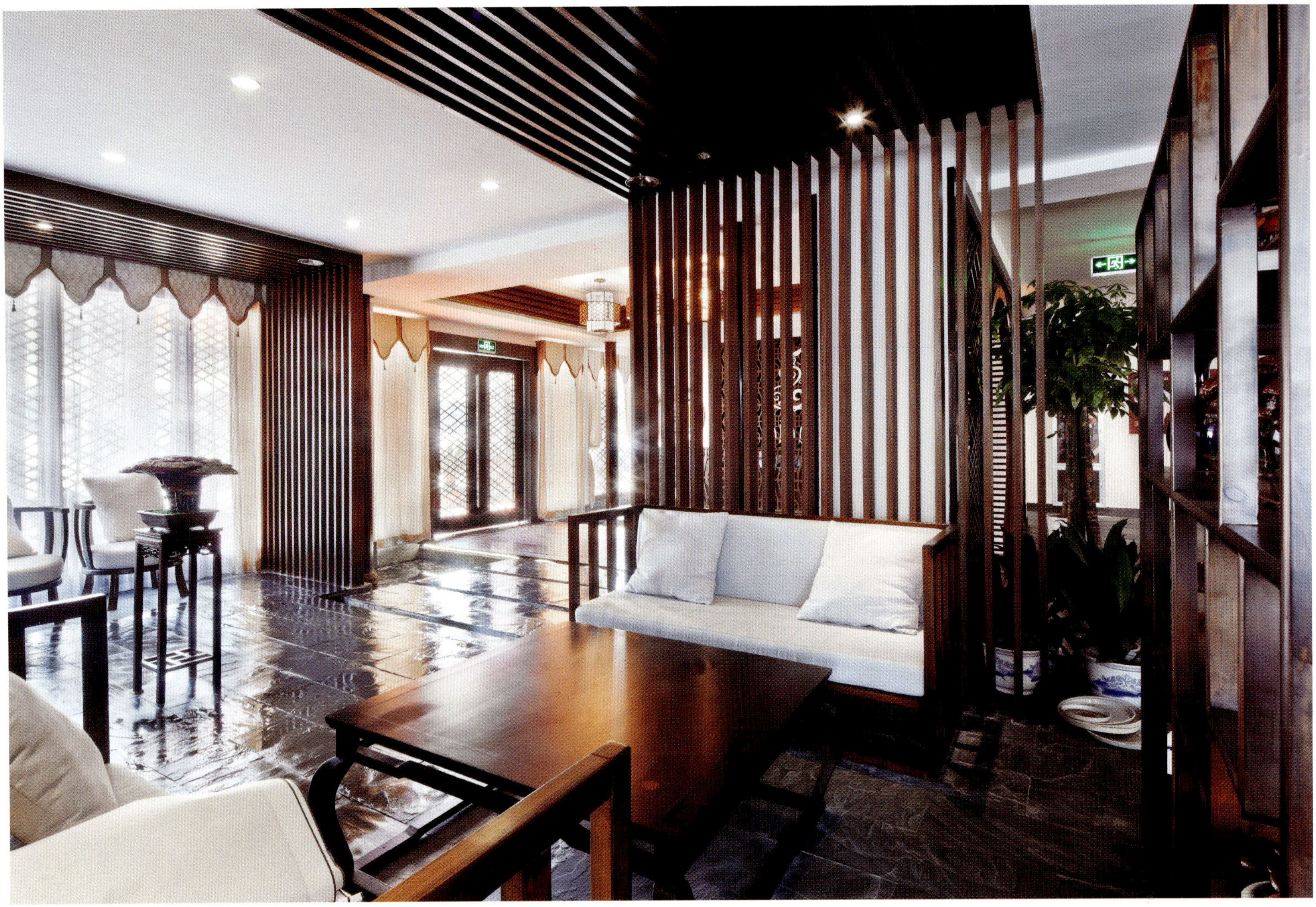

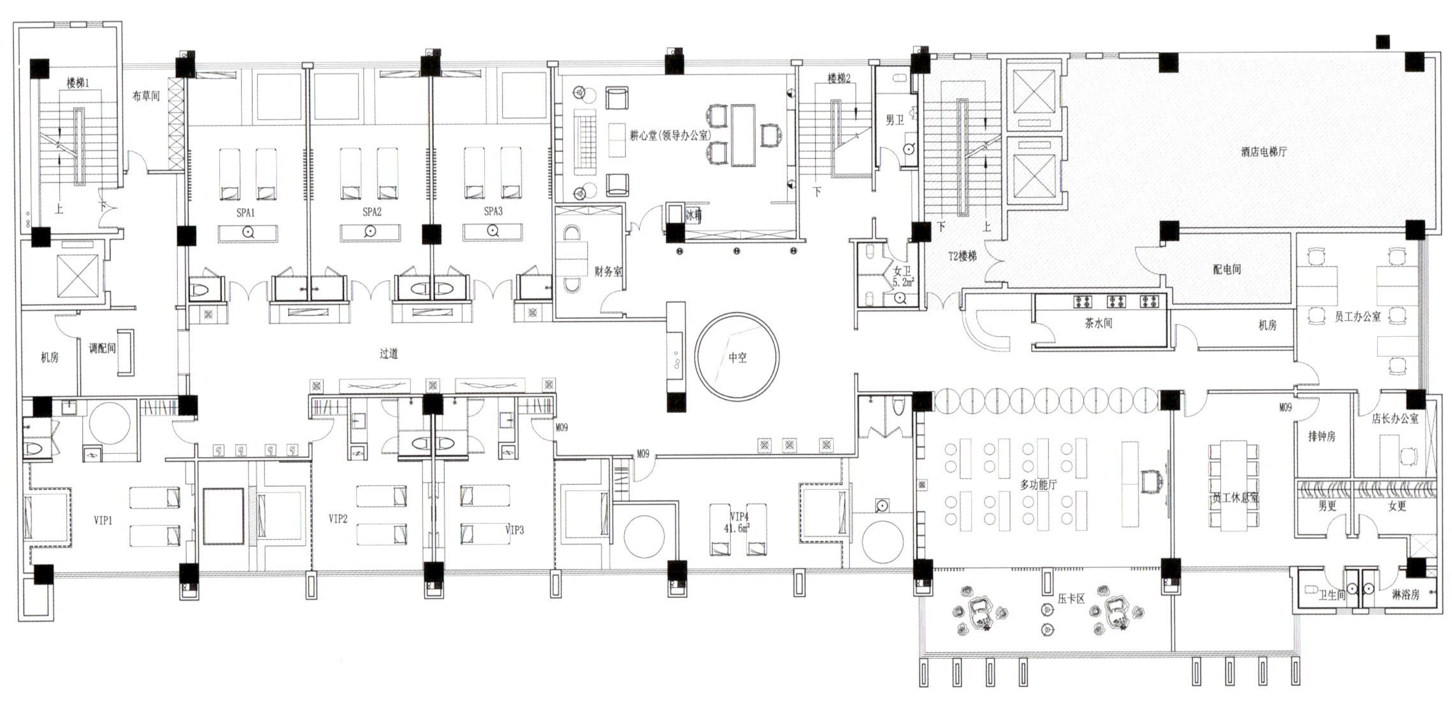

一层平面图

苏臻臻艺术医疗美容机构
SUN ZHEN ZHEN ART MEDICAL COSMETOLOGY INSTITUTIONS

项目名称 _ *苏臻臻艺术医疗美容机构* / **主案设计** _ *汪晖* / **参与设计** _ *余祉妍* / **项目地点** _ *湖南省长沙市* / **项目面积** _ *700 平方米* / **投资金额** _ *210 万元* / **主要材料** _ *铜、山西黑大理石、丝绸墙漆、白珍珠面板、鸡翅木等*

A 项目定位 Design Proposition

这是用中式空间来承载国际产品，来尝试创新商业趋势的案例。

见到不少商业空间，都很商务，很热闹象征着好效率、好生意而我却想生意的另一面，是展示，是传播，是扩容。

B 环境风格 Creativity & Aesthetics

运用古老中国结的盘花扣，作为入门空间的点睛之笔，生动的表现着传统意蕴、内涵的人文精神。用东方枯槁之美，如深山古寺，暮鼓晨钟，枯木寒鸦，荒山瘦水的巨幅画作，十六世纪日本旅中的各画家中雪舟的作品来烘托空间，表达在此行业挥洒自如，质朴优雅的医疗精神。松针运用了本土的湘绣，绘与绣既解决了麻布正反两面的实用性，也刻画了当代人文传承的创新精神。

C 空间布局 Space Planning

虽只有七百平方空间，布局迂回，诗禅进门的三退，将一切功能用隐藏于后，用黑漆贝壳梳妆柜，打磨过的铜门，老柚木的珠宝展示柜，六束如爱马仕的毛毯、BV 的灯具、捷克的水晶，长的大木桌，巨幅可推拉的画作，更多地去表达空间氛围，传达中国式美学的大境界。

D 设计选材 Materials & Cost Effectiveness

材料选用铜、山西黑大理石、丝绸墙漆、白珍珠面板、鸡翅木等，用黑漆贝壳梳妆柜，打磨过的铜门，老柚木的珠宝展示柜，爱马仕的毛毯、BV 的灯具、捷克的水晶，长的大木桌，巨幅可推拉的画作，HALO 家具等更多地去表达空间氛围，传达中国式美学的大境界。

E 使用效果 Fidelity to Client

通过装修与陈设艺术结合方式将这些东西方文化形式的结合，引起广众及更多高端人士的关注，同时将本土的设计焕发新的生命力并具国际化审美趋向。

观景长廊
咨询室
微创手术室
牙科治疗室
美容室1
美容室2
美容室3
董事长室
走道
盥洗室
更衣室
护士站
休息室
手术室
收银台
空调机房
抗衰老室
珠宝展厅
办公室
会议室
污物处置室
储藏室
门厅
更衣室
总经办
消防管道井
电梯厅
消防通道
空调机房

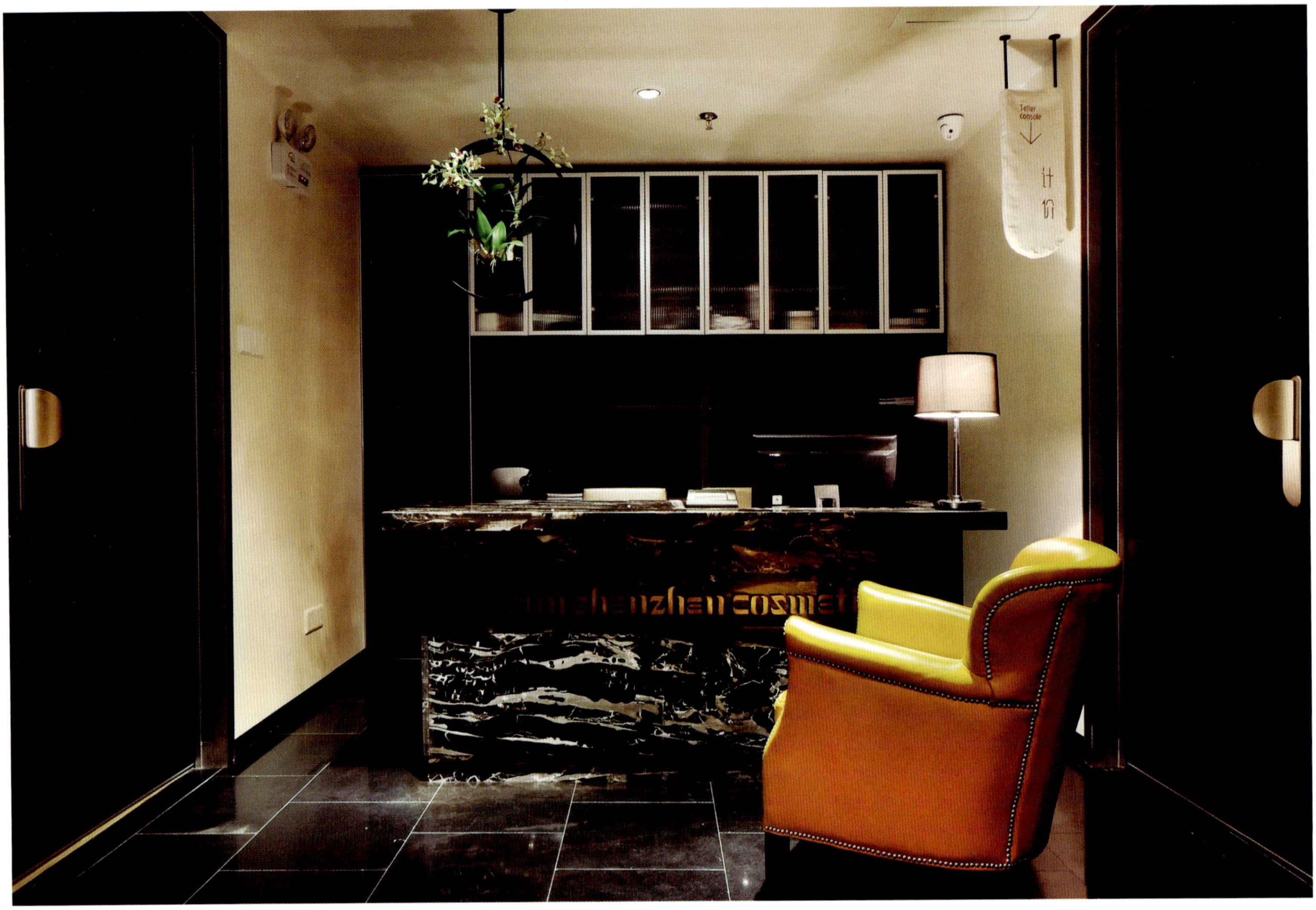

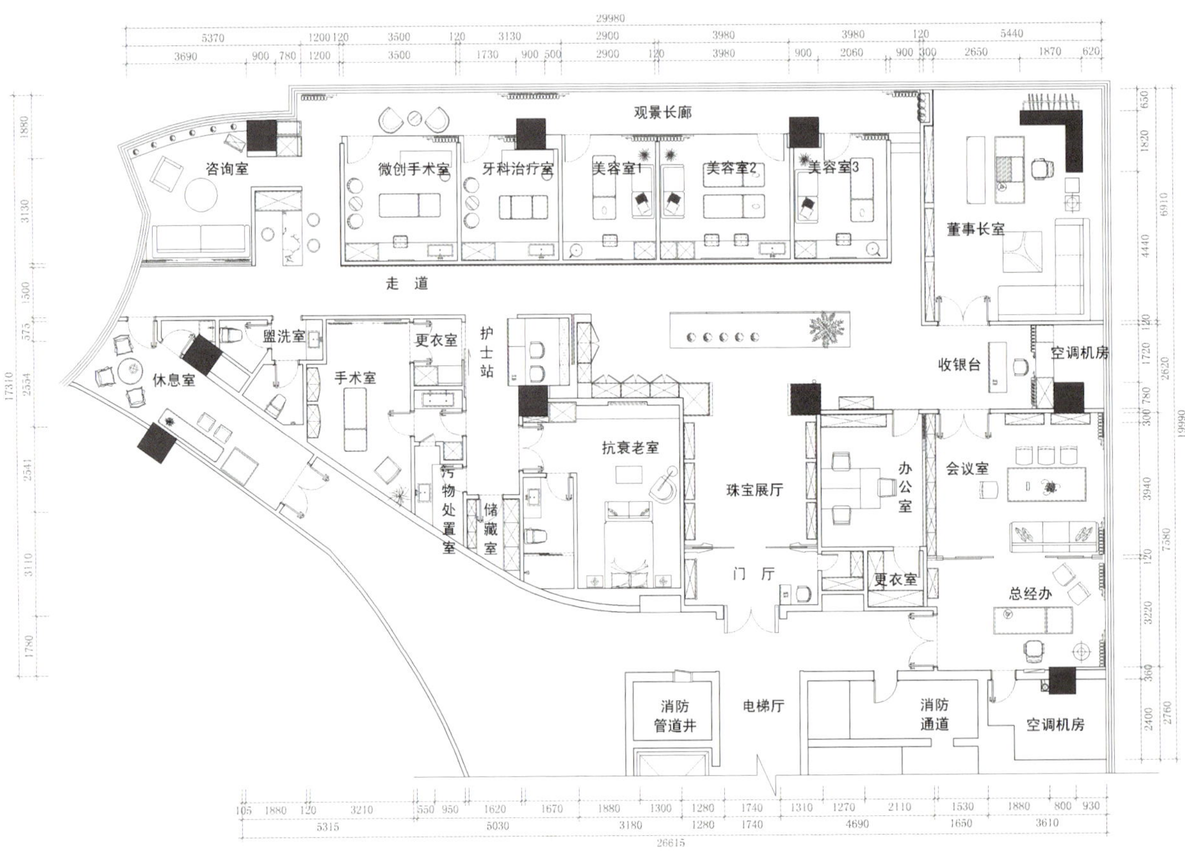

一层平面图